교과서 연계 연산 강화 프로젝트

속도와 정확성을 동시에 잡는 연산 훈련서

KB029686

쌤과

# 쌍둥이 연산노트

초등 9단계

# 5·1

## 예습책

1일 2쪽

한 달 완성

이젠교육
EZEN EDUCATION

**이젠수학연구소 지음**

이젠수학연구소는 유아에서 초중고까지 학생들이 수학의 바른길을 찾아갈 수 있도록 수학 학습법을 연구하는 이젠교육의 수학 연구소입니다. 수학 실력은 하루아침에 완성되지 않으며, 다양한 경험을 통해 발달합니다. 그길에 친구가 되고자 노력합니다.

**쌤과 맘이 만든**

## 쌍둥이 연산 노트 5-1 예습책 (초등 9단계)

| | | | |
|---|---|---|---|
| 지 은 이 | 이젠수학연구소 | 개발책임 | 최철훈 |
| 펴 낸 이 | 임요병 | 편 집 | ㈜성지이디피 |
| 펴 낸 곳 | ㈜이젠미디어 | 디 자 인 | 이순주, 최수연 |
| 출판등록 | 제 2020-000073호 | 제 작 | 이성기 |
| 주 소 | 서울시 영등포구 양평로 22길 21 코오롱디지털타워 404호 | 마 케 팅 | 김남미 |
| 전 화 | (02)324-1600 | 인스타그램 | @ezeneducation |
| 팩 스 | (031)941-9611 | 블 로 그 | http://blog.naver.com/ezeneducation |

**@이젠교육**

ISBN 979-11-90880-59-6

이 책은 저작권법에 의해 보호받는 저작물이므로 무단 전재 및 복제를 금합니다.
잘못 만들어진 책은 구입하신 서점에서 바꾸어 드립니다.

쌩과 망이 만든

# 쌍둥이 연산노트

초등 9단계

5·1

예습책

쌍둥이 연산 노트

# 한눈에 보기

## 1학년

| 1학기 단원 | 학습 내용 |
|---|---|
| 9까지의 수 | · 9까지의 수의 순서 알기<br>· 수를 세어 크기 비교하기 |
| 덧셈 | · 9까지의 수 모으기<br>· 합이 9까지인 덧셈하기 |
| 뺄셈 | · 9까지의 수 가르기<br>· 한 자리 수의 뺄셈하기 |
| 50까지의 수 | · 십몇 알고 모으기와 가르기<br>· 50까지의 수의 순서 알기<br>· 50까지의 수의 크기 비교 |

| 2학기 단원 | 학습 내용 |
|---|---|
| 100까지의 수 | · 100까지의 수의 순서 알기<br>· 100까지 수의 크기 비교하기 |
| 덧셈(1) | · (몇십몇)+(몇십몇)<br>· 합이 한 자리 수인 세 수의 덧셈 |
| 뺄셈(1) | · (몇십몇)−(몇십몇)<br>· 계산 결과가 한 자리 수인 세 수의 뺄셈 |
| 덧셈(2) | · 세 수의 덧셈<br>· 받아올림이 있는 (몇)+(몇) |
| 뺄셈(2) | · 세 수의 뺄셈<br>· 받아내림이 있는 (십몇)−(몇) |

## 2학년

| 1학기 단원 | 학습 내용 |
|---|---|
| 세 자리 수 | · 세 자리 수의 자릿값 알기<br>· 수의 크기 비교 |
| 덧셈 | · 받아올림이 있는 (두 자리 수)+(두 자리 수)<br>· 세 수의 덧셈 |
| 뺄셈 | · 받아내림이 있는 (두 자리 수)−(두 자리 수)<br>· 세 수의 뺄셈 |
| 곱셈 | · 몇 배인지 알아보기<br>· 곱셈식으로 나타내기 |

| 2학기 단원 | 학습 내용 |
|---|---|
| 네 자리 수 | · 네 자리 수 알기<br>· 두 수의 크기 비교 |
| 곱셈구구 | · 2~9단 곱셈구구<br>· 1의 단, 0과 어떤 수의 곱 |
| 길이 재기 | · 길이의 합<br>· 길이의 차 |
| 시각과 시간 | · 시각 읽기<br>· 시각과 분 사이의 관계<br>· 하루, 1주일, 달력 알기 |

## 3학년

| 1학기 단원 | 학습 내용 |
|---|---|
| 덧셈 | · 받아올림이 있는 (세 자리 수)+(세 자리 수) |
| 뺄셈 | · 받아내림이 있는 (세 자리 수)−(세 자리 수) |
| 나눗셈 | · 곱셈과 나눗셈의 관계<br>· 나눗셈의 몫 구하기 |
| 곱셈 | · 올림이 있는 (몇십몇)×(몇) |
| 길이와 시간의 덧셈과 뺄셈 | · 길이의 덧셈과 뺄셈<br>· 시간의 덧셈과 뺄셈 |
| 분수와 소수 | · 분모가 같은 분수의 크기 비교<br>· 소수의 크기 비교 |

| 2학기 단원 | 학습 내용 |
|---|---|
| 곱셈 | · 올림이 있는 (세 자리 수)×(한 자리 수)<br>· 올림이 있는 (몇십몇)×(몇십몇) |
| 나눗셈 | · 나머지가 있는 (몇십몇)÷(몇)<br>· 나머지가 있는 (세 자리 수)÷(한 자리 수) |
| 분수 | · 진분수, 가분수, 대분수<br>· 대분수를 가분수로 나타내기<br>· 가분수를 대분수로 나타내기<br>· 분모가 같은 분수의 크기 비교 |
| 들이와 무게 | · 들이의 덧셈과 뺄셈<br>· 무게의 덧셈과 뺄셈 |

**쌍둥이 연산 노트**는 **수학 교과서의 연산과 관련된 모든 영역의 문제를**
학교 수업 차시에 맞게 구성하였습니다.

## 4학년

### 1학기

| 단원 | 학습 내용 |
|---|---|
| 큰 수 | · 다섯 자리 수<br>· 천만, 천억, 천조 알기<br>· 수의 크기 비교 |
| 각도 | · 각도의 합과 차<br>· 삼각형의 세 각의 크기의 합<br>· 사각형의 네 각의 크기의 합 |
| 곱셈 | · (몇백)×(몇십)<br>· (세 자리 수)×(두 자리 수) |
| 나눗셈 | · (몇백몇십)÷(몇십)<br>· (세 자리 수)÷(두 자리 수) |

### 2학기

| 단원 | 학습 내용 |
|---|---|
| 분수의 덧셈 | · 분모가 같은 분수의 덧셈<br>· 진분수 부분의 합이 1보다 큰 대분수의 덧셈 |
| 분수의 뺄셈 | · 분모가 같은 분수의 뺄셈<br>· 받아내림이 있는 대분수의 뺄셈 |
| 소수의 덧셈 | · (소수 두 자리 수)+(소수 두 자리 수)<br>· 자릿수가 다른 소수의 덧셈 |
| 소수의 뺄셈 | · (소수 두 자리 수)−(소수 두 자리 수)<br>· 자릿수가 다른 소수의 뺄셈 |
| 다각형 | · 삼각형, 평행사변형, 마름모, 직사각형의 각도와 길이 구하기 |

## 5학년

### 1학기

| 단원 | 학습 내용 |
|---|---|
| 자연수의 혼합 계산 | · 덧셈, 뺄셈, 곱셈, 나눗셈이 섞여 있는 식 계산하기 |
| 약수와 배수 | · 약수와 배수<br>· 최대공약수와 최소공배수 |
| 약분과 통분 | · 약분과 통분<br>· 분수와 소수의 크기 비교 |
| 분수의 덧셈과 뺄셈 | · 받아올림이 있는 분수의 덧셈<br>· 받아내림이 있는 분수의 뺄셈 |
| 다각형의 둘레와 넓이 | · 정다각형의 둘레<br>· 사각형, 평행사변형, 삼각형, 마름모, 사다리꼴의 넓이 |

### 2학기

| 단원 | 학습 내용 |
|---|---|
| 어림하기 | · 올림, 버림, 반올림 |
| 분수의 곱셈 | · (분수)×(자연수)<br>· (자연수)×(분수)<br>· (분수)×(분수)<br>· 세 분수의 곱셈 |
| 소수의 곱셈 | · (소수)×(자연수)<br>· (자연수)×(소수)<br>· (소수)×(소수)<br>· 곱의 소수점의 위치 |
| 자료의 표현 | · 평균 구하기 |

## 6학년

### 1학기

| 단원 | 학습 내용 |
|---|---|
| 분수의 나눗셈 | · (자연수)÷(자연수)<br>· (분수)÷(자연수) |
| 소수의 나눗셈 | · (소수)÷(자연수)<br>· (자연수)÷(자연수) |
| 비와 비율 | · 비와 비율 구하기<br>· 비율을 백분율, 백분율을 비율로 나타내기 |
| 직육면체의 부피와 겉넓이 | · 직육면체의 부피와 겉넓이<br>· 정육면체의 부피와 겉넓이 |

### 2학기

| 단원 | 학습 내용 |
|---|---|
| 분수의 나눗셈 | · (진분수)÷(진분수)<br>· (자연수)÷(분수)<br>· (대분수)÷(대분수) |
| 소수의 나눗셈 | · (소수)÷(소수)<br>· (자연수)÷(소수)<br>· 몫을 반올림하여 나타내기 |
| 비례식과 비례배분 | · 간단한 자연수의 비로 나타내기<br>· 비례식과 비례배분 |
| 원주와 원의 넓이 | · 원주, 지름, 반지름 구하기<br>· 원의 넓이 구하기 |

# 구성과 유의점

| 단원 | 학습 내용 | 지도 시 유의점 | 표준 시간 |
|---|---|---|---|
| 자연수의 혼합 계산 | 01 덧셈과 뺄셈이 섞여 있는 식 계산하기(1) | 괄호가 없을 때와 있을 때의 덧셈과 뺄셈이 섞여 있는 식을 비교하여, 계산 순서에 따라 그 결과가 달라짐을 알 수 있게 합니다. | 13분 |
| | 02 덧셈과 뺄셈이 섞여 있는 식 계산하기(2) | | 13분 |
| | 03 곱셈과 나눗셈이 섞여 있는 식 계산하기(1) | 괄호가 없을 때와 있을 때의 곱셈과 나눗셈이 섞여 있는 식을 비교하여, 계산 순서에 따라 그 결과가 달라짐을 알 수 있게 합니다. | 13분 |
| | 04 곱셈과 나눗셈이 섞여 있는 식 계산하기(2) | | 13분 |
| | 05 덧셈, 뺄셈, 곱셈이 섞여 있는 식 계산하기(1) | 괄호가 없을 때와 있을 때의 덧셈, 뺄셈, 곱셈이 섞여 있는 식의 계산 순서와 방법을 이해하고 계산하게 합니다. | 13분 |
| | 06 덧셈, 뺄셈, 곱셈이 섞여 있는 식 계산하기(2) | | 13분 |
| | 07 덧셈, 뺄셈, 나눗셈이 섞여 있는 식 계산하기(1) | 괄호가 없을 때와 있을 때의 덧셈, 뺄셈, 나눗셈이 섞여 있는 식의 계산 순서와 방법을 이해하고 계산하게 합니다. | 13분 |
| | 08 덧셈, 뺄셈, 나눗셈이 섞여 있는 식 계산하기(2) | | 13분 |
| | 09 덧셈, 뺄셈, 곱셈, 나눗셈이 섞여 있는 식 계산하기(1) | 괄호가 없을 때와 있을 때의 덧셈, 뺄셈, 곱셈, 나눗셈이 섞여 있는 식의 계산 순서와 방법을 이해하고 계산하게 합니다. | 13분 |
| | 10 덧셈, 뺄셈, 곱셈, 나눗셈이 섞여 있는 식 계산하기(2) | | 13분 |
| 약수와 배수 | 01 약수(1) | 약수의 의미를 알고, 자연수의 약수를 구하게 합니다. | 9분 |
| | 02 약수(2) | | 11분 |
| | 03 배수(1) | 배수의 의미를 알고, 자연수의 배수를 구하게 합니다. | 9분 |
| | 04 배수(2) | | 11분 |
| | 05 곱을 이용하여 최대공약수 구하기 | 곱을 이용하여 최대공약수를 구하는 방법을 이해하게 합니다. | 11분 |
| | 06 곱을 이용하여 최소공배수 구하기 | 곱을 이용하여 최소공배수를 구하는 방법을 이해하게 합니다. | 11분 |
| | 07 공약수를 이용하여 최대공약수 구하기 | 공약수와 최대공약수의 의미를 알고 최대공약수를 구하는 방법을 이해하게 합니다. | 13분 |
| | 08 공약수를 이용하여 최소공배수 구하기 | 공배수와 최소공배수의 의미를 알고 최소공배수를 구하는 방법을 이해하게 합니다. | 13분 |
| 약분과 통분 | 01 약분하기(1) | · 크기가 같은 분수를 이해하게 합니다.<br>· 약분의 뜻을 알고, 약분하게 합니다.<br>· 기약분수의 뜻을 알고, 기약분수로 나타내어 보게 합니다. | 9분 |
| | 02 약분하기(2) | | 11분 |
| | 03 약분하기(3) | | 15분 |

◆ 차시별 2쪽 구성으로 차시의 중요도별로 A~C단계로 2~6쪽까지 집중적으로 학습할 수 있습니다.
◆ 차시별 예습 2쪽+복습 2쪽 구성으로 시기별로 2번 반복할 수 있습니다.

| 단원 | 학습 내용 | 지도 시 유의점 | 표준 시간 |
|---|---|---|---|
| 약분과 통분 | 04 통분하기(1) | · 공통분모, 통분의 뜻을 이해하게 합니다.<br>· 분모의 곱을 이용하여 통분하게 합니다.<br>· 분모의 최소공배수를 이용하여 통분하게 합니다. | 9분 |
| 약분과 통분 | 05 통분하기(2) | · 공통분모, 통분의 뜻을 이해하게 합니다.<br>· 분모의 곱을 이용하여 통분하게 합니다.<br>· 분모의 최소공배수를 이용하여 통분하게 합니다. | 11분 |
| 약분과 통분 | 06 통분하기(3) | · 공통분모, 통분의 뜻을 이해하게 합니다.<br>· 분모의 곱을 이용하여 통분하게 합니다.<br>· 분모의 최소공배수를 이용하여 통분하게 합니다. | 11분 |
| 약분과 통분 | 07 두 분수의 크기 비교 | 분모가 다른 두 분수의 크기를 비교하게 합니다. | 13분 |
| 약분과 통분 | 08 분수와 소수의 크기 비교 | 분수를 소수로, 소수를 분수로 나타내어 크기를 비교하게 합니다. | 9분 |
| 분수의 덧셈과 뺄셈 | 01 받아올림이 없는 분모가 다른 진분수의 덧셈(1) | 받아올림이 없는 분모가 다른 진분수의 덧셈 원리를 이해하고 계산하게 합니다. | 13분 |
| 분수의 덧셈과 뺄셈 | 02 받아올림이 없는 분모가 다른 진분수의 덧셈(2) | 받아올림이 없는 분모가 다른 진분수의 덧셈 원리를 이해하고 계산하게 합니다. | 13분 |
| 분수의 덧셈과 뺄셈 | 03 받아올림이 있는 분모가 다른 진분수의 덧셈(1) | 받아올림이 있는 분모가 다른 진분수의 덧셈 원리를 이해하고 계산하게 합니다. | 13분 |
| 분수의 덧셈과 뺄셈 | 04 받아올림이 있는 분모가 다른 진분수의 덧셈(2) | 받아올림이 있는 분모가 다른 진분수의 덧셈 원리를 이해하고 계산하게 합니다. | 13분 |
| 분수의 덧셈과 뺄셈 | 05 받아올림이 있는 분모가 다른 대분수의 덧셈(1) | 받아올림이 있는 분모가 다른 대분수의 덧셈 원리를 이해하고 계산하게 합니다. | 13분 |
| 분수의 덧셈과 뺄셈 | 06 받아올림이 있는 분모가 다른 대분수의 덧셈(2) | 받아올림이 있는 분모가 다른 대분수의 덧셈 원리를 이해하고 계산하게 합니다. | 13분 |
| 분수의 덧셈과 뺄셈 | 07 분모가 다른 진분수의 뺄셈(1) | 분모가 다른 진분수의 뺄셈 원리를 이해하고 계산하게 합니다. | 13분 |
| 분수의 덧셈과 뺄셈 | 08 분모가 다른 진분수의 뺄셈(2) | 분모가 다른 진분수의 뺄셈 원리를 이해하고 계산하게 합니다. | 13분 |
| 분수의 덧셈과 뺄셈 | 09 받아내림이 없는 분모가 다른 대분수의 뺄셈(1) | 받아내림이 없는 분모가 다른 대분수의 뺄셈 원리를 이해하고 계산하게 합니다. | 13분 |
| 분수의 덧셈과 뺄셈 | 10 받아내림이 없는 분모가 다른 대분수의 뺄셈(2) | 받아내림이 없는 분모가 다른 대분수의 뺄셈 원리를 이해하고 계산하게 합니다. | 13분 |
| 분수의 덧셈과 뺄셈 | 11 받아내림이 있는 분모가 다른 대분수의 뺄셈(1) | 받아내림이 있는 분모가 다른 대분수의 뺄셈 원리를 이해하고 계산하게 합니다. | 13분 |
| 분수의 덧셈과 뺄셈 | 12 받아내림이 있는 분모가 다른 대분수의 뺄셈(2) | 받아내림이 있는 분모가 다른 대분수의 뺄셈 원리를 이해하고 계산하게 합니다. | 13분 |
| 다각형의 둘레와 넓이 | 01 정다각형과 사각형의 둘레 | 정사각형, 직사각형, 평행사변형, 마름모의 둘레를 구하는 방법을 알게 합니다. | 9분 |
| 다각형의 둘레와 넓이 | 02 직사각형과 정사각형의 넓이 | 직사각형과 정사각형의 넓이를 구하는 방법을 알게 합니다. | 11분 |
| 다각형의 둘레와 넓이 | 03 평행사변형과 삼각형의 넓이 | 평행사변형과 삼각형의 넓이를 구하는 방법을 알게 합니다. | 11분 |
| 다각형의 둘레와 넓이 | 04 마름모와 사다리꼴의 넓이 | 마름모와 사다리꼴의 넓이를 구하는 방법을 알게 합니다. | 11분 |

# 01 덧셈과 뺄셈이 섞여 있는 식 A

**○ 12－5＋3의 계산**

12－5＋3＝10 (① 7, ② 10)

① 12－5＝7

② 7＋3＝10

➡ 12－5의 계산 결과에 3을 더합니다.

**원리 비법** **앞에서부터** 두 수씩 차례로 계산해!

□ 안에 알맞은 수를 써넣으세요.

❶ 16－9＋2＝□

❷ 37－3＋2＝□

❸ 35－6＋5＝□

❹ 13－6＋2＝□

❺ 64－5＋2＝□

❻ 22－6＋1＝□

❼ 11－4＋6＝□

❽ 18－4＋2＝□

정답 92쪽

| 공부한 날짜 | 맞힌 개수 | 걸린 시간 |
| --- | --- | --- |
| 월 일 | /29 | 분 |

계산을 하세요.

⑨ $17-5+8$

⑯ $19-8+3$

㉓ $25-8+4$

⑩ $28-2+8$

⑰ $52-8+9$

㉔ $38-7+6$

⑪ $19-7+1$

⑱ $12-6+7$

㉕ $15-3+5$

⑫ $41-4+7$

⑲ $31-9+7$

㉖ $21-3+7$

⑬ $18-9+4$

⑳ $26-3+2$

㉗ $23-1+7$

⑭ $28-6+6$

㉑ $32-7+3$

㉘ $39-1+6$

⑮ $14-9+1$

㉒ $27-1+7$

㉙ $18-3+3$

# 02 덧셈과 뺄셈이 섞여 있는 식 B

**○ 12 − (5 + 3)의 계산**

$12-(5+3)=4$　　① $5+3=8$

① 8

② 4　　② $12-8=4$

➡ 괄호 안에 있는 5 + 3의 계산 결과를 12에서 뺍니다.

**원리 비법** ( ) 안을 먼저 계산해!

◆ □ 안에 알맞은 수를 써넣으세요.

1. $22-(6+1)=$ □
 □
 □

2. $19-(9+4)=$ □
 □
 □

3. $29-(7+6)=$ □
 □
 □

4. $13-(5+3)=$ □
 □
 □

5. $11-(4+6)=$ □
 □
 □

6. $26-(4+1)=$ □
 □
 □

7. $17-(5+8)=$ □
 □
 □

8. $35-(6+5)=$ □
 □
 □

정답 92쪽

| 공부한 날짜 | 맞힌 개수 | 걸린 시간 |
| --- | --- | --- |
| 월 일 | /29 | 분 |

계산을 하세요.

⑨ $38-(8+5)$

⑩ $27-(8+9)$

⑪ $14-(8+1)$

⑫ $28-(4+1)$

⑬ $25-(8+4)$

⑭ $79-(3+7)$

⑮ $21-(2+6)$

⑯ $11-(2+5)$

⑰ $33-(2+1)$

⑱ $42-(6+8)$

⑲ $13-(3+4)$

⑳ $19-(7+1)$

㉑ $14-(2+4)$

㉒ $12-(1+9)$

㉓ $23-(2+7)$

㉔ $16-(2+6)$

㉕ $53-(2+3)$

㉖ $42-(8+8)$

㉗ $31-(1+8)$

㉘ $32-(7+3)$

㉙ $27-(8+5)$

# 03 곱셈과 나눗셈이 섞여 있는 식 A

○ 45 ÷ 5 × 3의 계산

45 ÷ 5 × 3 = 27 (① 9, ② 27)

① 45 ÷ 5 = 9
② 9 × 3 = 27

➡ 45 ÷ 5의 계산 결과에 3을 곱합니다.

원리 비법 **앞에서부터** 두 수씩 차례로 계산해!

□ 안에 알맞은 수를 써넣으세요.

1. 48 ÷ 2 × 2 = □

5. 64 ÷ 2 × 4 = □

2. 78 ÷ 2 × 3 = □

6. 18 ÷ 2 × 3 = □

3. 32 ÷ 2 × 8 = □

7. 24 ÷ 3 × 4 = □

4. 36 ÷ 2 × 6 = □

8. 16 ÷ 2 × 2 = □

정답 92쪽

| 공부한 날짜 | 맞힌 개수 | 걸린 시간 |
| --- | --- | --- |
| 월 일 | /29 | 분 |

계산을 하세요.

⑨ $72 \div 3 \times 4$

⑯ $84 \div 6 \times 7$

㉓ $18 \div 9 \times 3$

⑩ $28 \div 2 \times 2$

⑰ $72 \div 3 \times 6$

㉔ $70 \div 2 \times 5$

⑪ $84 \div 4 \times 2$

⑱ $45 \div 3 \times 5$

㉕ $36 \div 2 \times 3$

⑫ $64 \div 8 \times 2$

⑲ $72 \div 2 \times 6$

㉖ $75 \div 5 \times 2$

⑬ $45 \div 3 \times 2$

⑳ $80 \div 4 \times 5$

㉗ $80 \div 4 \times 4$

⑭ $84 \div 3 \times 7$

㉑ $90 \div 3 \times 3$

㉘ $80 \div 5 \times 8$

⑮ $54 \div 3 \times 9$

㉒ $96 \div 2 \times 4$

㉙ $40 \div 4 \times 2$

# 04 곱셈과 나눗셈이 섞여 있는 식 B

**○ 45÷(5×3)의 계산**

$45 \div (5 \times 3) = 3$

① 15

② 3

① 5×3=15

② 45÷15=3

➡ 45를 괄호 안에 있는 5×3의 계산 결과로 나눕니다.

원리 비법 **( ) 안**을 먼저 계산해!

□ 안에 알맞은 수를 써넣으세요.

❶ $24 \div (2 \times 6) = \square$

❺ $76 \div (2 \times 2) = \square$

❷ $63 \div (3 \times 7) = \square$

❻ $60 \div (3 \times 4) = \square$

❸ $96 \div (4 \times 8) = \square$

❼ $64 \div (4 \times 4) = \square$

❹ $90 \div (2 \times 9) = \square$

❽ $84 \div (2 \times 3) = \square$

정답 92쪽

| 공부한 날짜 | 맞힌 개수 | 걸린 시간 |
| --- | --- | --- |
| 월 일 | /29 | 분 |

계산을 하세요.

⑨ $99 \div (3 \times 3)$

⑩ $30 \div (3 \times 5)$

⑪ $72 \div (3 \times 3)$

⑫ $60 \div (2 \times 2)$

⑬ $40 \div (2 \times 5)$

⑭ $54 \div (3 \times 6)$

⑮ $64 \div (4 \times 8)$

⑯ $60 \div (4 \times 5)$

⑰ $12 \div (2 \times 3)$

⑱ $52 \div (2 \times 2)$

⑲ $48 \div (2 \times 4)$

⑳ $60 \div (3 \times 5)$

㉑ $24 \div (2 \times 4)$

㉒ $72 \div (6 \times 6)$

㉓ $72 \div (2 \times 4)$

㉔ $84 \div (2 \times 7)$

㉕ $54 \div (3 \times 3)$

㉖ $48 \div (2 \times 3)$

㉗ $96 \div (3 \times 8)$

㉘ $28 \div (2 \times 7)$

㉙ $72 \div (4 \times 6)$

# 05 덧셈, 뺄셈, 곱셈이 섞여 있는 식 A

**○ 30 − 2 × 7 + 4의 계산**

30 − 2 × 7 + 4 = 20
① 14
② 16
③ 20

① 2 × 7 = 14
② 30 − 14 = 16
③ 16 + 4 = 20

➡ 2 × 7을 가장 먼저 계산합니다.

**원리 비법** **곱셈**을 가장 먼저 계산해!

□ 안에 알맞은 수를 써넣으세요.

❶ 48 − 2 × 2 + 6 = □

❷ 72 − 3 × 4 + 9 = □

❸ 70 − 2 × 5 + 5 = □

❹ 96 − 2 × 4 + 2 = □

❺ 56 − 2 × 7 + 4 = □

❻ 18 − 3 × 3 + 1 = □

❼ 60 − 5 × 6 + 4 = □

❽ 24 − 2 × 3 + 6 = □

정답 93쪽

| 공부한 날짜 | 맞힌 개수 | 걸린 시간 |
|---|---|---|
| 월 일 | /29 | 분 |

계산을 하세요.

9 $60-2\times2+8$

10 $78-2\times3+3$

11 $84-2\times6+2$

12 $54-3\times9+2$

13 $63-3\times7+7$

14 $36-3\times6+4$

15 $80-2\times8+8$

16 $20-2\times2+2$

17 $90-5\times9+6$

18 $99-3\times3+5$

19 $48-2\times8+6$

20 $50-2\times5+4$

21 $64-2\times4+9$

22 $48-2\times3+9$

23 $96-4\times8+2$

24 $16-2\times4+5$

25 $80-2\times2+2$

26 $64-2\times2+9$

27 $54-3\times3+3$

28 $75-3\times5+3$

29 $80-4\times4+4$

# 06 덧셈, 뺄셈, 곱셈이 섞여 있는 식 B

**○ 30 − 2 × (7 + 4)의 계산**

$30 - 2 \times (7 + 4) = 8$

① 11, ② 22, ③ 8

① $7 + 4 = 11$

② $2 \times 11 = 22$

③ $30 - 22 = 8$

➡ 괄호 안에 있는 7 + 4를 가장 먼저 계산합니다.

**원리 비법** ( ) 안을 가장 먼저 계산해!

◆ □ 안에 알맞은 수를 써넣으세요.

❶ $12 - 2 \times (2 + 2) =$ □

❷ $48 - 4 \times (6 + 4) =$ □

❸ $84 - 2 \times (7 + 1) =$ □

❹ $18 - 2 \times (3 + 2) =$ □

❺ $28 - 2 \times (2 + 1) =$ □

❻ $72 - 3 \times (6 + 3) =$ □

❼ $96 - 4 \times (4 + 2) =$ □

❽ $64 - 2 \times (8 + 2) =$ □

정답 93쪽

| 공부한 날짜 | 맞힌 개수 | 걸린 시간 |
| --- | --- | --- |
| 월 일 | /29 | 분 |

계산을 하세요.

⑨ $88-2\times(2+3)$

⑩ $54-3\times(9+1)$

⑪ $40-2\times(5+2)$

⑫ $96-2\times(4+3)$

⑬ $48-2\times(4+2)$

⑭ $84-3\times(7+3)$

⑮ $60-2\times(6+2)$

⑯ $78-2\times(3+4)$

⑰ $64-2\times(2+2)$

⑱ $98-7\times(7+1)$

⑲ $32-2\times(8+3)$

⑳ $36-3\times(6+1)$

㉑ $48-2\times(2+2)$

㉒ $84-4\times(7+2)$

㉓ $75-5\times(5+3)$

㉔ $63-3\times(3+3)$

㉕ $45-3\times(3+2)$

㉖ $80-2\times(8+3)$

㉗ $28-2\times(7+3)$

㉘ $80-4\times(5+3)$

㉙ $40-2\times(2+4)$

# 07 덧셈, 뺄셈, 나눗셈이 섞여 있는 식 A

**○ 16＋40÷8－4의 계산**

16＋40÷8－4＝17

① 40÷8＝5
② 16＋5＝21
③ 21－4＝17

➡ 40÷8을 가장 먼저 계산합니다.

원리 비법 **나눗셈**을 가장 먼저 계산해!

◆ □ 안에 알맞은 수를 써넣으세요.

❶ 18＋44÷4－1＝□

❷ 27＋21÷7－4＝□

❸ 22＋24÷6－4＝□

❹ 26＋36÷9－5＝□

❺ 24＋24÷3－1＝□

❻ 14＋72÷9－5＝□

❼ 14＋32÷8－4＝□

❽ 11＋40÷8－4＝□

정답 93쪽

| 공부한 날짜 | 맞힌 개수 | 걸린 시간 |
|---|---|---|
| 월 일 | /29 | 분 |

계산을 하세요.

⑨ $23+32\div4-2$

⑩ $23+45\div9-4$

⑪ $29+12\div6-2$

⑫ $23+56\div8-6$

⑬ $21+36\div4-2$

⑭ $27+20\div4-2$

⑮ $12+60\div3-1$

⑯ $19+54\div9-7$

⑰ $33+30\div5-3$

⑱ $27+48\div8-5$

⑲ $38+10\div5-3$

⑳ $18+72\div8-5$

㉑ $20+36\div3-1$

㉒ $19+30\div6-4$

㉓ $25+56\div8-1$

㉔ $13+48\div6-2$

㉕ $14+18\div9-7$

㉖ $18+42\div3-1$

㉗ $20+72\div8-2$

㉘ $16+36\div6-4$

㉙ $25+18\div6-4$

# 08 덧셈, 뺄셈, 나눗셈이 섞여 있는 식 B

**○ 16＋40÷(8－4)의 계산**

16＋40÷(8－4)＝26

① 4
② 10
③ 26

① 8－4＝4
② 40÷4＝10
③ 16＋10＝26

➡ 괄호 안에 있는 8－4를 가장 먼저 계산합니다.

**원리 비법** ( )안 ➡ 나눗셈 ➡ 덧셈(뺄셈)의 순서로 계산해!

□ 안에 알맞은 수를 써넣으세요.

❶ 11＋40÷(8－4)＝□

❷ 25＋21÷(4－1)＝□

❸ 13＋32÷(8－6)＝□

❹ 23＋32÷(4－2)＝□

❺ 31＋40÷(5－3)＝□

❻ 16＋18÷(9－3)＝□

❼ 25＋18÷(6－4)＝□

❽ 22＋45÷(9－6)＝□

정답 93쪽

| 공부한 날짜 | 맞힌 개수 | 걸린 시간 |
| --- | --- | --- |
| 월 일 | /29 | 분 |

계산을 하세요.

9. $20+36\div(3-1)$
10. $12+48\div(6-3)$
11. $15+42\div(6-3)$
12. $22+42\div(7-4)$
13. $28+48\div(8-4)$
14. $16+36\div(6-4)$
15. $15+72\div(9-3)$
16. $20+72\div(8-2)$
17. $11+36\div(9-3)$
18. $27+20\div(4-2)$
19. $19+54\div(9-7)$
20. $15+51\div(4-1)$
21. $12+72\div(9-7)$
22. $16+48\div(4-1)$
23. $39+60\div(4-2)$
24. $34+30\div(5-2)$
25. $16+24\div(8-4)$
26. $11+8\div(4-2)$
27. $23+42\div(7-1)$
28. $20+30\div(6-3)$
29. $19+40\div(4-2)$

# 09 덧셈, 뺄셈, 곱셈, 나눗셈이 섞여 있는 식 A

**○ 9＋6×4－48÷6의 계산**

9＋6×4－48÷6＝25

① 24 ② 8 ③ 33 ④ 25

①6×4＝24
②48÷6＝8
③9＋24＝33
④33－8＝25

➡ 6×4와 48÷6을 먼저 계산합니다.

원리 비법 **곱셈**과 **나눗셈**을 먼저 계산해!

□ 안에 알맞은 수를 써넣으세요.

❶ 5＋8×1－35÷7＝□

❹ 2＋8×7－36÷4＝□

❷ 6＋5×2－45÷9＝□

❺ 1＋7×6－32÷4＝□

❸ 7＋3×3－24÷3＝□

❻ 7＋7×3－72÷9＝□

정답 94쪽

| 공부한 날짜 | 맞힌 개수 | 걸린 시간 |
| --- | --- | --- |
| 월 일 | /27 | 분 |

계산을 하세요.

❼ $3+8\times 8-12\div 4$

❽ $2+3\times 7-63\div 9$

❾ $2+7\times 7-8\div 4$

❿ $1+6\times 6-40\div 8$

⓫ $5+9\times 8-45\div 3$

⓬ $3+3\times 8-56\div 4$

⓭ $4+8\times 9-42\div 3$

⓮ $8+3\times 4-54\div 6$

⓯ $1+3\times 6-18\div 6$

⓰ $6+7\times 2-30\div 6$

⓱ $4+4\times 9-40\div 5$

⓲ $6+3\times 2-32\div 8$

⓳ $3+5\times 8-42\div 6$

⓴ $6+5\times 2-60\div 4$

㉑ $2+6\times 7-36\div 3$

㉒ $7+4\times 6-24\div 4$

㉓ $2+8\times 7-72\div 8$

㉔ $1+9\times 6-20\div 5$

㉕ $8+9\times 4-30\div 6$

㉖ $4+7\times 9-15\div 3$

㉗ $6+4\times 2-18\div 9$

# 10 덧셈, 뺄셈, 곱셈, 나눗셈이 섞여 있는 식 B

**○ $(9+6)\times4-48\div6$의 계산**

$(9+6)\times4-48\div6=52$

① 15, ② 60, ③ 8, ④ 52

① $9+6=15$

② $15\times4=60$

③ $48\div6=8$

④ $60-8=52$

➡ 괄호 안에 있는 $9+6$을 가장 먼저 계산합니다.

**원리 비법** ( ) 안 ➡ 곱셈(나눗셈) ➡ 덧셈(뺄셈)의 순서로 계산해!

◆ □ 안에 알맞은 수를 써넣으세요.

❶ $(1+3)\times6-18\div6=$ □

❷ $(8+3)\times4-54\div6=$ □

❸ $(6+3)\times2-32\div8=$ □

❹ $(8+5)\times4-56\div8=$ □

❺ $(9+8)\times5-20\div5=$ □

❻ $(8+2)\times9-27\div3=$ □

정답 94쪽

| 공부한 날짜 | 맞힌 개수 | 걸린 시간 |
| --- | --- | --- |
| 월 일 | /27 | 분 |

계산을 하세요.

⑦ $(2+5)\times7-21\div7$

⑭ $(8+5)\times4-24\div4$

㉑ $(6+6)\times2-72\div9$

⑧ $(1+6)\times6-40\div8$

⑮ $(6+9)\times2-42\div7$

㉒ $(4+9)\times9-12\div4$

⑨ $(3+4)\times8-24\div6$

⑯ $(7+8)\times3-30\div6$

㉓ $(1+5)\times6-16\div8$

⑩ $(3+9)\times8-72\div8$

⑰ $(4+8)\times9-24\div8$

㉔ $(3+6)\times8-12\div3$

⑪ $(1+7)\times6-32\div4$

⑱ $(8+7)\times4-54\div9$

㉕ $(2+4)\times7-36\div6$

⑫ $(5+5)\times3-40\div5$

⑲ $(8+4)\times7-54\div3$

㉖ $(9+7)\times5-48\div4$

⑬ $(6+5)\times2-60\div4$

⑳ $(3+7)\times8-39\div3$

㉗ $(6+4)\times2-18\div9$

# 01 약수

A

**8의 약수 구하기**

나눗셈식을 이용하여 8을 나누어떨어지게 하는 수를 구합니다.

$8 \div 1 = 8, 8 \div 2 = 4, 8 \div 4 = 2, 8 \div 8 = 1$

➡ 8의 약수는 1, 2, 4, 8입니다.

어떤 수를 나누어떨어지게 하는 수를 그 수의 약수라고 합니다.

원리 비법 ■를 ●로 나누었을 때 나누어떨어지면 ●는 ■의 **약수**야!

빈 곳에 알맞은 수를 써넣으세요.

1. $25 \div \square = 25$ $25 \div \square = 5$
   $25 \div \square = 1$
   ➡ 25의 약수: ______

2. $16 \div \square = 16$ $16 \div \square = 8$
   $16 \div \square = 4$ $16 \div \square = 2$
   $16 \div \square = 1$
   ➡ 16의 약수: ______

3. $12 \div \square = 12$ $12 \div \square = 6$
   $12 \div \square = 4$ $12 \div \square = 3$
   $12 \div \square = 2$ $12 \div \square = 1$
   ➡ 12의 약수: ______

4. $18 \div \square = 18$ $18 \div \square = 9$
   $18 \div \square = 6$ $18 \div \square = 3$
   $18 \div \square = 2$ $18 \div \square = 1$
   ➡ 18의 약수: ______

5. $9 \div \square = 9$ $9 \div \square = 3$
   $9 \div \square = 1$
   ➡ 9의 약수: ______

6. $10 \div \square = 10$ $10 \div \square = 5$
   $10 \div \square = 2$ $10 \div \square = 1$
   ➡ 10의 약수: ______

7. $6 \div \square = 6$ $6 \div \square = 3$
   $6 \div \square = 2$ $6 \div \square = 1$
   ➡ 6의 약수: ______

8. $20 \div \square = 20$ $20 \div \square = 10$
   $20 \div \square = 5$ $20 \div \square = 4$
   $20 \div \square = 2$ $20 \div \square = 1$
   ➡ 20의 약수: ______

정답 95쪽

| 공부한 날짜 | 맞힌 개수 | 걸린 시간 |
|---|---|---|
| 월 일 | /18 | 분 |

빈 곳에 알맞은 수를 써넣으세요.

**9** $15 \div \square = 15$ $15 \div \square = 5$

$15 \div \square = 3$ $15 \div \square = 1$

➡ 15의 약수: ______

**10** $38 \div \square = 38$ $38 \div \square = 19$

$38 \div \square = 2$ $38 \div \square = 1$

➡ 38의 약수: ______

**11** $33 \div \square = 33$ $33 \div \square = 11$

$33 \div \square = 3$ $33 \div \square = 1$

➡ 33의 약수: ______

**12** $36 \div \square = 36$ $36 \div \square = 18$

$36 \div \square = 12$ $36 \div \square = 9$

$36 \div \square = 6$ $36 \div \square = 4$

$36 \div \square = 3$ $36 \div \square = 2$

$36 \div \square = 1$

➡ 36의 약수: ______

**13** $45 \div \square = 45$ $45 \div \square = 15$

$45 \div \square = 9$ $45 \div \square = 5$

$45 \div \square = 3$ $45 \div \square = 1$

➡ 45의 약수: ______

**14** $4 \div \square = 4$ $4 \div \square = 2$

$4 \div \square = 1$

➡ 4의 약수: ______

**15** $27 \div \square = 27$ $27 \div \square = 9$

$27 \div \square = 3$ $27 \div \square = 1$

➡ 27의 약수: ______

**16** $28 \div \square = 28$ $28 \div \square = 14$

$28 \div \square = 7$ $28 \div \square = 4$

$28 \div \square = 2$ $28 \div \square = 1$

➡ 28의 약수: ______

**17** $24 \div \square = 24$ $24 \div \square = 12$

$24 \div \square = 8$ $24 \div \square = 6$

$24 \div \square = 4$ $24 \div \square = 3$

$24 \div \square = 2$ $24 \div \square = 1$

➡ 24의 약수: ______

**18** $30 \div \square = 30$ $30 \div \square = 15$

$30 \div \square = 10$ $30 \div \square = 6$

$30 \div \square = 5$ $30 \div \square = 3$

$30 \div \square = 2$ $30 \div \square = 1$

➡ 30의 약수: ______

# 02 약수

B

**6의 약수 구하기**

| | |
|---|---|
| 6을 1로 나눈 수는 6입니다. | 6 ÷ 1 = 6 |
| 6을 2로 나눈 수는 3입니다. | 6 ÷ 2 = 3 |
| 6을 3으로 나눈 수는 2입니다. | 6 ÷ 3 = 2 |
| 6을 6으로 나눈 수는 1입니다. | 6 ÷ 6 = 1 |

➡ 6의 약수는 1, 2, 3, 6입니다.

원리 비법 어떤 수의 약수 중에서 **가장 작은 수는 1이야**!

빈 곳에 알맞은 수를 써넣으세요.

❶ 12를 1로 나눈 수는 ☐입니다.
12를 2로 나눈 수는 ☐입니다.
12를 3으로 나눈 수는 ☐입니다.
12를 4로 나눈 수는 ☐입니다.
12를 6으로 나눈 수는 ☐입니다.
12를 12로 나눈 수는 ☐입니다.
➡ 12의 약수: ________

❷ 15를 1로 나눈 수는 ☐입니다.
15를 3으로 나눈 수는 ☐입니다.
15를 5로 나눈 수는 ☐입니다.
15를 15로 나눈 수는 ☐입니다.
➡ 15의 약수: ________

❸ 20을 1로 나눈 수는 ☐입니다.
20을 2로 나눈 수는 ☐입니다.
20을 4로 나눈 수는 ☐입니다.
20을 5로 나눈 수는 ☐입니다.
20을 10으로 나눈 수는 ☐입니다.
20을 20으로 나눈 수는 ☐입니다.
➡ 20의 약수: ________

❹ 8을 1로 나눈 수는 ☐입니다.
8을 2로 나눈 수는 ☐입니다.
8을 4로 나눈 수는 ☐입니다.
8을 8로 나눈 수는 ☐입니다.
➡ 8의 약수: ________

정답 95쪽

| 공부한 날짜 | 맞힌 개수 | 걸린 시간 |
|---|---|---|
| 월 일 | /20 | 분 |

주어진 수의 약수를 구하세요.

5 4 ➡ ______________________

13 10 ➡ ______________________

6 36 ➡ ______________________

14 42 ➡ ______________________

7 14 ➡ ______________________

15 45 ➡ ______________________

8 16 ➡ ______________________

16 27 ➡ ______________________

9 30 ➡ ______________________

17 32 ➡ ______________________

10 24 ➡ ______________________

18 34 ➡ ______________________

11 35 ➡ ______________________

19 25 ➡ ______________________

12 40 ➡ ______________________

20 18 ➡ ______________________

# 03 배수

A

**4의 배수 구하기**

곱셈식을 이용하여 4를 몇 배 한 수를 구합니다.

$$4 \times 1 = 4,\ 4 \times 2 = 8,\ 4 \times 3 = 12,\ 4 \times 4 = 16 \cdots\cdots$$

➡ 4의 배수는 4, 8, 12, 16……입니다.

어떤 수를 1배, 2배, 3배……한 수를 그 수의 배수라고 합니다.

원리 비법 ■를 몇 배 한 수가 ●일 때, ●는 ■의 **배수**야!

◆ □ 인에 알맞은 수를 써넣으세요.

1. $9 \times 1 = \square$, $9 \times 2 = \square$, $9 \times 3 = \square \cdots\cdots$
   ➡ 9의 배수: □, □, □……
   (가장 작은 수부터 차례로 씁니다.)

2. $5 \times 1 = \square$, $5 \times 2 = \square$, $5 \times 3 = \square \cdots\cdots$
   ➡ 5의 배수: □, □, □……

3. $10 \times 1 = \square$, $10 \times 2 = \square$, $10 \times 3 = \square \cdots\cdots$
   ➡ 10의 배수: □, □, □……

4. $8 \times 1 = \square$, $8 \times 2 = \square$, $8 \times 3 = \square \cdots\cdots$
   ➡ 8의 배수: □, □, □……

5. $3 \times 1 = \square$, $3 \times 2 = \square$, $3 \times 3 = \square \cdots\cdots$
   ➡ 3의 배수: □, □, □……

6. $2 \times 1 = \square$, $2 \times 2 = \square$, $2 \times 3 = \square \cdots\cdots$
   ➡ 2의 배수: □, □, □……

7. $7 \times 1 = \square$, $7 \times 2 = \square$, $7 \times 3 = \square \cdots\cdots$
   ➡ 7의 배수: □, □, □……

8. $4 \times 1 = \square$, $4 \times 2 = \square$, $4 \times 3 = \square \cdots\cdots$
   ➡ 4의 배수: □, □, □……

정답 95쪽

| 공부한 날짜 | 맞힌 개수 | 걸린 시간 |
| --- | --- | --- |
| 월 일 | /18 | 분 |

□ 안에 알맞은 수를 써넣으세요.

**9** $6\times1=\square$, $6\times2=\square$,
$6\times3=\square$……
➡ 6의 배수: □, □, □……

**10** $3\times1=\square$, $3\times2=\square$,
$3\times3=\square$……
➡ 3의 배수: □, □, □……

**11** $7\times1=\square$, $7\times2=\square$,
$7\times3=\square$……
➡ 7의 배수: □, □, □……

**12** $5\times1=\square$, $5\times2=\square$,
$5\times3=\square$……
➡ 5의 배수: □, □, □……

**13** $9\times1=\square$, $9\times2=\square$,
$9\times3=\square$……
➡ 9의 배수: □, □, □……

**14** $12\times1=\square$, $12\times2=\square$,
$12\times3=\square$……
➡ 12의 배수: □, □, □……

**15** $4\times1=\square$, $4\times2=\square$,
$4\times3=\square$……
➡ 4의 배수: □, □, □……

**16** $11\times1=\square$, $11\times2=\square$,
$11\times3=\square$……
➡ 11의 배수: □, □, □……

**17** $8\times1=\square$, $8\times2=\square$,
$8\times3=\square$……
➡ 8의 배수: □, □, □……

**18** $2\times1=\square$, $2\times2=\square$,
$2\times3=\square$……
➡ 2의 배수: □, □, □……

# 04 배수

B

**5의 배수 구하기**

| | |
|---|---|
| 5를 1배 한 수는 5입니다. | $5 \times 1 = 5$ |
| 5를 2배 한 수는 10입니다. | $5 \times 2 = 10$ |
| 5를 3배 한 수는 15입니다. | $5 \times 3 = 15$ |
| 5를 4배 한 수는 20입니다. | $5 \times 4 = 20$ |

➡ 5의 배수는 5, 10, 15, 20……입니다.

원리 비법 어떤 수의 **배수**는 셀 수 없이 많아!

빈 곳에 알맞은 수를 써넣으세요.

❶ 4를 1배 한 수는 ☐입니다.

➡ $4 \times \square = 4$

4를 2배 한 수는 ☐입니다.

➡ $4 \times \square = 8$

4를 3배 한 수는 ☐입니다.

➡ $4 \times \square = 12$

➡ 4의 배수: ________

가장 작은 수부터 3개를 씁니다.

❷ 8을 1배 한 수는 ☐입니다.

➡ $8 \times \square = 8$

8을 2배 한 수는 ☐입니다.

➡ $8 \times \square = 16$

8을 3배 한 수는 ☐입니다.

➡ $8 \times \square = 24$

➡ 8의 배수: ________

❸ 3을 1배 한 수는 ☐입니다.

➡ $3 \times \square = 3$

3을 2배 한 수는 ☐입니다.

➡ $3 \times \square = 6$

3을 3배 한 수는 ☐입니다.

➡ $3 \times \square = 9$

➡ 3의 배수: ________

❹ 6을 1배 한 수는 ☐입니다.

➡ $6 \times \square = 6$

6을 2배 한 수는 ☐입니다.

➡ $6 \times \square = 12$

6을 3배 한 수는 ☐입니다.

➡ $6 \times \square = 18$

➡ 6의 배수: ________

정답 95쪽

| 공부한 날짜 | 맞힌 개수 | 걸린 시간 |
| --- | --- | --- |
| 월 일 | /20 | 분 |

주어진 수의 배수를 가장 작은 수부터 **3**개씩 구하세요.

5 5 ➡ ______

6 8 ➡ ______

7 4 ➡ ______

8 3 ➡ ______

9 9 ➡ ______

10 2 ➡ ______

11 8 ➡ ______

12 12 ➡ ______

13 12 ➡ ______

14 2 ➡ ______

15 7 ➡ ______

16 6 ➡ ______

17 11 ➡ ______

18 10 ➡ ______

19 5 ➡ ______

20 4 ➡ ______

# 05 곱을 이용하여 최대공약수 구하기 A

**○ 12와 16의 최대공약수 구하기**

공통으로 들어 있는 곱셈식이 두 수의 최대공약수입니다.

$12 = \underline{2 \times 2} \times 3$

$16 = \underline{2 \times 2} \times 2 \times 2$

➡ 12와 16의 최대공약수: $2 \times 2 = 4$

0이 아닌 두 개 이상의 수의 공통되는 약수 중에서 가장 큰 수를 최대공약수라고 합니다.

원리 비법 공통의 약수 중 가장 큰 수가 **최대공약수**야!

□ 안에 알맞은 수를 써넣으세요.

**1** 6 14

$6 = 2 \times \square$

$14 = 2 \times \square$

➡ 최대공약수: □

**2** 28 6

$28 = 2 \times \square \times \square$

$6 = 2 \times \square$

➡ 최대공약수: □

**3** 12 16

$12 = 2 \times \square \times \square$

$16 = 2 \times \square \times \square \times \square$

➡ 최대공약수: □

**4** 14 30

$14 = 2 \times \square$

$30 = 2 \times \square \times \square$

➡ 최대공약수: □

**5** 10 14

$10 = 2 \times \square$

$14 = 2 \times \square$

➡ 최대공약수: □

**6** 24 9

$24 = 3 \times \square \times \square \times \square$

$9 = 3 \times \square$

➡ 최대공약수: □

정답 96쪽

| 공부한 날짜 | 맞힌 개수 | 걸린 시간 |
| --- | --- | --- |
| 월 일 | /21 | 분 |

두 수의 최대공약수를 구하세요.

⑦ 6 12
➡ 최대공약수: ☐

⑫ 12 24
➡ 최대공약수: ☐

⑰ 30 70
➡ 최대공약수: ☐

⑧ 28 10
➡ 최대공약수: ☐

⑬ 4 28
➡ 최대공약수: ☐

⑱ 28 70
➡ 최대공약수: ☐

⑨ 30 45
➡ 최대공약수: ☐

⑭ 10 8
➡ 최대공약수: ☐

⑲ 42 30
➡ 최대공약수: ☐

⑩ 20 10
➡ 최대공약수: ☐

⑮ 4 10
➡ 최대공약수: ☐

⑳ 28 30
➡ 최대공약수: ☐

⑪ 28 42
➡ 최대공약수: ☐

⑯ 70 10
➡ 최대공약수: ☐

㉑ 24 96
➡ 최대공약수: ☐

# 06 곱을 이용하여 최소공배수 구하기 A

## 12와 16의 최소공배수 구하기

공통으로 들어 있는 곱셈식과 나머지 수들의 곱이 두 수의 최소공배수입니다.

$$12 = \underline{2 \times 2} \times 3$$
$$16 = \underline{2 \times 2} \times 2 \times 2$$

➡ 12와 16의 최소공배수: $2 \times 2 \times 3 \times 2 \times 2 = 48$

두 개 이상의 자연수의 공통인 배수 중 가장 작은 수를 최소공배수라고 합니다.

원리 비법 공통인 배수 중 가장 작은 수가 **최소공배수**야!

□ 안에 알맞은 수를 써넣으세요.

❶ 6 15

6 = 3 × □

15 = 3 × □

➡ 최소공배수: □

❷ 14 4

14 = 2 × □

4 = 2 × □

➡ 최소공배수: □

❸ 10 14

10 = 2 × □

14 = 2 × □

➡ 최소공배수: □

❹ 140 35

140 = 5 × □ × □ × □

35 = 5 × □

➡ 최소공배수: □

❺ 14 28

14 = 2 × □

28 = 2 × □ × □

➡ 최소공배수: □

❻ 140 30

140 = 2 × □ × □ × □

30 = 2 × □ × □

➡ 최소공배수: □

정답 96쪽

| 공부한 날짜 | 맞힌 개수 | 걸린 시간 |
|---|---|---|
| 월 일 | /21 | 분 |

두 수의 최소공배수를 구하세요.

❼ 14 56
➜ 최소공배수: ☐

⓬ 60 30
➜ 최소공배수: ☐

⓱ 42 90
➜ 최소공배수: ☐

❽ 6 30
➜ 최소공배수: ☐

⓭ 8 60
➜ 최소공배수: ☐

⓲ 30 18
➜ 최소공배수: ☐

❾ 8 10
➜ 최소공배수: ☐

⓮ 20 6
➜ 최소공배수: ☐

⓳ 30 150
➜ 최소공배수: ☐

❿ 15 9
➜ 최소공배수: ☐

⓯ 40 90
➜ 최소공배수: ☐

⓴ 12 8
➜ 최소공배수: ☐

⓫ 14 30
➜ 최소공배수: ☐

⓰ 18 4
➜ 최소공배수: ☐

㉑ 6 10
➜ 최소공배수: ☐

# 07 공약수를 이용하여 최대공약수 구하기 A

### 12와 16의 최대공약수 구하기

$$\begin{array}{r|rr} 2 & 12 & 16 \\ \hline 2 & 6 & 8 \\ \hline & 3 & 4 \end{array}$$

① 1 이외의 공약수로 두 수를 나누고 각각의 몫을 밑에 씁니다.
② 1 이외의 공약수가 없을 때까지 나눗셈을 계속합니다.
③ 나눈 공약수들을 모두 곱하면 최대공약수가 됩니다.

➡ 최대공약수: $2 \times 2 = 4$

원리 비법 두 수의 공약수는 두 수의 **최대공약수의 약수**와 같아!

□ 안에 알맞은 수를 써넣으세요.

❶ 2 ) 4 60
□ ) □ □
□ □
➡ 최대공약수: □

❷ 2 ) 8 20
□ ) □ □
□ □
➡ 최대공약수: □

❸ □ ) 6 10
□ □
➡ 최대공약수: □

❹ 2 ) 10 30
□ ) □ □
□ □
➡ 최대공약수: □

❺ 2 ) 60 8
□ ) □ □
□ □
➡ 최대공약수: □

❻ 2 ) 6 90
□ ) □ □
□ □
➡ 최대공약수: □

❼ □ ) 4 14
□ □
➡ 최대공약수: □

❽ 2 ) 28 14
□ ) □ □
□ □
➡ 최대공약수: □

❾ 2 ) 30 18
□ ) □ □
□ □
➡ 최대공약수: □

정답 96쪽

| 공부한 날짜 | 맞힌 개수 | 걸린 시간 |
|---|---|---|
| 월 일 | /24 | 분 |

두 수의 최대공약수를 구하세요.

⑩ ) 14 10

➡ 최대공약수: □

⑮ ) 12 30

➡ 최대공약수: □

⑳ ) 16 20

➡ 최대공약수: □

⑪ ) 18 12

➡ 최대공약수: □

⑯ ) 30 36

➡ 최대공약수: □

㉑ ) 140 14

➡ 최대공약수: □

⑫ ) 30 15

➡ 최대공약수: □

⑰ ) 14 6

➡ 최대공약수: □

㉒ ) 14 98

➡ 최대공약수: □

⑬ ) 40 10

➡ 최대공약수: □

⑱ ) 8 20

➡ 최대공약수: □

㉓ ) 60 6

➡ 최대공약수: □

⑭ ) 30 28

➡ 최대공약수: □

⑲ ) 70 14

➡ 최대공약수: □

㉔ ) 10 20

➡ 최대공약수: □

# 08 공약수를 이용하여 최소공배수 구하기 A

**12와 16의 최소공배수 구하기**

| | | |
|---|---|---|
| 2 | 12 | 16 |
| 2 | 6 | 8 |
| | 3 | 4 |

① 1 이외의 공약수로 두 수를 나누고 각각의 몫을 밑에 씁니다.
② 1 이외의 공약수가 없을 때까지 나눗셈을 계속합니다.
③ 나눈 공약수와 밑에 남은 몫을 모두 곱하면 최소공배수가 됩니다.

➡ 최소공배수: $2 \times 2 \times 3 \times 4 = 48$

**원리 비법** 두 수의 공배수는 두 수의 **최소공배수의 배수**와 같아!

□ 안에 알맞은 수를 써넣으세요.

1. 2 ) 30 6
□ ) □ □
□ □
➡ 최소공배수: □

2. 2 ) 10 90
□ ) □ □
□ □
➡ 최소공배수: □

3. □ ) 50 6
□ □
➡ 최소공배수: □

4. 2 ) 14 70
□ ) □ □
□ □
➡ 최소공배수: □

5. □ ) 12 10
□ □
➡ 최소공배수: □

6. □ ) 4 6
□ □
➡ 최소공배수: □

7. □ ) 10 6
□ □
➡ 최소공배수: □

8. 2 ) 12 30
□ ) □ □
□ □
➡ 최소공배수: □

9. 2 ) 8 12
□ ) □ □
□ □
➡ 최소공배수: □

정답 96쪽

| 공부한 날짜 | 맞힌 개수 | 걸린 시간 |
| --- | --- | --- |
| 월 일 | /24 | 분 |

두 수의 최소공배수를 구하세요.

⑩ ) 60 8

➡ 최소공배수: ☐

⑮ ) 4 30

➡ 최소공배수: ☐

⑳ ) 30 70

➡ 최소공배수: ☐

⑪ ) 6 18

➡ 최소공배수: ☐

⑯ ) 50 8

➡ 최소공배수: ☐

㉑ ) 8 10

➡ 최소공배수: ☐

⑫ ) 140 120

➡ 최소공배수: ☐

⑰ ) 14 20

➡ 최소공배수: ☐

㉒ ) 10 18

➡ 최소공배수: ☐

⑬ ) 6 8

➡ 최소공배수: ☐

⑱ ) 6 10

➡ 최소공배수: ☐

㉓ ) 10 25

➡ 최소공배수: ☐

⑭ ) 18 24

➡ 최소공배수: ☐

⑲ ) 4 10

➡ 최소공배수: ☐

㉔ ) 6 20

➡ 최소공배수: ☐

# 01 약분하기

A

## 크기가 같은 분수

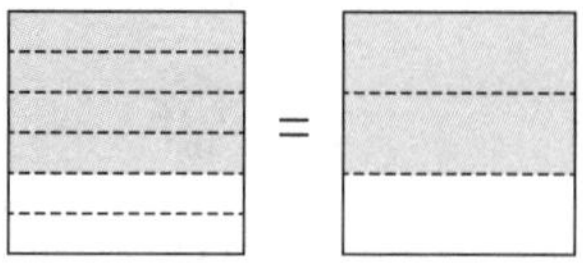

$\frac{4}{6}$ $\frac{2}{3}$

➡ 색칠된 부분의 크기가 같으므로 $\frac{4}{6}$와 $\frac{2}{3}$는 크기가 같습니다.

➡ $\frac{4}{6}$의 값은 변화시키지 않고 간단한 분수 $\frac{2}{3}$로 나타내는 것처럼 분수의 분모와 분자를 그 공약수로 나누어 간단히 하는 것을 약분이라고 합니다.

**원리 비법** 분모가 달라도 분수의 크기는 **같을 수 있어**!

색칠한 부분을 분수로 나타내세요.

1. 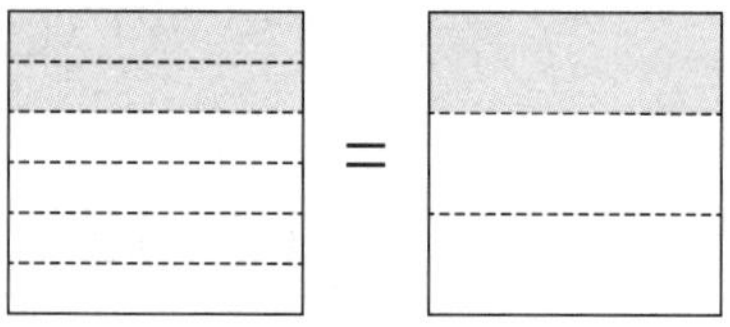

$\frac{\square}{\square} = \frac{\square}{\square}$

4. 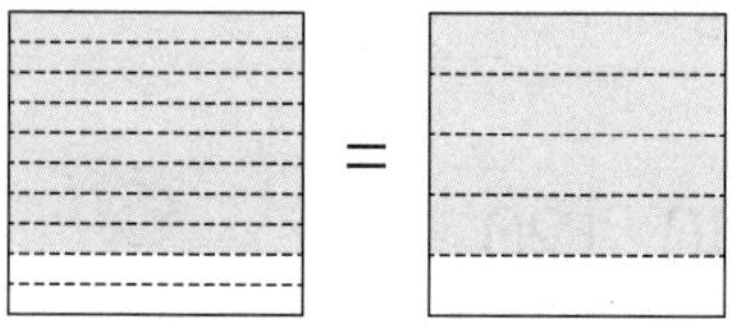

$\frac{\square}{\square} = \frac{\square}{\square}$

2. 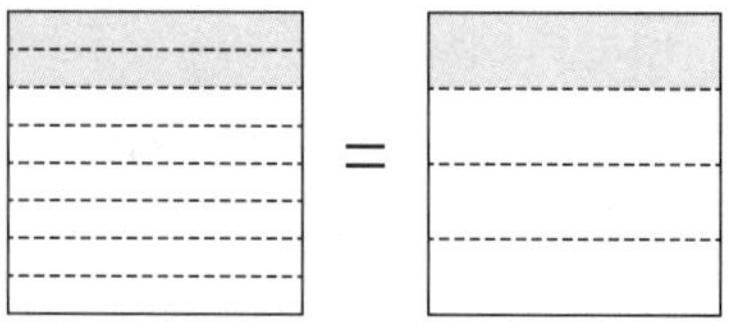

$\frac{\square}{\square} = \frac{\square}{\square}$

5. 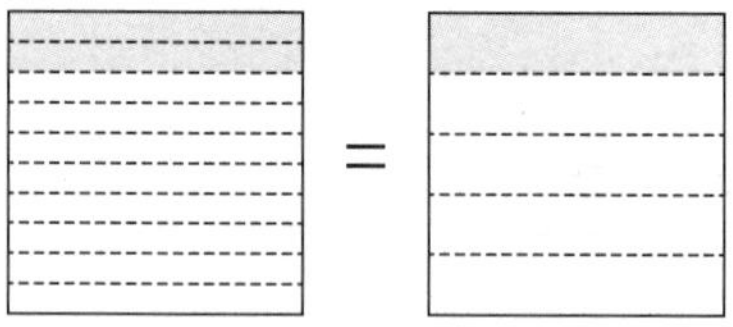

$\frac{\square}{\square} = \frac{\square}{\square}$

3. 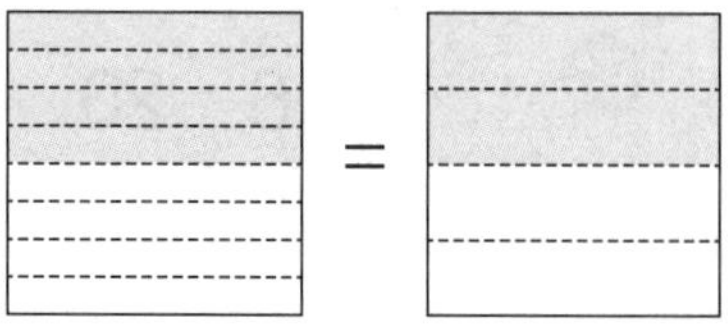

$\frac{\square}{\square} = \frac{\square}{\square}$

6. 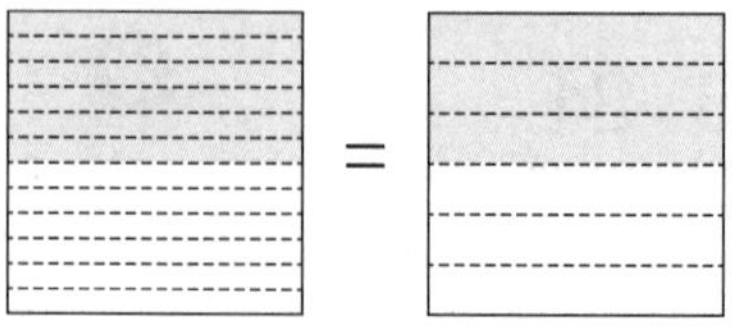

$\frac{\square}{\square} = \frac{\square}{\square}$

정답 97쪽

| 공부한 날짜 | 맞힌 개수 | 걸린 시간 |
|---|---|---|
| 월 일 | /16 | 분 |

색칠한 부분을 분수로 나타내세요.

7 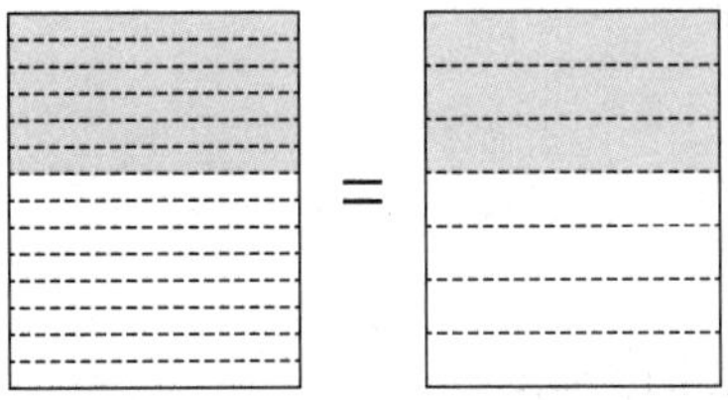

$\frac{\square}{\square} = \frac{\square}{\square}$

8 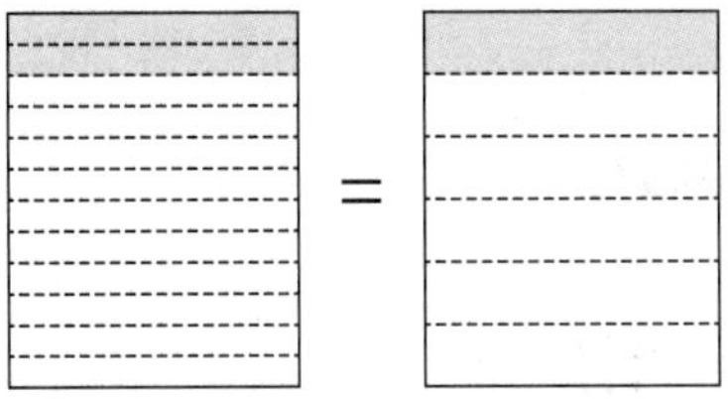

$\frac{\square}{\square} = \frac{\square}{\square}$

9 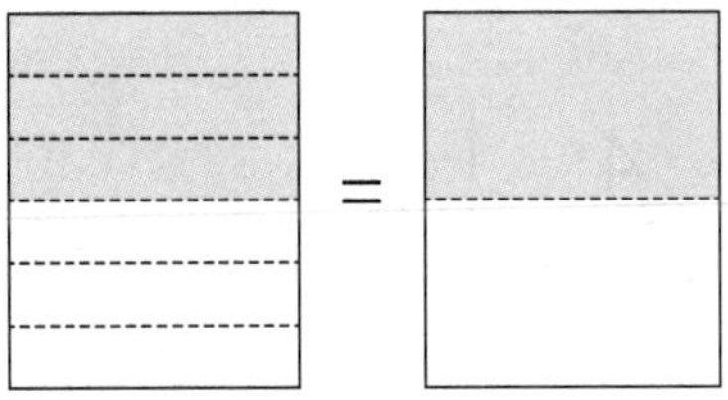

$\frac{\square}{\square} = \frac{\square}{\square}$

10 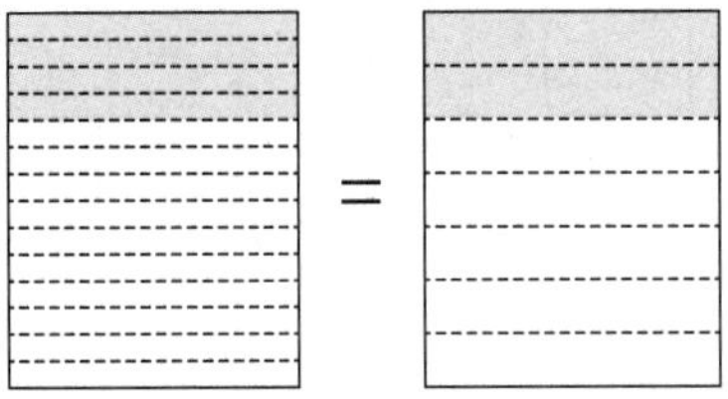

$\frac{\square}{\square} = \frac{\square}{\square}$

11 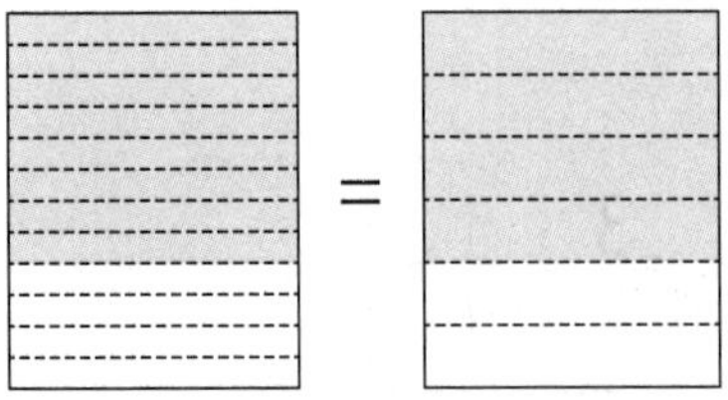

$\frac{\square}{\square} = \frac{\square}{\square}$

12 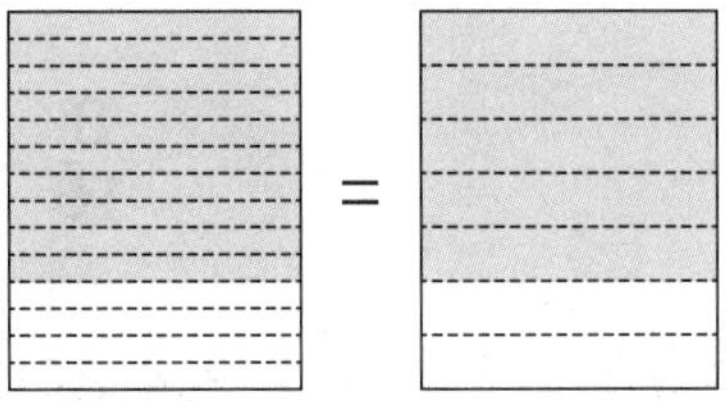

$\frac{\square}{\square} = \frac{\square}{\square}$

13 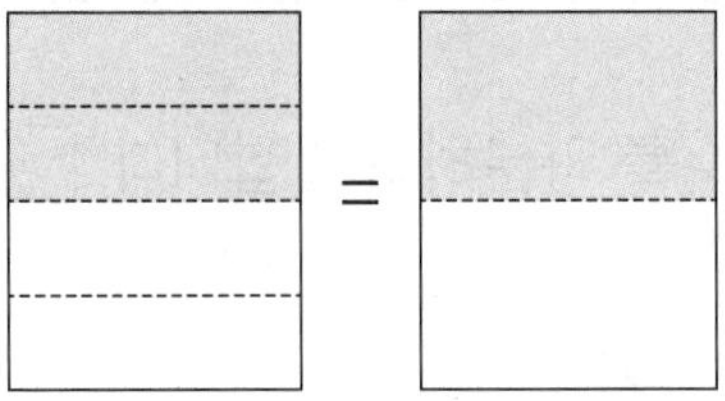

$\frac{\square}{\square} = \frac{\square}{\square}$

14 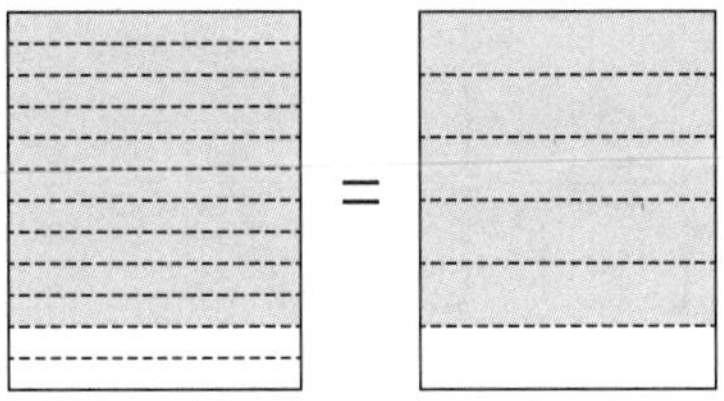

$\frac{\square}{\square} = \frac{\square}{\square}$

15 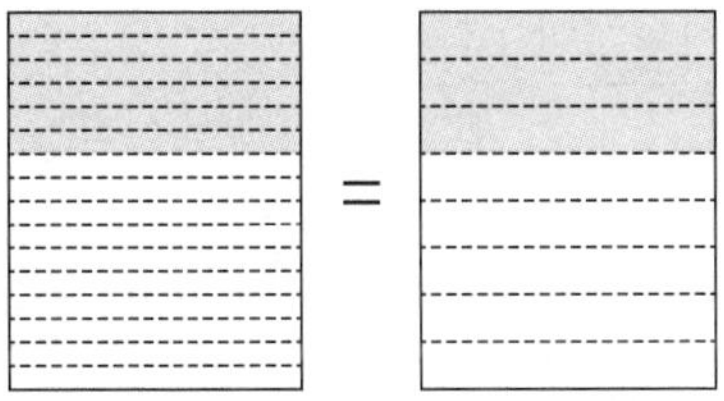

$\frac{\square}{\square} = \frac{\square}{\square}$

16 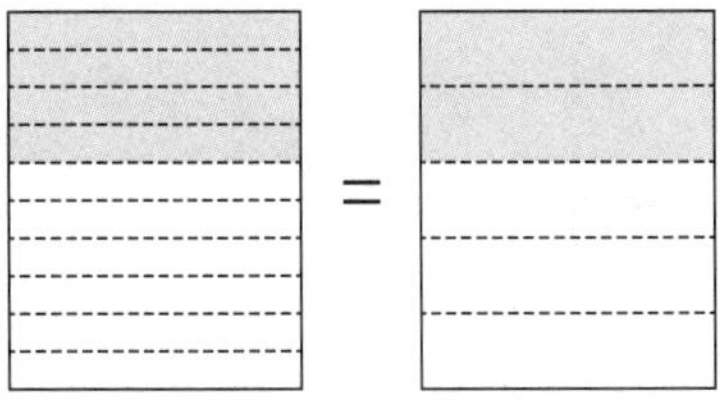

$\frac{\square}{\square} = \frac{\square}{\square}$

# 02 약분하기

**B**

○ $\frac{8}{16}$을 약분하기

$$\frac{\overset{4}{\cancel{8}}}{\underset{8}{\cancel{16}}}=\frac{4}{8},\ \frac{\overset{2}{\cancel{8}}}{\underset{4}{\cancel{16}}}=\frac{2}{4},\ \frac{\overset{1}{\cancel{8}}}{\underset{2}{\cancel{16}}}=\frac{1}{2}$$

➡ 분모 16과 분자 8의 공약수는 1, 2, 4, 8이므로 분모와 분자를 2, 4, 8로 나눕니다.

원리 비법 약분할 때에는 1을 제외한 **공약수**로 나누면 돼!

주어진 분수를 약분하려고 합니다. □ 안에 알맞은 수를 써넣으세요.

❶ $\frac{4}{20}$ ➡ $\frac{2}{\square}$, $\frac{\square}{\square}$

❷ $\frac{4}{36}$ ➡ $\frac{2}{\square}$, $\frac{\square}{\square}$

❸ $\frac{20}{36}$ ➡ $\frac{10}{\square}$, $\frac{\square}{\square}$

❹ $\frac{4}{28}$ ➡ $\frac{2}{\square}$, $\frac{\square}{\square}$

❺ $\frac{20}{24}$ ➡ $\frac{10}{\square}$, $\frac{\square}{\square}$

❻ $\frac{36}{40}$ ➡ $\frac{18}{\square}$, $\frac{\square}{\square}$

❼ $\frac{8}{36}$ ➡ $\frac{4}{\square}$, $\frac{\square}{\square}$

❽ $\frac{16}{20}$ ➡ $\frac{8}{\square}$, $\frac{\square}{\square}$

❾ $\frac{12}{28}$ ➡ $\frac{6}{\square}$, $\frac{\square}{\square}$

❿ $\frac{9}{18}$ ➡ $\frac{3}{\square}$, $\frac{\square}{\square}$

정답 97쪽

| 공부한 날짜 | 맞힌 개수 | 걸린 시간 |
|---|---|---|
| 월 일 | /22 | 분 |

주어진 분수를 약분하려고 합니다. □ 안에 알맞은 수를 써넣으세요.

⑪ $\frac{8}{32} \Rightarrow \frac{4}{\square}, \frac{2}{\square}, \frac{\square}{\square}$

⑫ $\frac{32}{72} \Rightarrow \frac{16}{\square}, \frac{8}{\square}, \frac{\square}{\square}$

⑬ $\frac{24}{32} \Rightarrow \frac{12}{\square}, \frac{6}{\square}, \frac{\square}{\square}$

⑭ $\frac{48}{56} \Rightarrow \frac{24}{\square}, \frac{12}{\square}, \frac{\square}{\square}$

⑮ $\frac{8}{16} \Rightarrow \frac{4}{\square}, \frac{2}{\square}, \frac{\square}{\square}$

⑯ $\frac{8}{48} \Rightarrow \frac{4}{\square}, \frac{2}{\square}, \frac{\square}{\square}$

⑰ $\frac{54}{81} \Rightarrow \frac{18}{\square}, \frac{6}{\square}, \frac{\square}{\square}$

⑱ $\frac{64}{72} \Rightarrow \frac{32}{\square}, \frac{16}{\square}, \frac{\square}{\square}$

⑲ $\frac{16}{24} \Rightarrow \frac{8}{\square}, \frac{4}{\square}, \frac{\square}{\square}$

⑳ $\frac{24}{40} \Rightarrow \frac{12}{\square}, \frac{6}{\square}, \frac{\square}{\square}$

㉑ $\frac{40}{56} \Rightarrow \frac{20}{\square}, \frac{10}{\square}, \frac{\square}{\square}$

㉒ $\frac{40}{64} \Rightarrow \frac{20}{\square}, \frac{10}{\square}, \frac{\square}{\square}$

# 03 약분하기

C

○ $\frac{8}{16}$을 기약분수로 나타내기

$$\frac{8}{16}=\frac{8\div 8}{16\div 8}=\frac{1}{2}$$

➡ 분모 16과 분자 8의 최대공약수인 8로 나눕니다.

분모와 분자의 공약수가 1뿐인 분수를 기약분수라고 합니다.

원리 비법 분모와 분자의 최대공약수로 나누면 **기약분수**가 돼!

분수를 기약분수로 나타내려고 합니다. □ 안에 알맞은 수를 써넣으세요.

❶ $\frac{6}{10}$ ➡ $\frac{6\div\square}{10\div\square}=\frac{\square}{\square}$

❷ $\frac{16}{20}$ ➡ $\frac{16\div\square}{20\div\square}=\frac{\square}{\square}$

❸ $\frac{14}{18}$ ➡ $\frac{14\div\square}{18\div\square}=\frac{\square}{\square}$

❹ $\frac{2}{14}$ ➡ $\frac{2\div\square}{14\div\square}=\frac{\square}{\square}$

❺ $\frac{9}{18}$ ➡ $\frac{9\div\square}{18\div\square}=\frac{\square}{\square}$

❻ $\frac{10}{40}$ ➡ $\frac{10\div\square}{40\div\square}=\frac{\square}{\square}$

❼ $\frac{3}{6}$ ➡ $\frac{3\div\square}{6\div\square}=\frac{\square}{\square}$

❽ $\frac{8}{16}$ ➡ $\frac{8\div\square}{16\div\square}=\frac{\square}{\square}$

❾ $\frac{4}{6}$ ➡ $\frac{4\div\square}{6\div\square}=\frac{\square}{\square}$

❿ $\frac{12}{14}$ ➡ $\frac{12\div\square}{14\div\square}=\frac{\square}{\square}$

정답 97쪽

| 공부한 날짜 | 맞힌 개수 | 걸린 시간 |
| --- | --- | --- |
| 월 일 | /34 | 분 |

분수를 기약분수로 나타내세요.

⑪ $\frac{4}{20}=\frac{\square}{\square}$

⑫ $\frac{4}{28}=\frac{\square}{\square}$

⑬ $\frac{8}{20}=\frac{\square}{\square}$

⑭ $\frac{24}{32}=\frac{\square}{\square}$

⑮ $\frac{64}{72}=\frac{\square}{\square}$

⑯ $\frac{8}{12}=\frac{\square}{\square}$

⑰ $\frac{36}{40}=\frac{\square}{\square}$

⑱ $\frac{45}{50}=\frac{\square}{\square}$

⑲ $\frac{12}{32}=\frac{\square}{\square}$

⑳ $\frac{24}{56}=\frac{\square}{\square}$

㉑ $\frac{27}{54}=\frac{\square}{\square}$

㉒ $\frac{8}{36}=\frac{\square}{\square}$

㉓ $\frac{20}{36}=\frac{\square}{\square}$

㉔ $\frac{20}{24}=\frac{\square}{\square}$

㉕ $\frac{16}{28}=\frac{\square}{\square}$

㉖ $\frac{16}{20}=\frac{\square}{\square}$

㉗ $\frac{4}{24}=\frac{\square}{\square}$

㉘ $\frac{20}{28}=\frac{\square}{\square}$

㉙ $\frac{4}{36}=\frac{\square}{\square}$

㉚ $\frac{16}{56}=\frac{\square}{\square}$

㉛ $\frac{24}{40}=\frac{\square}{\square}$

㉜ $\frac{18}{27}=\frac{\square}{\square}$

㉝ $\frac{27}{243}=\frac{\square}{\square}$

㉞ $\frac{16}{36}=\frac{\square}{\square}$

# 04 통분하기

A

## ○ $\frac{1}{3}$과 $\frac{3}{4}$을 통분하고 공통분모 알아보기

$$\frac{1}{3}=\frac{2}{6}=\frac{3}{9}=\frac{4}{12}=\frac{5}{15}=\frac{6}{18}=\frac{7}{21}=\frac{8}{24}=\cdots\cdots$$

$$\frac{3}{4}=\frac{6}{8}=\frac{9}{12}=\frac{12}{16}=\frac{15}{20}=\frac{18}{24}=\frac{21}{28}=\frac{24}{32}=\cdots\cdots$$

$$\left(\frac{1}{3}, \frac{3}{4}\right) \Rightarrow \left(\frac{4}{12}, \frac{9}{12}\right), \left(\frac{8}{24}, \frac{18}{24}\right)\cdots\cdots$$

공통분모: 12, 24……

분수의 분모를 같게 하는 것을 통분한다고 하고, 통분한 분모를 공통분모라고 합니다.

원리 비법 공통분모가 될 수 있는 수는 **두 분모의 공배수**야!

분수를 통분하려고 합니다. □ 안에 알맞은 수를 써넣으세요.

**1**

$$\frac{2}{3}=\frac{4}{6}=\frac{\square}{\square}=\frac{\square}{\square}=\frac{\square}{\square}=\frac{\square}{\square}=\frac{\square}{\square}=\frac{\square}{\square}=\cdots\cdots$$

$$\frac{3}{4}=\frac{6}{8}=\frac{\square}{\square}=\frac{\square}{\square}=\frac{\square}{\square}=\frac{\square}{\square}=\frac{\square}{\square}=\frac{\square}{\square}=\cdots\cdots$$

$$\left(\frac{2}{3}, \frac{3}{4}\right) \Rightarrow \left(\frac{\square}{\square}, \frac{\square}{\square}\right), \left(\frac{\square}{\square}, \frac{\square}{\square}\right)\cdots\cdots$$

**2**

$$\frac{2}{3}=\frac{4}{6}=\frac{\square}{\square}=\frac{\square}{\square}=\frac{\square}{\square}=\frac{\square}{\square}=\frac{\square}{\square}=\frac{\square}{\square}=\cdots\cdots$$

$$\frac{1}{2}=\frac{2}{4}=\frac{\square}{\square}=\frac{\square}{\square}=\frac{\square}{\square}=\frac{\square}{\square}=\frac{\square}{\square}=\frac{\square}{\square}=\cdots\cdots$$

$$\left(\frac{2}{3}, \frac{1}{2}\right) \Rightarrow \left(\frac{\square}{\square}, \frac{\square}{\square}\right), \left(\frac{\square}{\square}, \frac{\square}{\square}\right)\cdots\cdots$$

정답 98쪽

| 공부한 날짜 | 맞힌 개수 | 걸린 시간 |
| --- | --- | --- |
| 월 일 | /5 | 분 |

◆ 분수를 통분하려고 합니다. □ 안에 알맞은 수를 써넣으세요.

**3** $\frac{3}{4}=\frac{6}{8}=\frac{\square}{\square}=\frac{\square}{\square}=\frac{\square}{\square}=\frac{\square}{\square}=\frac{\square}{\square}=\frac{\square}{\square}=\cdots\cdots$

$\frac{1}{6}=\frac{2}{12}=\frac{\square}{\square}=\frac{\square}{\square}=\frac{\square}{\square}=\frac{\square}{\square}=\frac{\square}{\square}=\frac{\square}{\square}=\cdots\cdots$

$\left(\frac{3}{4}, \frac{1}{6}\right) \Rightarrow \left(\frac{\square}{\square}, \frac{\square}{\square}\right), \left(\frac{\square}{\square}, \frac{\square}{\square}\right)\cdots\cdots$

**4** $\frac{2}{3}=\frac{4}{6}=\frac{\square}{\square}=\frac{\square}{\square}=\frac{\square}{\square}=\frac{\square}{\square}=\frac{\square}{\square}=\frac{\square}{\square}=\cdots\cdots$

$\frac{1}{6}=\frac{2}{12}=\frac{\square}{\square}=\frac{\square}{\square}=\frac{\square}{\square}=\frac{\square}{\square}=\frac{\square}{\square}=\frac{\square}{\square}=\cdots\cdots$

$\left(\frac{2}{3}, \frac{1}{6}\right) \Rightarrow \left(\frac{\square}{\square}, \frac{\square}{\square}\right), \left(\frac{\square}{\square}, \frac{\square}{\square}\right)\cdots\cdots$

**5** $\frac{5}{6}=\frac{10}{12}=\frac{\square}{\square}=\frac{\square}{\square}=\frac{\square}{\square}=\frac{\square}{\square}=\frac{\square}{\square}=\frac{\square}{\square}=\cdots\cdots$

$\frac{1}{8}=\frac{2}{16}=\frac{\square}{\square}=\frac{\square}{\square}=\frac{\square}{\square}=\frac{\square}{\square}=\frac{\square}{\square}=\frac{\square}{\square}=\cdots\cdots$

$\left(\frac{5}{6}, \frac{1}{8}\right) \Rightarrow \left(\frac{\square}{\square}, \frac{\square}{\square}\right), \left(\frac{\square}{\square}, \frac{\square}{\square}\right)\cdots\cdots$

# 05 통분하기

B

○ $\frac{1}{4}$과 $\frac{5}{6}$를 통분하기

$$\left(\frac{1}{4}, \frac{5}{6}\right) \Rightarrow \left(\frac{1\times6}{4\times6}, \frac{5\times4}{6\times4}\right) \Rightarrow \left(\frac{6}{24}, \frac{20}{24}\right)$$

➡ $\frac{1}{4}$에는 분모와 분자에 6을 곱하고, $\frac{5}{6}$에는 분모와 분자에 4를 곱하여 통분합니다.

원리 비법 다른 분수의 분모를 각각 자신의 **분모와 분자**에 곱해 줘!

분모의 곱을 공통분모로 하여 통분하려고 합니다. □ 안에 알맞은 수를 써넣으세요.

❶ $\left(\frac{5}{6}, \frac{5}{8}\right) \Rightarrow \left(\frac{5\times\square}{6\times\square}, \frac{5\times\square}{8\times\square}\right) \Rightarrow \left(\frac{\square}{\square}, \frac{\square}{\square}\right)$

❷ $\left(\frac{1}{6}, \frac{5}{9}\right) \Rightarrow \left(\frac{1\times\square}{6\times\square}, \frac{5\times\square}{9\times\square}\right) \Rightarrow \left(\frac{\square}{\square}, \frac{\square}{\square}\right)$

❸ $\left(\frac{7}{8}, \frac{7}{9}\right) \Rightarrow \left(\frac{7\times\square}{8\times\square}, \frac{7\times\square}{9\times\square}\right) \Rightarrow \left(\frac{\square}{\square}, \frac{\square}{\square}\right)$

❹ $\left(\frac{1}{3}, \frac{5}{6}\right) \Rightarrow \left(\frac{1\times\square}{3\times\square}, \frac{5\times\square}{6\times\square}\right) \Rightarrow \left(\frac{\square}{\square}, \frac{\square}{\square}\right)$

❺ $\left(\frac{1}{4}, \frac{1}{6}\right) \Rightarrow \left(\frac{1\times\square}{4\times\square}, \frac{1\times\square}{6\times\square}\right) \Rightarrow \left(\frac{\square}{\square}, \frac{\square}{\square}\right)$

❻ $\left(\frac{3}{8}, \frac{2}{9}\right) \Rightarrow \left(\frac{3\times\square}{8\times\square}, \frac{2\times\square}{9\times\square}\right) \Rightarrow \left(\frac{\square}{\square}, \frac{\square}{\square}\right)$

정답 98쪽

| 공부한 날짜 | 맞힌 개수 | 걸린 시간 |
|---|---|---|
| 월 일 | /20 | 분 |

분모의 곱을 공통분모로 하여 통분하려고 합니다. □ 안에 알맞은 수를 써넣으세요.

❼ $\left(\frac{1}{6}, \frac{5}{8}\right) \Rightarrow \left(\frac{\square}{\square}, \frac{\square}{\square}\right)$

❽ $\left(\frac{6}{7}, \frac{5}{9}\right) \Rightarrow \left(\frac{\square}{\square}, \frac{\square}{\square}\right)$

❾ $\left(\frac{6}{7}, \frac{7}{8}\right) \Rightarrow \left(\frac{\square}{\square}, \frac{\square}{\square}\right)$

❿ $\left(\frac{1}{6}, \frac{8}{9}\right) \Rightarrow \left(\frac{\square}{\square}, \frac{\square}{\square}\right)$

⓫ $\left(\frac{1}{6}, \frac{7}{9}\right) \Rightarrow \left(\frac{\square}{\square}, \frac{\square}{\square}\right)$

⓬ $\left(\frac{4}{7}, \frac{1}{9}\right) \Rightarrow \left(\frac{\square}{\square}, \frac{\square}{\square}\right)$

⓭ $\left(\frac{1}{8}, \frac{4}{9}\right) \Rightarrow \left(\frac{\square}{\square}, \frac{\square}{\square}\right)$

⓮ $\left(\frac{5}{7}, \frac{2}{9}\right) \Rightarrow \left(\frac{\square}{\square}, \frac{\square}{\square}\right)$

⓯ $\left(\frac{2}{7}, \frac{2}{9}\right) \Rightarrow \left(\frac{\square}{\square}, \frac{\square}{\square}\right)$

⓰ $\left(\frac{2}{3}, \frac{3}{7}\right) \Rightarrow \left(\frac{\square}{\square}, \frac{\square}{\square}\right)$

⓱ $\left(\frac{3}{7}, \frac{3}{8}\right) \Rightarrow \left(\frac{\square}{\square}, \frac{\square}{\square}\right)$

⓲ $\left(\frac{3}{4}, \frac{1}{5}\right) \Rightarrow \left(\frac{\square}{\square}, \frac{\square}{\square}\right)$

⓳ $\left(\frac{1}{4}, \frac{2}{7}\right) \Rightarrow \left(\frac{\square}{\square}, \frac{\square}{\square}\right)$

⓴ $\left(\frac{4}{7}, \frac{7}{9}\right) \Rightarrow \left(\frac{\square}{\square}, \frac{\square}{\square}\right)$

# 06 통분하기

C

○ $\frac{1}{4}$과 $\frac{5}{6}$를 통분하기

$$\left(\frac{1}{4}, \frac{5}{6}\right) \rightarrow \left(\frac{1\times3}{4\times3}, \frac{5\times2}{6\times2}\right) \rightarrow \left(\frac{3}{12}, \frac{10}{12}\right)$$

↳ 4와 6의 최소공배수는 12입니다.

➡ $\frac{1}{4}$에는 분모와 분자에 3을 곱하고, $\frac{5}{6}$에는 분모와 분자에 2를 곱하여 최소공배수 12로 통분합니다.

**원리 비법** 적당한 수를 곱하여 **두 분모의 최소공배수**로 만들어 줘!

분모의 최소공배수를 공통분모로 하여 통분하려고 합니다. □ 안에 알맞은 수를 써넣으세요.

❶ $\left(\frac{2}{3}, \frac{5}{6}\right) \rightarrow \left(\frac{2\times\square}{3\times\square}, \frac{5\times\square}{6\times\square}\right) \rightarrow \left(\frac{\square}{\square}, \frac{\square}{\square}\right)$

❷ $\left(\frac{5}{6}, \frac{5}{9}\right) \rightarrow \left(\frac{5\times\square}{6\times\square}, \frac{5\times\square}{9\times\square}\right) \rightarrow \left(\frac{\square}{\square}, \frac{\square}{\square}\right)$

❸ $\left(\frac{2}{5}, \frac{4}{9}\right) \rightarrow \left(\frac{2\times\square}{5\times\square}, \frac{4\times\square}{9\times\square}\right) \rightarrow \left(\frac{\square}{\square}, \frac{\square}{\square}\right)$

❹ $\left(\frac{5}{6}, \frac{7}{9}\right) \rightarrow \left(\frac{5\times\square}{6\times\square}, \frac{7\times\square}{9\times\square}\right) \rightarrow \left(\frac{\square}{\square}, \frac{\square}{\square}\right)$

❺ $\left(\frac{3}{4}, \frac{1}{8}\right) \rightarrow \left(\frac{3\times\square}{4\times\square}, \frac{1\times\square}{8\times\square}\right) \rightarrow \left(\frac{\square}{\square}, \frac{\square}{\square}\right)$

❻ $\left(\frac{1}{2}, \frac{5}{6}\right) \rightarrow \left(\frac{1\times\square}{2\times\square}, \frac{5\times\square}{6\times\square}\right) \rightarrow \left(\frac{\square}{\square}, \frac{\square}{\square}\right)$

정답 98쪽

| 공부한 날짜 | 맞힌 개수 | 걸린 시간 |
| --- | --- | --- |
| 월 일 | /20 | 분 |

◆ 분모의 최소공배수를 공통분모로 하여 통분하려고 합니다. □ 안에 알맞은 수를 써넣으세요.

⑦ $\left(\frac{5}{6}, \frac{1}{8}\right) \Rightarrow \left(\frac{\square}{\square}, \frac{\square}{\square}\right)$

⑧ $\left(\frac{1}{6}, \frac{3}{8}\right) \Rightarrow \left(\frac{\square}{\square}, \frac{\square}{\square}\right)$

⑨ $\left(\frac{3}{4}, \frac{7}{8}\right) \Rightarrow \left(\frac{\square}{\square}, \frac{\square}{\square}\right)$

⑩ $\left(\frac{3}{4}, \frac{5}{8}\right) \Rightarrow \left(\frac{\square}{\square}, \frac{\square}{\square}\right)$

⑪ $\left(\frac{1}{2}, \frac{4}{7}\right) \Rightarrow \left(\frac{\square}{\square}, \frac{\square}{\square}\right)$

⑫ $\left(\frac{3}{4}, \frac{5}{6}\right) \Rightarrow \left(\frac{\square}{\square}, \frac{\square}{\square}\right)$

⑬ $\left(\frac{1}{6}, \frac{3}{7}\right) \Rightarrow \left(\frac{\square}{\square}, \frac{\square}{\square}\right)$

⑭ $\left(\frac{5}{6}, \frac{7}{8}\right) \Rightarrow \left(\frac{\square}{\square}, \frac{\square}{\square}\right)$

⑮ $\left(\frac{1}{3}, \frac{3}{7}\right) \Rightarrow \left(\frac{\square}{\square}, \frac{\square}{\square}\right)$

⑯ $\left(\frac{2}{5}, \frac{7}{8}\right) \Rightarrow \left(\frac{\square}{\square}, \frac{\square}{\square}\right)$

⑰ $\left(\frac{1}{5}, \frac{2}{9}\right) \Rightarrow \left(\frac{\square}{\square}, \frac{\square}{\square}\right)$

⑱ $\left(\frac{2}{7}, \frac{5}{8}\right) \Rightarrow \left(\frac{\square}{\square}, \frac{\square}{\square}\right)$

⑲ $\left(\frac{5}{6}, \frac{5}{7}\right) \Rightarrow \left(\frac{\square}{\square}, \frac{\square}{\square}\right)$

⑳ $\left(\frac{1}{6}, \frac{7}{8}\right) \Rightarrow \left(\frac{\square}{\square}, \frac{\square}{\square}\right)$

# 07 두 분수의 크기 비교 A

○ $\frac{2}{3}$와 $\frac{3}{5}$의 크기 비교

$$\left.\begin{array}{l}\frac{2}{3}=\frac{2\times5}{3\times5}=\frac{10}{15}\\ \frac{3}{5}=\frac{3\times3}{5\times3}=\frac{9}{15}\end{array}\right]\ \frac{10}{15}>\frac{9}{15} \Rightarrow \frac{2}{3}>\frac{3}{5}$$

➡ 두 분수를 통분한 다음 분자의 크기를 비교합니다.

원리 비법 분모가 같은 때는 **분자의 크기가 클수록** 큰 분수야!

두 분수를 통분하여 크기를 비교하세요.

1. $\left(\frac{1}{3}, \frac{2}{5}\right) \Rightarrow \left(\frac{\square}{15}, \frac{\square}{15}\right)$ ➡ $\frac{1}{3} \bigcirc \frac{2}{5}$

2. $\left(\frac{2}{3}, \frac{1}{5}\right) \Rightarrow \left(\frac{\square}{15}, \frac{\square}{15}\right)$ ➡ $\frac{2}{3} \bigcirc \frac{1}{5}$

3. $\left(\frac{3}{4}, \frac{1}{6}\right) \Rightarrow \left(\frac{\square}{12}, \frac{\square}{12}\right)$ ➡ $\frac{3}{4} \bigcirc \frac{1}{6}$

4. $\left(\frac{1}{4}, \frac{1}{6}\right) \Rightarrow \left(\frac{\square}{12}, \frac{\square}{12}\right)$ ➡ $\frac{1}{4} \bigcirc \frac{1}{6}$

5. $\left(\frac{1}{2}, \frac{2}{3}\right) \Rightarrow \left(\frac{\square}{6}, \frac{\square}{6}\right)$ ➡ $\frac{1}{2} \bigcirc \frac{2}{3}$

6. $\left(\frac{1}{3}, \frac{1}{8}\right) \Rightarrow \left(\frac{\square}{24}, \frac{\square}{24}\right)$ ➡ $\frac{1}{3} \bigcirc \frac{1}{8}$

정답 98쪽

| 공부한 날짜 | 맞힌 개수 | 걸린 시간 |
| --- | --- | --- |
| 월 일 | /27 | 분 |

두 분수의 크기를 비교하세요.

7 $\frac{5}{6} \bigcirc \frac{2}{7}$

8 $\frac{2}{3} \bigcirc \frac{2}{7}$

9 $\frac{6}{7} \bigcirc \frac{5}{8}$

10 $\frac{1}{4} \bigcirc \frac{6}{7}$

11 $\frac{1}{3} \bigcirc \frac{5}{8}$

12 $\frac{1}{4} \bigcirc \frac{5}{8}$

13 $\frac{3}{4} \bigcirc \frac{5}{6}$

14 $\frac{7}{8} \bigcirc \frac{5}{9}$

15 $\frac{1}{5} \bigcirc \frac{5}{8}$

16 $\frac{1}{2} \bigcirc \frac{1}{5}$

17 $\frac{5}{7} \bigcirc \frac{7}{8}$

18 $\frac{1}{5} \bigcirc \frac{5}{9}$

19 $\frac{5}{6} \bigcirc \frac{1}{8}$

20 $\frac{3}{8} \bigcirc \frac{4}{9}$

21 $\frac{3}{4} \bigcirc \frac{6}{7}$

22 $\frac{1}{3} \bigcirc \frac{2}{7}$

23 $\frac{1}{6} \bigcirc \frac{1}{9}$

24 $\frac{1}{4} \bigcirc \frac{4}{7}$

25 $\frac{3}{8} \bigcirc \frac{1}{9}$

26 $\frac{1}{2} \bigcirc \frac{6}{7}$

27 $\frac{3}{4} \bigcirc \frac{3}{7}$

# 08 분수와 소수의 크기 비교 A

○ $\frac{2}{5}$와 0.5의 크기 비교

• 분수를 소수로 나타내어 크기 비교하기

$\frac{2}{5}=\frac{4}{10}=0.4$이므로 $0.4<0.5$입니다.

➡ $\frac{2}{5}<0.5$

• 소수를 분수로 나타내어 크기 비교하기

$0.5=\frac{5}{10}$이므로 $\frac{4}{10}<\frac{5}{10}$입니다.

➡ $\frac{2}{5}<0.5$

원리 비법 **분수를 소수로, 소수를 분수로** 나타내어 크기를 비교해!

분수를 소수로 나타내어 크기를 비교하는 과정입니다. 빈 곳에 알맞은 수를 써넣으세요.

❶ $\left(\frac{1}{5}, 0.5\right)$ ➡ $\left(\frac{\square}{10}, 0.5\right)$

➡ ($\square$, 0.5) ➡ $\frac{1}{5}$ ○ 0.5

소수로 나타내기

❹ $\left(\frac{1}{2}, 0.4\right)$ ➡ $\left(\frac{\square}{10}, 0.4\right)$

➡ ($\square$, 0.4) ➡ $\frac{1}{2}$ ○ 0.4

❷ $\left(\frac{1}{2}, 0.1\right)$ ➡ $\left(\frac{\square}{10}, 0.1\right)$

➡ ($\square$, 0.1) ➡ $\frac{1}{2}$ ○ 0.1

❺ $\left(\frac{3}{5}, 0.7\right)$ ➡ $\left(\frac{\square}{10}, 0.7\right)$

➡ ($\square$, 0.7) ➡ $\frac{3}{5}$ ○ 0.7

❸ $\left(\frac{1}{5}, 0.5\right)$ ➡ $\left(\frac{\square}{10}, 0.5\right)$

➡ ($\square$, 0.5) ➡ $\frac{1}{5}$ ○ 0.5

❻ $\left(\frac{4}{5}, 0.5\right)$ ➡ $\left(\frac{\square}{10}, 0.5\right)$

➡ ($\square$, 0.5) ➡ $\frac{4}{5}$ ○ 0.5

정답 99쪽

| 공부한 날짜 | 맞힌 개수 | 걸린 시간 |
| --- | --- | --- |
| 월 일 | /16 | 분 |

소수를 분수로 나타내어 크기를 비교하는 과정입니다. 빈 곳에 알맞은 수를 써넣으세요.

**7** $\left(0.2, \frac{3}{20}\right) \Rightarrow \left(\frac{\square}{20}, \frac{\square}{20}\right)$

$\Rightarrow 0.2 \bigcirc \frac{3}{20}$

**8** $\left(0.4, \frac{9}{10}\right) \Rightarrow \left(\frac{\square}{10}, \frac{\square}{10}\right)$

$\Rightarrow 0.4 \bigcirc \frac{9}{10}$

**9** $\left(0.6, \frac{7}{20}\right) \Rightarrow \left(\frac{\square}{20}, \frac{\square}{20}\right)$

$\Rightarrow 0.6 \bigcirc \frac{7}{20}$

**10** $\left(0.8, \frac{1}{10}\right) \Rightarrow \left(\frac{\square}{10}, \frac{\square}{10}\right)$

$\Rightarrow 0.8 \bigcirc \frac{1}{10}$

**11** $\left(0.8, \frac{9}{10}\right) \Rightarrow \left(\frac{\square}{10}, \frac{\square}{10}\right)$

$\Rightarrow 0.8 \bigcirc \frac{9}{10}$

**12** $\left(0.5, \frac{1}{5}\right) \Rightarrow \left(\frac{\square}{10}, \frac{\square}{10}\right)$

$\Rightarrow 0.5 \bigcirc \frac{1}{5}$

**13** $\left(0.4, \frac{9}{20}\right) \Rightarrow \left(\frac{\square}{20}, \frac{\square}{20}\right)$

$\Rightarrow 0.4 \bigcirc \frac{9}{20}$

**14** $\left(0.6, \frac{7}{10}\right) \Rightarrow \left(\frac{\square}{10}, \frac{\square}{10}\right)$

$\Rightarrow 0.6 \bigcirc \frac{7}{10}$

**15** $\left(0.5, \frac{5}{20}\right) \Rightarrow \left(\frac{\square}{20}, \frac{\square}{20}\right)$

$\Rightarrow 0.5 \bigcirc \frac{5}{20}$

**16** $\left(0.5, \frac{3}{5}\right) \Rightarrow \left(\frac{\square}{10}, \frac{\square}{10}\right)$

$\Rightarrow 0.5 \bigcirc \frac{3}{5}$

# 01 받아올림이 없는 분모가 다른 진분수의 덧셈 A

○ $\frac{1}{4}+\frac{3}{8}$의 계산

$$\frac{1}{4}+\frac{3}{8}=\frac{1\times8}{4\times8}+\frac{3\times4}{8\times4}=\frac{8}{32}+\frac{12}{32}=\frac{20}{32}=\frac{5}{8}$$

➡ 분모의 곱을 이용하여 통분한 후 계산합니다.

원리 비법 분수의 덧셈은 **분모가 같아야** 계산할 수 있어!

□ 안에 알맞은 수를 써넣으세요.

❶ $\frac{2}{3}+\frac{1}{7}=\frac{2\times\square}{3\times\square}+\frac{1\times\square}{7\times\square}$
$=\frac{\square}{21}+\frac{\square}{21}=\frac{\square}{21}$

❷ $\frac{3}{4}+\frac{1}{7}=\frac{3\times\square}{4\times\square}+\frac{1\times\square}{7\times\square}$
$=\frac{\square}{28}+\frac{\square}{28}=\frac{\square}{28}$

❸ $\frac{1}{8}+\frac{2}{9}=\frac{1\times\square}{8\times\square}+\frac{2\times\square}{9\times\square}$
$=\frac{\square}{72}+\frac{\square}{72}=\frac{\square}{72}$

❹ $\frac{2}{7}+\frac{2}{9}=\frac{2\times\square}{7\times\square}+\frac{2\times\square}{9\times\square}$
$=\frac{\square}{63}+\frac{\square}{63}=\frac{\square}{63}$

❺ $\frac{1}{3}+\frac{1}{5}=\frac{1\times\square}{3\times\square}+\frac{1\times\square}{5\times\square}$
$=\frac{\square}{15}+\frac{\square}{15}=\frac{\square}{15}$

❻ $\frac{2}{5}+\frac{2}{7}=\frac{2\times\square}{5\times\square}+\frac{2\times\square}{7\times\square}$
$=\frac{\square}{35}+\frac{\square}{35}=\frac{\square}{35}$

❼ $\frac{1}{7}+\frac{1}{6}=\frac{1\times\square}{7\times\square}+\frac{1\times\square}{6\times\square}$
$=\frac{\square}{42}+\frac{\square}{42}=\frac{\square}{42}$

❽ $\frac{3}{7}+\frac{3}{8}=\frac{3\times\square}{7\times\square}+\frac{3\times\square}{8\times\square}$
$=\frac{\square}{56}+\frac{\square}{56}=\frac{\square}{56}$

정답 100쪽

| 공부한 날짜 | 맞힌 개수 | 걸린 시간 |
| --- | --- | --- |
| 월 일 | /29 | 분 |

분모의 곱을 이용하여 덧셈을 하세요. (단, 약분이 되면 약분하여 나타냅니다.)

⑨ $\frac{1}{3}+\frac{1}{6}$

⑩ $\frac{1}{7}+\frac{5}{8}$

⑪ $\frac{1}{6}+\frac{2}{7}$

⑫ $\frac{1}{4}+\frac{3}{5}$

⑬ $\frac{1}{3}+\frac{3}{7}$

⑭ $\frac{1}{7}+\frac{4}{9}$

⑮ $\frac{1}{4}+\frac{5}{7}$

⑯ $\frac{1}{4}+\frac{2}{7}$

⑰ $\frac{4}{7}+\frac{1}{9}$

⑱ $\frac{1}{2}+\frac{3}{7}$

⑲ $\frac{2}{5}+\frac{1}{9}$

⑳ $\frac{1}{5}+\frac{1}{7}$

㉑ $\frac{1}{5}+\frac{5}{9}$

㉒ $\frac{2}{5}+\frac{4}{7}$

㉓ $\frac{2}{3}+\frac{1}{5}$

㉔ $\frac{1}{6}+\frac{3}{8}$

㉕ $\frac{3}{8}+\frac{4}{9}$

㉖ $\frac{1}{2}+\frac{1}{5}$

㉗ $\frac{1}{4}+\frac{3}{8}$

㉘ $\frac{1}{5}+\frac{5}{8}$

㉙ $\frac{1}{3}+\frac{3}{8}$

# 02 받아올림이 없는 분모가 다른 진분수의 덧셈 B

○ $\frac{1}{4}+\frac{3}{8}$의 계산

$$\frac{1}{4}+\frac{3}{8}=\frac{1\times2}{4\times2}+\frac{3\times1}{8\times1}=\frac{2}{8}+\frac{3}{8}=\frac{5}{8}$$

→ 4와 8의 최소공배수는 8입니다.

분모의 최소공배수를 이용하여 통분한 후 계산합니다.

원리 비법 **최소공배수**를 이용하여 계산하면 계산이 간단해!

◆ □ 안에 알맞은 수를 써넣으세요.

❶ $\frac{1}{5}+\frac{3}{10}=\frac{1\times\square}{5\times\square}+\frac{3\times\square}{10\times\square}=\frac{\square}{10}+\frac{\square}{10}=\frac{\square}{2}$

❷ $\frac{1}{6}+\frac{5}{8}=\frac{1\times\square}{6\times\square}+\frac{5\times\square}{8\times\square}=\frac{\square}{24}+\frac{\square}{24}=\frac{\square}{24}$

❸ $\frac{1}{12}+\frac{3}{8}=\frac{1\times\square}{12\times\square}+\frac{3\times\square}{8\times\square}=\frac{\square}{24}+\frac{\square}{24}=\frac{\square}{24}$

❹ $\frac{3}{10}+\frac{1}{6}=\frac{3\times\square}{10\times\square}+\frac{1\times\square}{6\times\square}=\frac{\square}{30}+\frac{\square}{30}=\frac{\square}{15}$

❺ $\frac{3}{7}+\frac{1}{8}=\frac{3\times\square}{7\times\square}+\frac{1\times\square}{8\times\square}=\frac{\square}{56}+\frac{\square}{56}=\frac{\square}{56}$

❻ $\frac{1}{6}+\frac{1}{3}=\frac{1\times\square}{6\times\square}+\frac{1\times\square}{3\times\square}=\frac{\square}{6}+\frac{\square}{6}=\frac{\square}{2}$

❼ $\frac{5}{6}+\frac{1}{9}=\frac{5\times\square}{6\times\square}+\frac{1\times\square}{9\times\square}=\frac{\square}{18}+\frac{\square}{18}=\frac{\square}{18}$

❽ $\frac{1}{3}+\frac{2}{5}=\frac{1\times\square}{3\times\square}+\frac{2\times\square}{5\times\square}=\frac{\square}{15}+\frac{\square}{15}=\frac{\square}{15}$

정답 100쪽

| 공부한 날짜 | 맞힌 개수 | 걸린 시간 |
|---|---|---|
| 월 일 | /29 | 분 |

분모의 최소공배수를 이용하여 덧셈을 하세요.

9 $\frac{1}{35}+\frac{2}{7}$

16 $\frac{1}{6}+\frac{1}{8}$

23 $\frac{1}{15}+\frac{2}{9}$

10 $\frac{3}{8}+\frac{1}{10}$

17 $\frac{1}{5}+\frac{1}{9}$

24 $\frac{1}{12}+\frac{1}{9}$

11 $\frac{1}{6}+\frac{1}{9}$

18 $\frac{4}{7}+\frac{3}{8}$

25 $\frac{1}{3}+\frac{1}{10}$

12 $\frac{1}{8}+\frac{1}{12}$

19 $\frac{2}{5}+\frac{1}{6}$

26 $\frac{1}{6}+\frac{4}{9}$

13 $\frac{1}{16}+\frac{1}{8}$

20 $\frac{5}{7}+\frac{2}{9}$

27 $\frac{3}{5}+\frac{1}{12}$

14 $\frac{1}{7}+\frac{1}{14}$

21 $\frac{2}{3}+\frac{1}{6}$

28 $\frac{1}{4}+\frac{1}{10}$

15 $\frac{1}{8}+\frac{5}{6}$

22 $\frac{3}{4}+\frac{1}{8}$

29 $\frac{1}{20}+\frac{1}{8}$

# 03 받아올림이 있는 분모가 다른 진분수의 덧셈 A

○ $\frac{7}{8}+\frac{5}{6}$의 계산

$$\frac{7}{8}+\frac{5}{6}=\frac{7\times6}{8\times6}+\frac{5\times8}{6\times8}=\frac{42}{48}+\frac{40}{48}=\frac{82}{48}=1\frac{34}{48}=1\frac{17}{24}$$

➡ 분모의 곱을 이용하여 통분한 후 계산합니다.

**원리 비법** 계산 결과가 가분수이면 **대분수**로 바꿔 줘!

□ 안에 알맞은 수를 써넣으세요.

❶ $\frac{3}{5}+\frac{6}{7}=\frac{3\times\square}{5\times\square}+\frac{6\times\square}{7\times\square}$

$=\frac{\square}{35}+\frac{\square}{35}=\frac{\square}{35}=\square\frac{\square}{35}$

❷ $\frac{3}{4}+\frac{6}{7}=\frac{3\times\square}{4\times\square}+\frac{6\times\square}{7\times\square}$

$=\frac{\square}{28}+\frac{\square}{28}=\frac{\square}{28}=\square\frac{\square}{28}$

❸ $\frac{2}{3}+\frac{3}{5}=\frac{2\times\square}{3\times\square}+\frac{3\times\square}{5\times\square}$

$=\frac{\square}{15}+\frac{\square}{15}=\frac{\square}{15}=\square\frac{\square}{15}$

❹ $\frac{3}{8}+\frac{8}{9}=\frac{3\times\square}{8\times\square}+\frac{8\times\square}{9\times\square}$

$=\frac{\square}{72}+\frac{\square}{72}=\frac{\square}{72}=\square\frac{\square}{72}$

❺ $\frac{1}{3}+\frac{5}{6}=\frac{1\times\square}{3\times\square}+\frac{5\times\square}{6\times\square}$

$=\frac{\square}{18}+\frac{\square}{18}=\frac{\square}{6}=\square\frac{\square}{6}$

❻ $\frac{4}{5}+\frac{4}{9}=\frac{4\times\square}{5\times\square}+\frac{4\times\square}{9\times\square}$

$=\frac{\square}{45}+\frac{\square}{45}=\frac{\square}{45}=\square\frac{\square}{45}$

❼ $\frac{11}{12}+\frac{2}{3}=\frac{11\times\square}{12\times\square}+\frac{2\times\square}{3\times\square}$

$=\frac{\square}{36}+\frac{\square}{36}=\frac{\square}{12}=\square\frac{\square}{12}$

❽ $\frac{5}{6}+\frac{5}{7}=\frac{5\times\square}{6\times\square}+\frac{5\times\square}{7\times\square}$

$=\frac{\square}{42}+\frac{\square}{42}=\frac{\square}{42}=\square\frac{\square}{42}$

정답 100쪽

| 공부한 날짜 | 맞힌 개수 | 걸린 시간 |
| --- | --- | --- |
| 월 일 | /29 | 분 |

분모의 곱을 이용하여 덧셈을 하세요.

9 $\frac{5}{8}+\frac{5}{9}$

10 $\frac{2}{3}+\frac{7}{8}$

11 $\frac{3}{4}+\frac{4}{5}$

12 $\frac{4}{7}+\frac{7}{8}$

13 $\frac{2}{3}+\frac{5}{6}$

14 $\frac{3}{5}+\frac{5}{9}$

15 $\frac{5}{6}+\frac{4}{9}$

16 $\frac{1}{3}+\frac{7}{8}$

17 $\frac{11}{12}+\frac{5}{8}$

18 $\frac{5}{7}+\frac{7}{8}$

19 $\frac{1}{2}+\frac{5}{7}$

20 $\frac{4}{5}+\frac{11}{15}$

21 $\frac{6}{7}+\frac{5}{8}$

22 $\frac{3}{4}+\frac{3}{10}$

23 $\frac{7}{8}+\frac{5}{9}$

24 $\frac{2}{5}+\frac{5}{8}$

25 $\frac{3}{4}+\frac{9}{10}$

26 $\frac{5}{6}+\frac{5}{8}$

27 $\frac{3}{5}+\frac{3}{7}$

28 $\frac{2}{3}+\frac{7}{15}$

29 $\frac{1}{6}+\frac{13}{14}$

# 04 받아올림이 있는 분모가 다른 진분수의 덧셈 B

○ $\frac{7}{8}+\frac{5}{6}$의 계산

$$\frac{7}{8}+\frac{5}{6}=\frac{7\times3}{8\times3}+\frac{5\times4}{6\times4}=\frac{21}{24}+\frac{20}{24}=\frac{41}{24}=1\frac{17}{24}$$

↳ 8과 6의 최소공배수는 24입니다.

➡ 분모의 최소공배수를 이용하여 통분을 한 후 계산합니다.

원리 비법 **최소공배수**를 이용하여 계산하면 계산이 간단해!

◆ □ 안에 알맞은 수를 써넣으세요.

❶ $\frac{3}{4}+\frac{3}{8}=\frac{3\times\square}{4\times\square}+\frac{3\times\square}{8\times\square}$

$=\frac{\square}{8}+\frac{\square}{8}=\frac{\square}{8}=\square\frac{\square}{8}$

❷ $\frac{3}{5}+\frac{5}{8}=\frac{3\times\square}{5\times\square}+\frac{5\times\square}{8\times\square}$

$=\frac{\square}{40}+\frac{\square}{40}=\frac{\square}{40}=\square\frac{\square}{40}$

❸ $\frac{1}{2}+\frac{3}{4}=\frac{1\times\square}{2\times\square}+\frac{3\times\square}{4\times\square}$

$=\frac{\square}{4}+\frac{\square}{4}=\frac{\square}{4}=\square\frac{\square}{4}$

❹ $\frac{3}{14}+\frac{7}{8}=\frac{3\times\square}{14\times\square}+\frac{7\times\square}{8\times\square}$

$=\frac{\square}{56}+\frac{\square}{56}=\frac{\square}{56}=\square\frac{\square}{56}$

❺ $\frac{2}{3}+\frac{3}{4}=\frac{2\times\square}{3\times\square}+\frac{3\times\square}{4\times\square}$

$=\frac{\square}{12}+\frac{\square}{12}=\frac{\square}{12}=\square\frac{\square}{12}$

❻ $\frac{3}{4}+\frac{5}{6}=\frac{3\times\square}{4\times\square}+\frac{5\times\square}{6\times\square}$

$=\frac{\square}{12}+\frac{\square}{12}=\frac{\square}{12}=\square\frac{\square}{12}$

❼ $\frac{4}{5}+\frac{2}{9}=\frac{4\times\square}{5\times\square}+\frac{2\times\square}{9\times\square}$

$=\frac{\square}{45}+\frac{\square}{45}=\frac{\square}{45}=\square\frac{\square}{45}$

❽ $\frac{5}{6}+\frac{5}{9}=\frac{5\times\square}{6\times\square}+\frac{5\times\square}{9\times\square}$

$=\frac{\square}{18}+\frac{\square}{18}=\frac{\square}{18}=\square\frac{\square}{18}$

정답 100쪽

| 공부한 날짜 | 맞힌 개수 | 걸린 시간 |
| --- | --- | --- |
| 월 일 | /29 | 분 |

분모의 최소공배수를 이용하여 덧셈을 하세요.

9 $\frac{7}{12}+\frac{4}{9}$

10 $\frac{3}{4}+\frac{7}{8}$

11 $\frac{5}{6}+\frac{8}{9}$

12 $\frac{13}{18}+\frac{5}{9}$

13 $\frac{1}{2}+\frac{5}{8}$

14 $\frac{2}{5}+\frac{6}{7}$

15 $\frac{5}{6}+\frac{1}{4}$

16 $\frac{5}{6}+\frac{1}{2}$

17 $\frac{4}{5}+\frac{6}{7}$

18 $\frac{7}{16}+\frac{3}{4}$

19 $\frac{9}{10}+\frac{1}{4}$

20 $\frac{11}{12}+\frac{9}{16}$

21 $\frac{2}{3}+\frac{3}{7}$

22 $\frac{3}{4}+\frac{5}{6}$

23 $\frac{3}{4}+\frac{3}{8}$

24 $\frac{6}{7}+\frac{7}{9}$

25 $\frac{2}{3}+\frac{5}{6}$

26 $\frac{4}{7}+\frac{13}{21}$

27 $\frac{3}{10}+\frac{11}{12}$

28 $\frac{7}{8}+\frac{5}{12}$

29 $\frac{7}{10}+\frac{9}{16}$

# 05 받아올림이 있는 분모가 다른 대분수의 덧셈 A

○ $1\frac{1}{2}+2\frac{2}{3}$의 계산

$$1\frac{1}{2}+2\frac{2}{3}=1\frac{3}{6}+2\frac{4}{6}=(1+2)+\left(\frac{3}{6}+\frac{4}{6}\right)=3+\frac{7}{6}=3+1\frac{1}{6}=4\frac{1}{6}$$

➡ 자연수는 자연수끼리, 분수는 분수끼리 계산합니다.

원리 비법 자연수와 분수를 **따로 계산**하면 분수의 계산이 간편해!

◈ □ 안에 알맞은 수를 써넣으세요.

❶ $2\frac{3}{5}+3\frac{8}{9}=2\frac{\square}{45}+3\frac{\square}{45}$

$=(2+3)+\left(\frac{\square}{45}+\frac{\square}{45}\right)$

$=5+\frac{\square}{45}=5+\square\frac{\square}{45}$

$=\square\frac{\square}{45}$

❷ $2\frac{5}{8}+2\frac{1}{2}=2\frac{\square}{8}+2\frac{\square}{8}$

$=(2+2)+\left(\frac{\square}{8}+\frac{\square}{8}\right)$

$=4+\frac{\square}{8}=4+\square\frac{\square}{8}$

$=\square\frac{\square}{8}$

❸ $3\frac{7}{8}+3\frac{3}{10}=3\frac{\square}{40}+3\frac{\square}{40}$

$=(3+3)+\left(\frac{\square}{40}+\frac{\square}{40}\right)$

$=6+\frac{\square}{40}=6+\square\frac{\square}{40}$

$=\square\frac{\square}{40}$

❹ $1\frac{1}{2}+2\frac{4}{5}=1\frac{\square}{10}+2\frac{\square}{10}$

$=(1+2)+\left(\frac{\square}{10}+\frac{\square}{10}\right)$

$=3+\frac{\square}{10}=3+\square\frac{\square}{10}$

$=\square\frac{\square}{10}$

정답 101쪽

| 공부한 날짜 | 맞힌 개수 | 걸린 시간 |
| --- | --- | --- |
| 월 일 | /25 | 분 |

덧셈을 하세요.

5. $1\frac{3}{4}+1\frac{7}{10}$

6. $1\frac{2}{5}+1\frac{5}{7}$

7. $1\frac{7}{8}+1\frac{9}{10}$

8. $2\frac{3}{4}+3\frac{5}{8}$

9. $2\frac{5}{6}+3\frac{5}{8}$

10. $3\frac{2}{3}+1\frac{3}{7}$

11. $1\frac{1}{4}+1\frac{11}{12}$

12. $3\frac{3}{4}+2\frac{5}{7}$

13. $3\frac{5}{12}+1\frac{11}{14}$

14. $1\frac{1}{2}+1\frac{3}{4}$

15. $2\frac{6}{7}+1\frac{7}{9}$

16. $2\frac{1}{6}+2\frac{7}{8}$

17. $2\frac{3}{10}+3\frac{13}{16}$

18. $3\frac{4}{7}+1\frac{7}{8}$

19. $1\frac{2}{3}+3\frac{6}{7}$

20. $2\frac{5}{6}+1\frac{5}{7}$

21. $1\frac{5}{7}+2\frac{4}{9}$

22. $3\frac{7}{8}+2\frac{3}{4}$

23. $1\frac{3}{5}+1\frac{7}{8}$

24. $3\frac{3}{8}+3\frac{8}{9}$

25. $3\frac{4}{5}+2\frac{2}{9}$

# 06 받아올림이 있는 분모가 다른 대분수의 덧셈 B

**○ $1\frac{1}{2}+2\frac{2}{3}$의 계산**

$$1\frac{1}{2}+2\frac{2}{3}=\frac{3}{2}+\frac{8}{3}=\frac{9}{6}+\frac{16}{6}=\frac{25}{6}=4\frac{1}{6}$$

➡ 대분수를 가분수로 고쳐서 계산합니다.

**원리 비법** 대분수를 가분수로 고쳐서 계산하면 계산 과정이 **짧아져**!

□ 안에 알맞은 수를 써넣으세요.

❶ $2\frac{3}{4}+1\frac{7}{10}=\frac{\square}{4}+\frac{\square}{10}$

$=\frac{\square}{20}+\frac{\square}{20}=\frac{\square}{20}=\square\frac{\square}{20}$

❷ $1\frac{5}{6}+3\frac{8}{9}=\frac{\square}{6}+\frac{\square}{9}$

$=\frac{\square}{18}+\frac{\square}{18}=\frac{\square}{18}=\square\frac{\square}{18}$

❸ $3\frac{2}{3}+2\frac{5}{7}=\frac{\square}{3}+\frac{\square}{7}$

$=\frac{\square}{21}+\frac{\square}{21}=\frac{\square}{21}=\square\frac{\square}{21}$

❹ $1\frac{4}{12}+3\frac{7}{10}=\frac{\square}{12}+\frac{\square}{10}$

$=\frac{\square}{60}+\frac{\square}{60}=\frac{\square}{30}=\square\frac{\square}{30}$

❺ $1\frac{1}{2}+1\frac{2}{3}=\frac{\square}{2}+\frac{\square}{3}$

$=\frac{\square}{6}+\frac{\square}{6}=\frac{\square}{6}=\square\frac{\square}{6}$

❻ $3\frac{4}{5}+3\frac{7}{9}=\frac{\square}{5}+\frac{\square}{9}$

$=\frac{\square}{45}+\frac{\square}{45}=\frac{\square}{45}=\square\frac{\square}{45}$

❼ $1\frac{3}{4}+2\frac{7}{8}=\frac{\square}{4}+\frac{\square}{8}$

$=\frac{\square}{8}+\frac{\square}{8}=\frac{\square}{8}=\square\frac{\square}{8}$

❽ $3\frac{4}{5}+2\frac{5}{7}=\frac{\square}{5}+\frac{\square}{7}$

$=\frac{\square}{35}+\frac{\square}{35}=\frac{\square}{35}=\square\frac{\square}{35}$

정답 101쪽

| 공부한 날짜 | 맞힌 개수 | 걸린 시간 |
| --- | --- | --- |
| 월 일 | /29 | 분 |

덧셈을 하세요.

9 $2\frac{1}{3}+2\frac{3}{4}$

10 $1\frac{3}{4}+3\frac{5}{6}$

11 $1\frac{6}{7}+1\frac{5}{9}$

12 $1\frac{1}{5}+3\frac{8}{9}$

13 $3\frac{1}{2}+1\frac{6}{7}$

14 $1\frac{3}{4}+1\frac{5}{8}$

15 $1\frac{2}{3}+1\frac{5}{6}$

16 $2\frac{4}{7}+2\frac{4}{9}$

17 $2\frac{5}{6}+2\frac{5}{9}$

18 $3\frac{1}{4}+2\frac{4}{5}$

19 $1\frac{1}{4}+1\frac{7}{8}$

20 $1\frac{4}{5}+1\frac{2}{7}$

21 $2\frac{2}{3}+3\frac{5}{9}$

22 $2\frac{7}{8}+3\frac{4}{9}$

23 $1\frac{2}{3}+2\frac{2}{5}$

24 $1\frac{3}{5}+3\frac{6}{7}$

25 $3\frac{5}{12}+1\frac{5}{6}$

26 $2\frac{2}{5}+1\frac{6}{7}$

27 $1\frac{5}{6}+1\frac{4}{7}$

28 $2\frac{1}{3}+1\frac{7}{8}$

29 $3\frac{3}{5}+2\frac{5}{9}$

# 07 분모가 다른 진분수의 뺄셈 A

○ $\frac{3}{4}-\frac{1}{6}$의 계산

$$\frac{3}{4}-\frac{1}{6}=\frac{3\times6}{4\times6}-\frac{1\times4}{6\times4}=\frac{18}{24}-\frac{4}{24}=\frac{14}{24}=\frac{7}{12}$$

➡ 분모의 곱을 이용하여 통분한 후 계산합니다.

원리 비법 **다른 분수의 분모**를 각각 자신의 분모와 분자에 곱해 줘!

□ 안에 알맞은 수를 써넣으세요.

❶ $\frac{7}{8}-\frac{7}{9}=\frac{7\times\square}{8\times\square}-\frac{7\times\square}{9\times\square}$

$=\frac{\square}{72}-\frac{\square}{72}=\frac{\square}{72}$

❷ $\frac{6}{7}-\frac{1}{4}=\frac{6\times\square}{7\times\square}-\frac{1\times\square}{4\times\square}$

$=\frac{\square}{28}-\frac{\square}{28}=\frac{\square}{28}$

❸ $\frac{5}{9}-\frac{1}{3}=\frac{5\times\square}{9\times\square}-\frac{1\times\square}{3\times\square}$

$=\frac{\square}{27}-\frac{\square}{27}=\frac{\square}{27}=\frac{\square}{9}$

❹ $\frac{7}{9}-\frac{1}{6}=\frac{7\times\square}{9\times\square}-\frac{1\times\square}{6\times\square}$

$=\frac{\square}{54}-\frac{\square}{54}=\frac{\square}{54}=\frac{\square}{18}$

❺ $\frac{1}{2}-\frac{1}{6}=\frac{1\times\square}{2\times\square}-\frac{1\times\square}{6\times\square}$

$=\frac{\square}{12}-\frac{\square}{12}=\frac{\square}{12}=\frac{\square}{3}$

❻ $\frac{6}{7}-\frac{1}{9}=\frac{6\times\square}{7\times\square}-\frac{1\times\square}{9\times\square}$

$=\frac{\square}{63}-\frac{\square}{63}=\frac{\square}{63}$

❼ $\frac{7}{10}-\frac{2}{5}=\frac{7\times\square}{10\times\square}-\frac{2\times\square}{5\times\square}$

$=\frac{\square}{50}-\frac{\square}{50}=\frac{\square}{50}=\frac{\square}{10}$

❽ $\frac{2}{7}-\frac{1}{9}=\frac{2\times\square}{7\times\square}-\frac{1\times\square}{9\times\square}$

$=\frac{\square}{63}-\frac{\square}{63}=\frac{\square}{63}$

정답 101쪽

| 공부한 날짜 | 맞힌 개수 | 걸린 시간 |
| --- | --- | --- |
| 월 일 | /29 | 분 |

분모의 곱을 이용하여 뺄셈을 하세요.

9 $\frac{1}{2}-\frac{1}{4}$

10 $\frac{5}{6}-\frac{2}{3}$

11 $\frac{6}{7}-\frac{5}{6}$

12 $\frac{2}{3}-\frac{5}{8}$

13 $\frac{5}{9}-\frac{1}{6}$

14 $\frac{7}{12}-\frac{1}{8}$

15 $\frac{3}{5}-\frac{4}{9}$

16 $\frac{4}{7}-\frac{1}{9}$

17 $\frac{5}{8}-\frac{5}{9}$

18 $\frac{1}{4}-\frac{1}{7}$

19 $\frac{5}{8}-\frac{3}{5}$

20 $\frac{8}{9}-\frac{4}{7}$

21 $\frac{3}{5}-\frac{1}{4}$

22 $\frac{3}{4}-\frac{7}{10}$

23 $\frac{3}{4}-\frac{3}{8}$

24 $\frac{2}{5}-\frac{1}{3}$

25 $\frac{6}{7}-\frac{1}{2}$

26 $\frac{7}{10}-\frac{1}{8}$

27 $\frac{5}{6}-\frac{3}{5}$

28 $\frac{8}{9}-\frac{1}{3}$

29 $\frac{6}{7}-\frac{2}{5}$

# 08 분모가 다른 진분수의 뺄셈 B

○ $\frac{3}{4}-\frac{1}{6}$의 계산

$$\frac{3}{4}-\frac{1}{6}=\frac{3\times3}{4\times3}-\frac{1\times2}{6\times2}=\frac{9}{12}-\frac{2}{12}=\frac{7}{12}$$

└→ 4와 6의 최소공배수는 12입니다.

➡ 분모의 최소공배수를 이용하여 통분한 후 계산합니다.

원리 비법 **최소공배수**를 이용하여 계산하면 계산이 간단해!

◆ □ 안에 알맞은 수를 써넣으세요.

❶ $\frac{8}{9}-\frac{1}{6}=\frac{8\times\square}{9\times\square}-\frac{1\times\square}{6\times\square}$
$=\frac{\square}{18}-\frac{\square}{18}=\frac{\square}{18}$

❷ $\frac{5}{6}-\frac{3}{8}=\frac{5\times\square}{6\times\square}-\frac{3\times\square}{8\times\square}$
$=\frac{\square}{24}-\frac{\square}{24}=\frac{\square}{24}$

❸ $\frac{5}{6}-\frac{1}{2}=\frac{5\times\square}{6\times\square}-\frac{1\times\square}{2\times\square}$
$=\frac{\square}{6}-\frac{\square}{6}=\frac{\square}{6}=\frac{\square}{3}$

❹ $\frac{1}{4}-\frac{1}{8}=\frac{1\times\square}{4\times\square}-\frac{1\times\square}{8\times\square}$
$=\frac{\square}{8}-\frac{\square}{8}=\frac{\square}{8}$

❺ $\frac{1}{4}-\frac{1}{6}=\frac{1\times\square}{4\times\square}-\frac{1\times\square}{6\times\square}$
$=\frac{\square}{12}-\frac{\square}{12}=\frac{\square}{12}$

❻ $\frac{3}{4}-\frac{1}{6}=\frac{3\times\square}{4\times\square}-\frac{1\times\square}{6\times\square}$
$=\frac{\square}{12}-\frac{\square}{12}=\frac{\square}{12}$

❼ $\frac{1}{2}-\frac{2}{5}=\frac{1\times\square}{2\times\square}-\frac{2\times\square}{5\times\square}$
$=\frac{\square}{10}-\frac{\square}{10}=\frac{\square}{10}$

❽ $\frac{5}{6}-\frac{1}{8}=\frac{5\times\square}{6\times\square}-\frac{1\times\square}{8\times\square}$
$=\frac{\square}{24}-\frac{\square}{24}=\frac{\square}{24}$

정답 101쪽

| 공부한 날짜 | 맞힌 개수 | 걸린 시간 |
| --- | --- | --- |
| 월 일 | /29 | 분 |

분모의 최소공배수를 이용하여 뺄셈을 하세요.

9 $\frac{5}{7}-\frac{2}{9}$

10 $\frac{1}{6}-\frac{1}{9}$

11 $\frac{3}{4}-\frac{1}{5}$

12 $\frac{6}{7}-\frac{4}{5}$

13 $\frac{3}{4}-\frac{1}{7}$

14 $\frac{7}{8}-\frac{5}{6}$

15 $\frac{7}{8}-\frac{1}{4}$

16 $\frac{1}{2}-\frac{1}{3}$

17 $\frac{1}{6}-\frac{1}{7}$

18 $\frac{4}{5}-\frac{4}{9}$

19 $\frac{4}{5}-\frac{2}{3}$

20 $\frac{5}{6}-\frac{1}{3}$

21 $\frac{2}{3}-\frac{3}{5}$

22 $\frac{5}{9}-\frac{2}{5}$

23 $\frac{5}{6}-\frac{2}{9}$

24 $\frac{3}{5}-\frac{1}{2}$

25 $\frac{3}{8}-\frac{1}{4}$

26 $\frac{7}{9}-\frac{1}{7}$

27 $\frac{1}{3}-\frac{1}{5}$

28 $\frac{4}{9}-\frac{1}{6}$

29 $\frac{2}{3}-\frac{4}{7}$

# 09 받아내림이 없는 분모가 다른 대분수의 뺄셈 A

○ $3\frac{3}{4}-1\frac{2}{3}$의 계산

$$3\frac{3}{4}-1\frac{2}{3}=3\frac{9}{12}-1\frac{8}{12}=(3-1)+\left(\frac{9}{12}-\frac{8}{12}\right)=2+\frac{1}{12}=2\frac{1}{12}$$

➡ 자연수는 자연수끼리, 분수는 분수끼리 계산합니다.

원리 비법 자연수와 분수를 **따로 계산**하면 분수의 계산이 간편해!

□ 안에 알맞은 수를 써넣으세요.

❶ $4\frac{1}{3}-1\frac{1}{8}=4\frac{\square}{24}-1\frac{\square}{24}$

$=(4-1)+\left(\frac{\square}{24}-\frac{\square}{24}\right)$

$=3+\frac{\square}{24}$

$=\square\frac{\square}{24}$

❷ $5\frac{3}{8}-2\frac{1}{6}=5\frac{\square}{24}-2\frac{\square}{24}$

$=(5-2)+\left(\frac{\square}{24}-\frac{\square}{24}\right)$

$=3+\frac{\square}{24}$

$=\square\frac{\square}{24}$

❸ $6\frac{7}{8}-2\frac{3}{7}=6\frac{\square}{56}-2\frac{\square}{56}$

$=(6-2)+\left(\frac{\square}{56}-\frac{\square}{56}\right)$

$=4+\frac{\square}{56}$

$=\square\frac{\square}{56}$

❹ $4\frac{4}{7}-2\frac{1}{14}=4\frac{\square}{14}-2\frac{\square}{14}$

$=(4-2)+\left(\frac{\square}{14}-\frac{\square}{14}\right)$

$=2+\frac{\square}{14}$

$=\square\frac{\square}{2}$

정답 102쪽

| 공부한 날짜 | 맞힌 개수 | 걸린 시간 |
| --- | --- | --- |
| 월 일 | /25 | 분 |

◆ 뺄셈을 하세요.

❺ $6\frac{7}{8}-4\frac{4}{5}$

❻ $4\frac{4}{7}-3\frac{2}{9}$

❼ $3\frac{5}{7}-1\frac{1}{4}$

❽ $3\frac{4}{9}-1\frac{1}{8}$

❾ $6\frac{1}{2}-1\frac{3}{7}$

❿ $5\frac{8}{9}-3\frac{5}{8}$

⓫ $6\frac{3}{4}-4\frac{1}{7}$

⓬ $4\frac{2}{3}-1\frac{1}{6}$

⓭ $5\frac{8}{9}-3\frac{1}{6}$

⓮ $3\frac{5}{9}-1\frac{2}{7}$

⓯ $4\frac{5}{6}-1\frac{3}{5}$

⓰ $5\frac{5}{8}-2\frac{1}{6}$

⓱ $4\frac{5}{7}-1\frac{2}{3}$

⓲ $3\frac{5}{6}-1\frac{1}{9}$

⓳ $5\frac{5}{7}-1\frac{1}{9}$

⓴ $6\frac{3}{5}-3\frac{1}{2}$

㉑ $6\frac{1}{3}-4\frac{1}{6}$

㉒ $6\frac{7}{9}-4\frac{1}{5}$

㉓ $3\frac{1}{7}-1\frac{1}{9}$

㉔ $3\frac{6}{7}-1\frac{4}{9}$

㉕ $6\frac{3}{5}-2\frac{2}{9}$

# 10 받아내림이 없는 분모가 다른 대분수의 뺄셈 B

### ○ $3\frac{3}{4}-1\frac{2}{3}$의 계산

$$3\frac{3}{4}-1\frac{2}{3}=\frac{15}{4}-\frac{5}{3}=\frac{45}{12}-\frac{20}{12}=\frac{25}{12}=2\frac{1}{12}$$

➡ 대분수를 가분수로 고쳐서 계산합니다.

원리 비법 대분수를 가분수로 고쳐서 계산하면 계산 과정이 **짧아져**!

◆ □ 안에 알맞은 수를 써넣으세요.

❶ $3\frac{1}{6}-1\frac{1}{7}=\frac{\square}{6}-\frac{\square}{7}$
$=\frac{\square}{42}-\frac{\square}{42}=\frac{\square}{42}=\square\frac{\square}{42}$

❷ $6\frac{2}{3}-3\frac{5}{9}=\frac{\square}{3}-\frac{\square}{9}$
$=\frac{\square}{9}-\frac{\square}{9}=\frac{\square}{9}=\square\frac{\square}{9}$

❸ $3\frac{6}{7}-1\frac{3}{5}=\frac{\square}{7}-\frac{\square}{5}$
$=\frac{\square}{35}-\frac{\square}{35}=\frac{\square}{35}=\square\frac{\square}{35}$

❹ $6\frac{2}{5}-1\frac{1}{15}=\frac{\square}{5}-\frac{\square}{15}$
$=\frac{\square}{15}-\frac{\square}{15}=\frac{\square}{15}=\square\frac{\square}{3}$

❺ $4\frac{5}{6}-1\frac{1}{9}=\frac{\square}{6}-\frac{\square}{9}$
$=\frac{\square}{18}-\frac{\square}{18}=\frac{\square}{18}=\square\frac{\square}{18}$

❻ $4\frac{1}{2}-1\frac{1}{5}=\frac{\square}{2}-\frac{\square}{5}$
$=\frac{\square}{10}-\frac{\square}{10}=\frac{\square}{10}=\square\frac{\square}{10}$

❼ $5\frac{5}{6}-2\frac{4}{9}=\frac{\square}{6}-\frac{\square}{9}$
$=\frac{\square}{18}-\frac{\square}{18}=\frac{\square}{18}=\square\frac{\square}{18}$

❽ $4\frac{3}{4}-1\frac{1}{6}=\frac{\square}{4}-\frac{\square}{6}$
$=\frac{\square}{12}-\frac{\square}{12}=\frac{\square}{12}=\square\frac{\square}{12}$

정답 102쪽

| 공부한 날짜 | 맞힌 개수 | 걸린 시간 |
| --- | --- | --- |
| 월 일 | /29 | 분 |

뺄셈을 하세요.

9 $3\frac{5}{9}-1\frac{1}{6}$

10 $6\frac{5}{8}-1\frac{4}{7}$

11 $3\frac{5}{7}-1\frac{4}{9}$

12 $3\frac{1}{2}-1\frac{1}{3}$

13 $6\frac{7}{10}-4\frac{1}{5}$

14 $4\frac{2}{3}-1\frac{2}{7}$

15 $6\frac{8}{9}-4\frac{2}{7}$

16 $3\frac{3}{8}-1\frac{1}{7}$

17 $4\frac{5}{7}-1\frac{1}{2}$

18 $6\frac{1}{6}-3\frac{1}{8}$

19 $6\frac{5}{6}-4\frac{1}{8}$

20 $4\frac{5}{8}-1\frac{2}{9}$

21 $5\frac{6}{7}-2\frac{1}{9}$

22 $3\frac{4}{5}-1\frac{4}{7}$

23 $4\frac{7}{8}-1\frac{1}{5}$

24 $5\frac{7}{9}-1\frac{3}{8}$

25 $6\frac{6}{7}-1\frac{7}{9}$

26 $5\frac{4}{5}-1\frac{2}{9}$

27 $6\frac{5}{8}-3\frac{1}{10}$

28 $4\frac{5}{12}-1\frac{1}{8}$

29 $4\frac{5}{6}-1\frac{2}{14}$

# 11 받아내림이 있는 분모가 다른 대분수의 뺄셈 A

○ $3\frac{1}{3}-1\frac{4}{5}$의 계산

자연수 1을 분자로 바꿉니다.

$$3\frac{1}{3}-1\frac{4}{5}=3\frac{5}{15}-1\frac{12}{15}=2\frac{20}{15}-1\frac{12}{15}=(2-1)+\left(\frac{20}{15}-\frac{12}{15}\right)=1+\frac{8}{15}=1\frac{8}{15}$$

➡ 5에서 12를 뺄 수 없으므로 자연수 1을 $\frac{15}{15}$로 고쳐서 계산합니다.

원리 비법 분자끼리 뺄셈을 할 수 없으면 **받아내림**을 해!

□ 안에 알맞은 수를 써넣으세요.

❶ $6\frac{1}{8}-3\frac{1}{6}=6\frac{\square}{24}-3\frac{\square}{24}$

$=5\frac{\square}{24}-3\frac{\square}{24}$

$=(5-3)+\left(\frac{\square}{24}-\frac{\square}{24}\right)$

$=2+\frac{\square}{24}=2\frac{\square}{24}$

❷ $3\frac{1}{2}-1\frac{4}{5}=3\frac{\square}{10}-1\frac{\square}{10}$

$=2\frac{\square}{10}-1\frac{\square}{10}$

$=(2-1)+\left(\frac{\square}{10}-\frac{\square}{10}\right)$

$=1+\frac{\square}{10}=1\frac{\square}{10}$

❸ $5\frac{1}{3}-3\frac{3}{8}=5\frac{\square}{24}-3\frac{\square}{24}$

$=4\frac{\square}{24}-3\frac{\square}{24}$

$=(4-3)+\left(\frac{\square}{24}-\frac{\square}{24}\right)$

$=1+\frac{\square}{24}=1\frac{\square}{24}$

❹ $3\frac{3}{5}-1\frac{8}{9}=3\frac{\square}{45}-1\frac{\square}{45}$

$=2\frac{\square}{45}-1\frac{\square}{45}$

$=(2-1)+\left(\frac{\square}{45}-\frac{\square}{45}\right)$

$=1+\frac{\square}{45}=1\frac{\square}{45}$

정답 102쪽

| 공부한 날짜 | 맞힌 개수 | 걸린 시간 |
| --- | --- | --- |
| 월 일 | /25 | 분 |

빨셈을 하세요.

5 $4\frac{4}{9}-2\frac{5}{6}$

6 $5\frac{2}{7}-1\frac{7}{9}$

7 $3\frac{1}{3}-1\frac{3}{7}$

8 $6\frac{3}{5}-4\frac{5}{7}$

9 $6\frac{2}{9}-4\frac{5}{7}$

10 $5\frac{3}{7}-2\frac{2}{3}$

11 $6\frac{4}{5}-4\frac{7}{8}$

12 $4\frac{1}{2}-1\frac{2}{3}$

13 $6\frac{1}{7}-3\frac{1}{4}$

14 $5\frac{5}{6}-1\frac{6}{7}$

15 $5\frac{1}{8}-2\frac{3}{4}$

16 $5\frac{1}{2}-3\frac{6}{7}$

17 $5\frac{1}{8}-2\frac{7}{9}$

18 $4\frac{3}{8}-2\frac{4}{7}$

19 $5\frac{4}{9}-2\frac{7}{8}$

20 $6\frac{1}{3}-4\frac{2}{5}$

21 $6\frac{1}{5}-4\frac{7}{9}$

22 $6\frac{2}{9}-3\frac{6}{7}$

23 $4\frac{1}{9}-1\frac{3}{7}$

24 $5\frac{1}{6}-3\frac{8}{9}$

25 $6\frac{3}{4}-4\frac{4}{5}$

# 12 받아내림이 있는 분모가 다른 대분수의 뺄셈 B

○ $3\frac{1}{3}-1\frac{4}{5}$의 계산

$$3\frac{1}{3}-1\frac{4}{5}=\frac{10}{3}-\frac{9}{5}=\frac{50}{15}-\frac{27}{15}=\frac{23}{15}=1\frac{8}{15}$$

➡ 대분수를 가분수로 고쳐서 계산합니다.

원리 비법 **가분수**로 고쳐서 계산할 때는 받아내림을 하지 않아도 돼!

◆ □ 안에 알맞은 수를 써넣으세요.

❶ $3\frac{1}{5}-1\frac{5}{6}=\frac{\square}{5}-\frac{\square}{6}$
$=\frac{\square}{30}-\frac{\square}{30}=\frac{\square}{30}=\square\frac{\square}{30}$

❷ $5\frac{2}{9}-1\frac{4}{5}=\frac{\square}{9}-\frac{\square}{5}$
$=\frac{\square}{45}-\frac{\square}{45}=\frac{\square}{45}=\square\frac{\square}{45}$

❸ $5\frac{2}{5}-3\frac{1}{2}=\frac{\square}{5}-\frac{\square}{2}$
$=\frac{\square}{10}-\frac{\square}{10}=\frac{\square}{10}=\square\frac{\square}{10}$

❹ $4\frac{5}{9}-1\frac{5}{7}=\frac{\square}{9}-\frac{\square}{7}$
$=\frac{\square}{63}-\frac{\square}{63}=\frac{\square}{63}=\square\frac{\square}{63}$

❺ $4\frac{1}{3}-1\frac{3}{4}=\frac{\square}{3}-\frac{\square}{4}$
$=\frac{\square}{12}-\frac{\square}{12}=\frac{\square}{12}=\square\frac{\square}{12}$

❻ $4\frac{1}{6}-1\frac{5}{7}=\frac{\square}{6}-\frac{\square}{7}$
$=\frac{\square}{42}-\frac{\square}{42}=\frac{\square}{42}=\square\frac{\square}{42}$

❼ $4\frac{1}{7}-1\frac{7}{9}=\frac{\square}{7}-\frac{\square}{9}$
$=\frac{\square}{63}-\frac{\square}{63}=\frac{\square}{63}=\square\frac{\square}{63}$

❽ $5\frac{1}{4}-2\frac{3}{7}=\frac{\square}{4}-\frac{\square}{7}$
$=\frac{\square}{28}-\frac{\square}{28}=\frac{\square}{28}=\square\frac{\square}{28}$

정답 102쪽

| 공부한 날짜 | 맞힌 개수 | 걸린 시간 |
|---|---|---|
| 월 일 | /29 | 분 |

◆ 빼셈을 하세요.

⑨ $4\frac{7}{9}-1\frac{5}{6}$

⑩ $5\frac{1}{4}-2\frac{1}{2}$

⑪ $3\frac{2}{7}-1\frac{3}{4}$

⑫ $6\frac{4}{7}-4\frac{8}{9}$

⑬ $3\frac{1}{7}-1\frac{2}{3}$

⑭ $6\frac{2}{5}-4\frac{5}{6}$

⑮ $3\frac{5}{9}-1\frac{4}{5}$

⑯ $5\frac{2}{5}-3\frac{8}{9}$

⑰ $3\frac{1}{6}-1\frac{5}{9}$

⑱ $3\frac{5}{7}-1\frac{3}{4}$

⑲ $3\frac{1}{5}-1\frac{6}{7}$

⑳ $6\frac{2}{9}-2\frac{3}{5}$

㉑ $6\frac{1}{6}-2\frac{4}{7}$

㉒ $5\frac{1}{7}-1\frac{1}{3}$

㉓ $6\frac{1}{3}-2\frac{6}{7}$

㉔ $4\frac{1}{4}-1\frac{5}{8}$

㉕ $6\frac{1}{6}-1\frac{4}{9}$

㉖ $5\frac{3}{7}-2\frac{5}{6}$

㉗ $3\frac{1}{7}-1\frac{3}{8}$

㉘ $3\frac{1}{2}-1\frac{4}{7}$

㉙ $6\frac{2}{5}-1\frac{4}{9}$

# 01 정다각형과 사각형의 둘레 A

**○ 다각형의 둘레 구하기**

(다각형의 둘레)=(한 변의 길이)×(변의 수)

**○ 사각형의 둘레 구하기**

(직사각형의 둘레)={(가로)+(세로)}×2

(평행사변형의 둘레)={(한 변의 길이)+(다른 한 변의 길이)}×2

(마름모의 둘레)=(한 변의 길이)×4

원리 비법 물건의 가장자리를 한 번 둘러싼 길이를 **둘레**라고 해!

◈ 정다각형의 둘레를 구하려고 합니다. □ 안에 알맞은 수를 써넣으세요.

❶

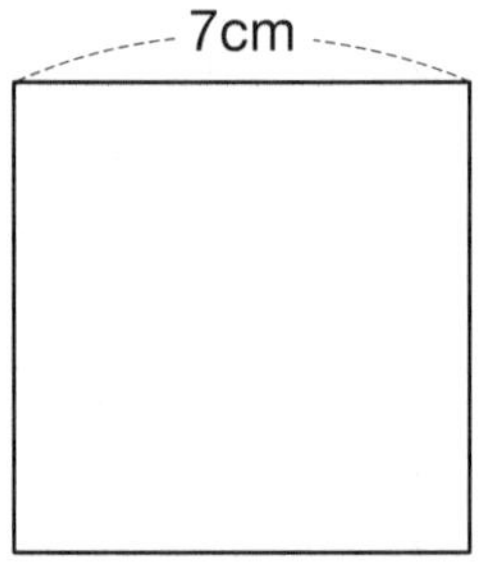


(정사각형의 둘레)=□cm

❷

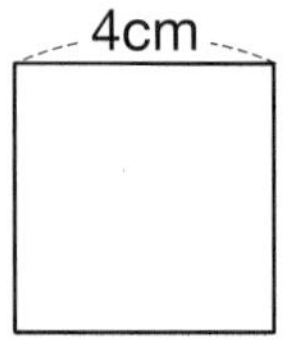


(정사각형의 둘레)=□cm

❸

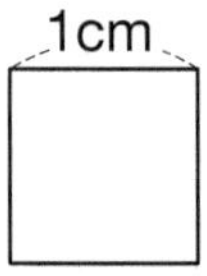


(정사각형의 둘레)=□cm

❹

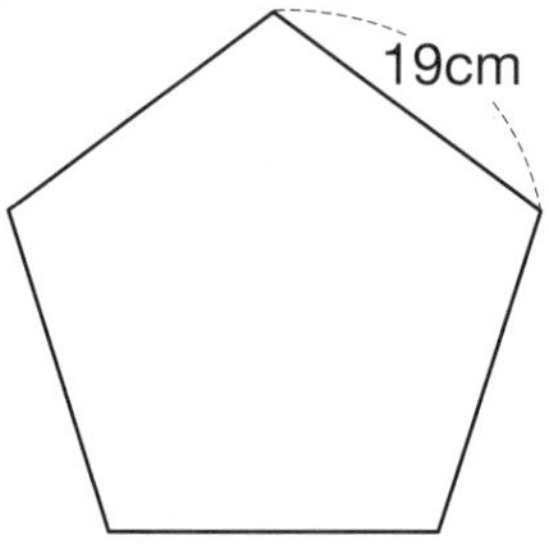


(정오각형의 둘레)=□cm

❺

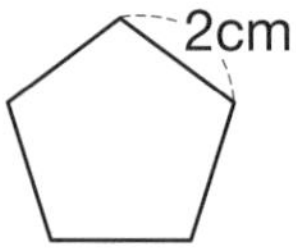


(정오각형의 둘레)=□cm

❻

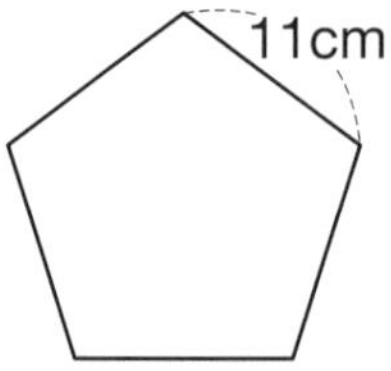


(정오각형의 둘레)=□cm

정답 103쪽

| 공부한 날짜 | 맞힌 개수 | 걸린 시간 |
|---|---|---|
| 월 일 | /15 | 분 |

도형의 둘레를 구하려고 합니다. □ 안에 알맞은 수를 써넣으세요.

7

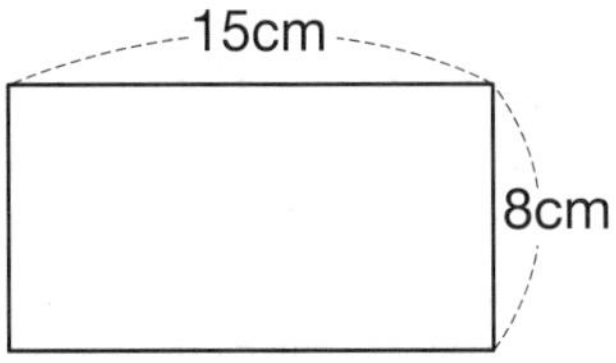


(직사각형의 둘레)
=(15+□)×□
=□(cm)

8

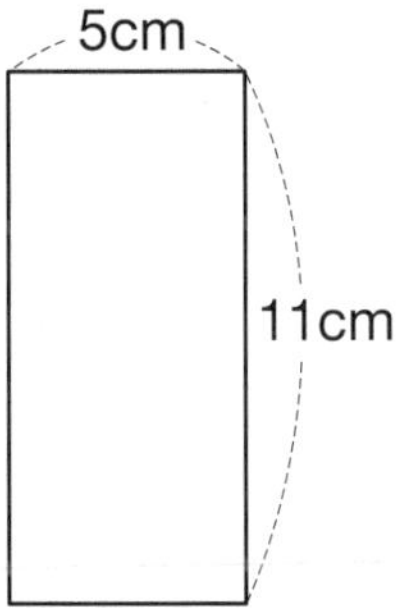


(직사각형의 둘레)
=(5+□)×□
=□(cm)

9

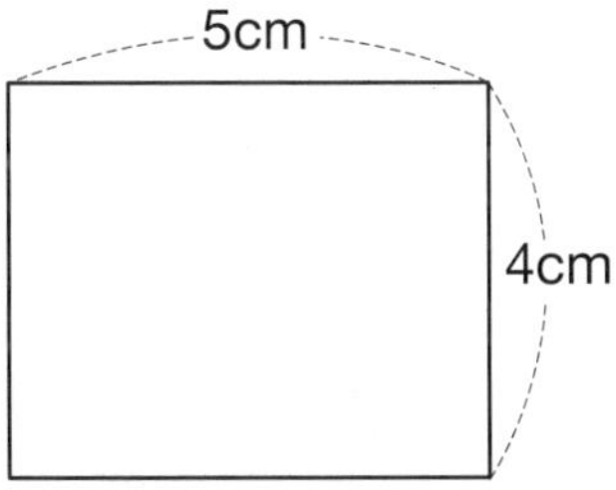


(직사각형의 둘레)
=(5+□)×□
=□(cm)

10

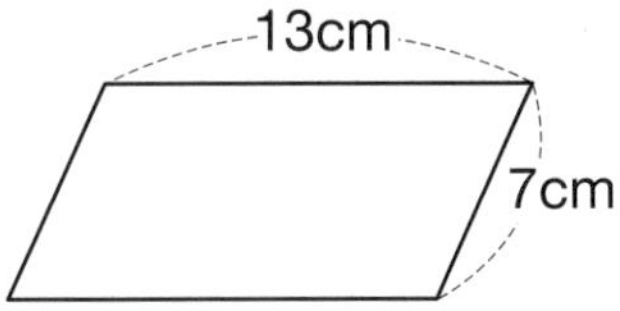


(평행사변형의 둘레)
=(13+□)×□
=□(cm)

11

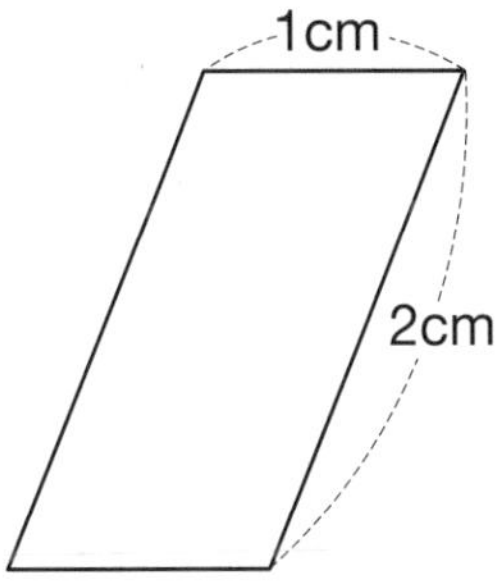


(평행사변형의 둘레)
=(1+□)×□
=□(cm)

12

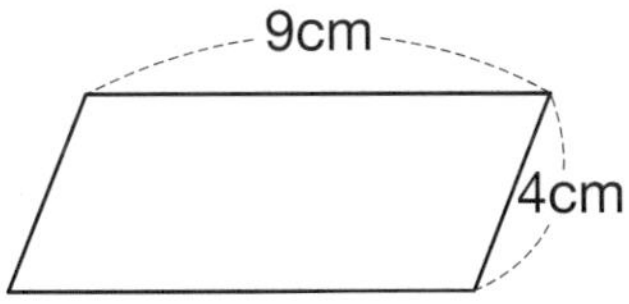


(평행사변형의 둘레)
=(9+□)×□
=□(cm)

13

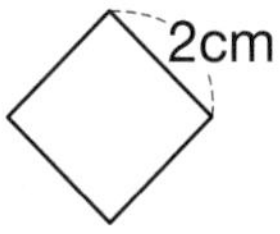


(마름모의 둘레)
=□×□
=□(cm)

14

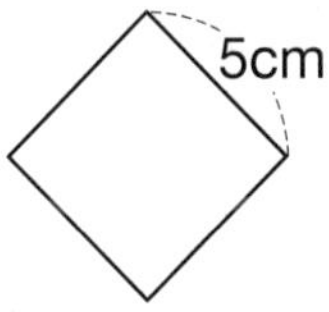


(마름모의 둘레)
=□×□
=□(cm)

15

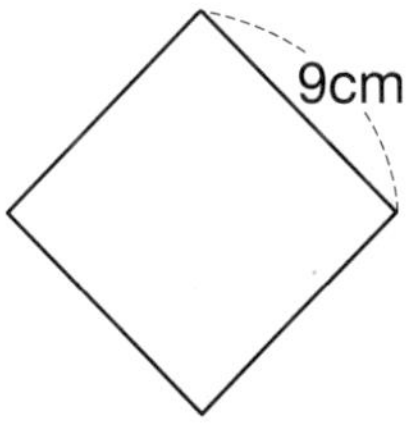


(마름모의 둘레)
=□×□
=□(cm)

# 02 직사각형과 정사각형의 넓이 A

## ○ 직사각형의 넓이

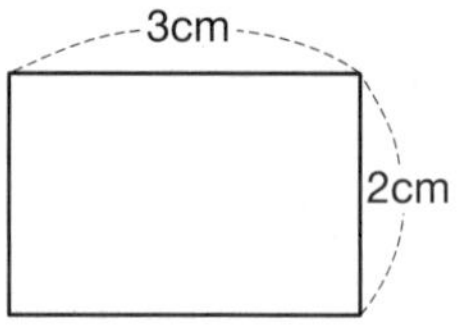


(직사각형의 넓이)
=(가로) × (세로)
$=3 \times 2=6(cm^2)$

## ○ 정사각형의 넓이

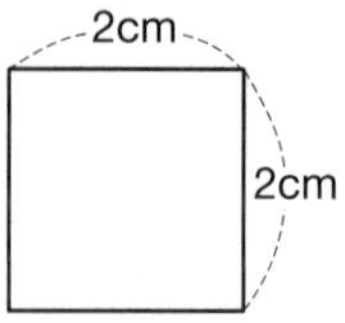


(정사각형의 넓이)
=(한 변의 길이) × (한 변의 길이)
$=2 \times 2=4(cm^2)$

원리 비법 넓이의 단위는 **단위 위에 숫자 2**를 같이 써야 해!

◈ 직사각형의 넓이를 구하세요.

❶
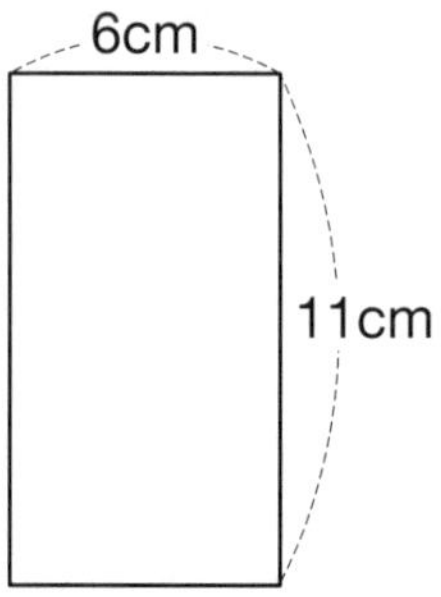


(　　　　　　　　)

❷
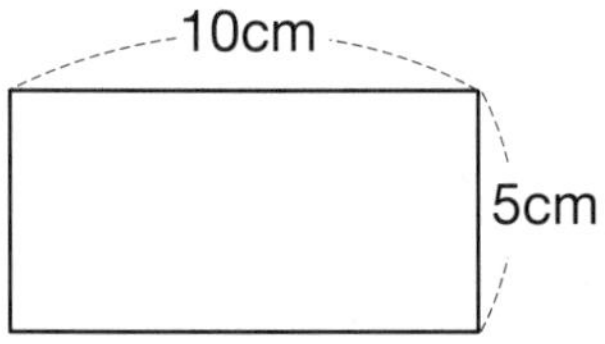


(　　　　　　　　)

❸
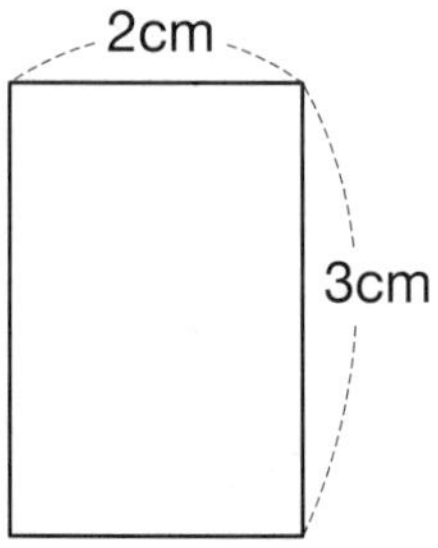


(　　　　　　　　)

❹
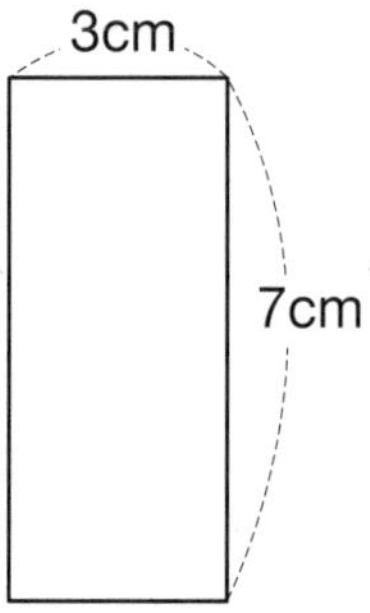


(　　　　　　　　)

❺
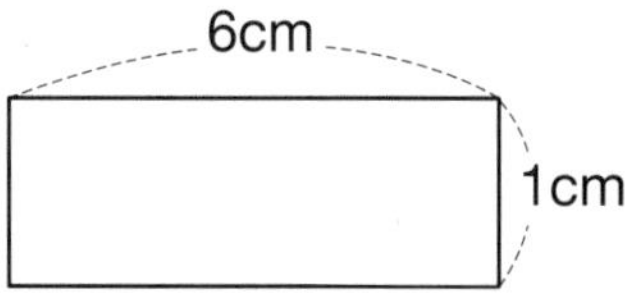


(　　　　　　　　)

❻
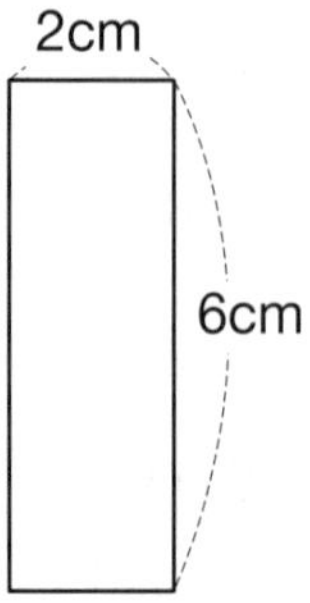


(　　　　　　　　)

❼
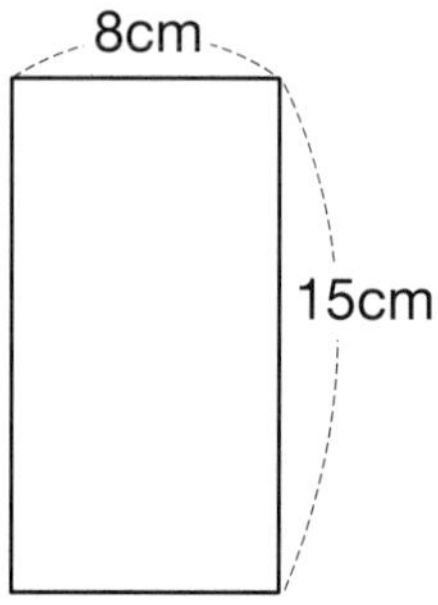


(　　　　　　　　)

❽
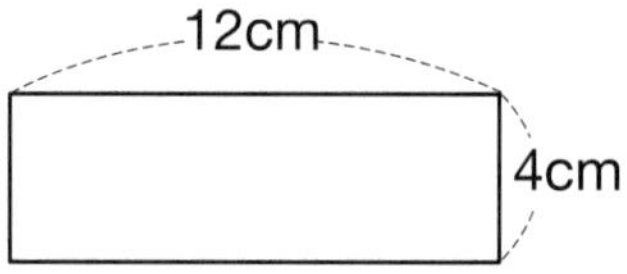


(　　　　　　　　)

❾
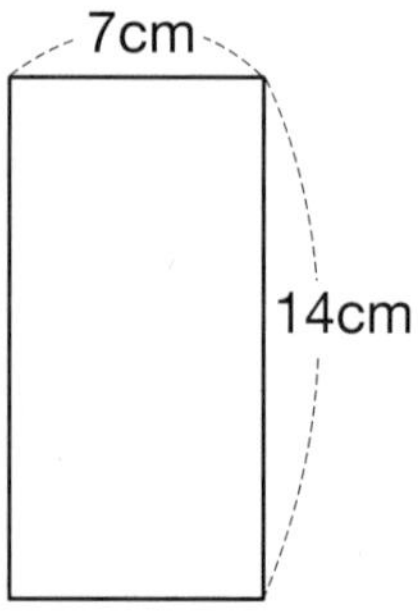


(　　　　　　　　)

정답 103쪽

| 공부한 날짜 | 맞힌 개수 | 걸린 시간 |
| --- | --- | --- |
| 월 일 | /21 | 분 |

◆ 정사각형의 넓이를 구하세요.

⑩
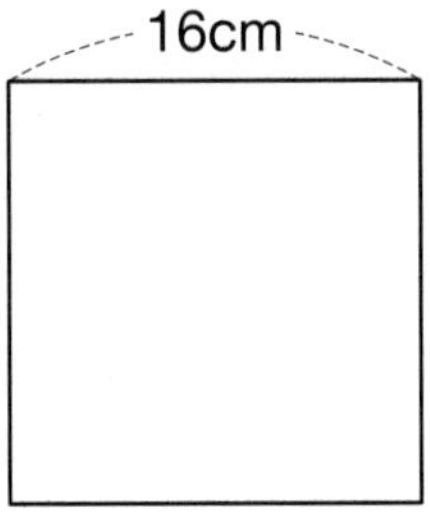

(                    )

⑭
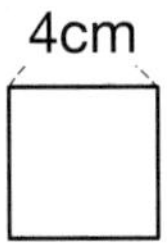

(                    )

⑱
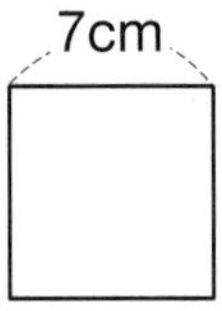

(                    )

⑪
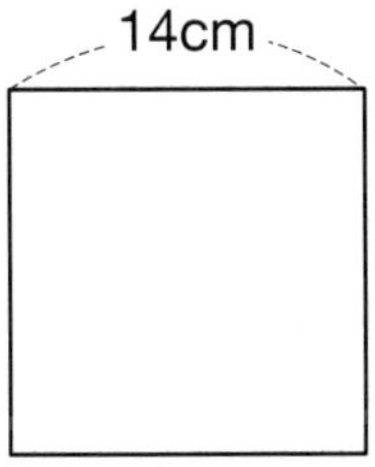

(                    )

⑮
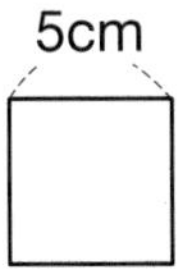

(                    )

⑲
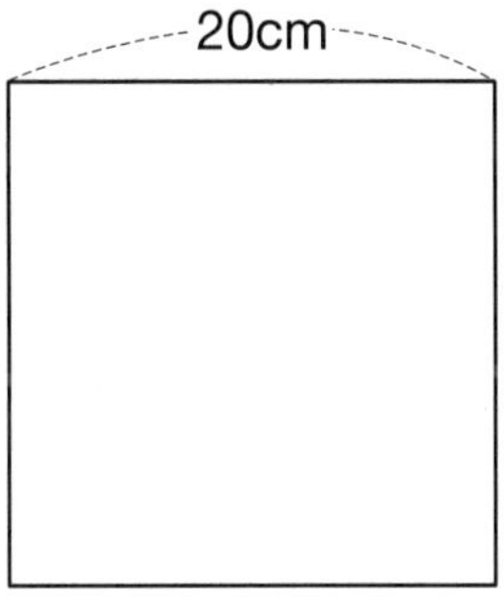

(                    )

⑫
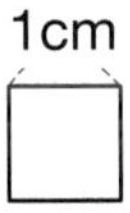

(                    )

⑯
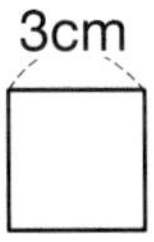

(                    )

⑳
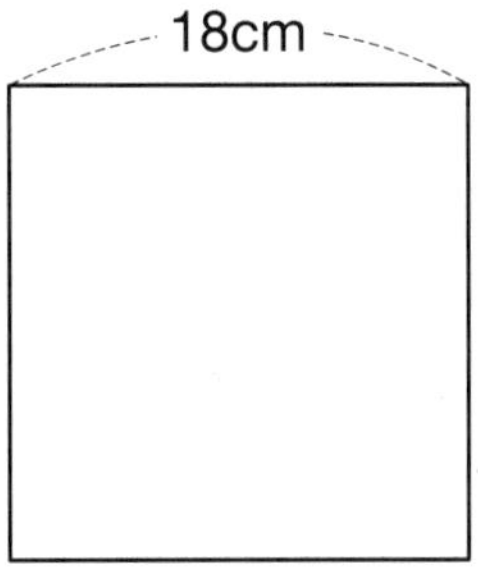

(                    )

⑬
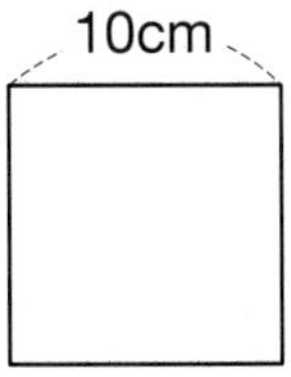

(                    )

⑰
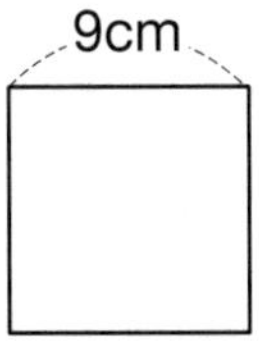

(                    )

㉑
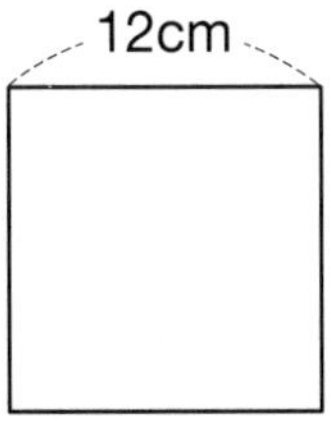

(                    )

# 03 평행사변형과 삼각형의 넓이 A

## ○ 평행사변형의 넓이

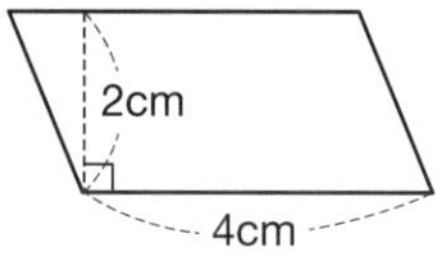


(평행사변형의 넓이)
=(밑변의 길이) × (높이)
=4 × 2 = 8(cm²)

## ○ 삼각형의 넓이

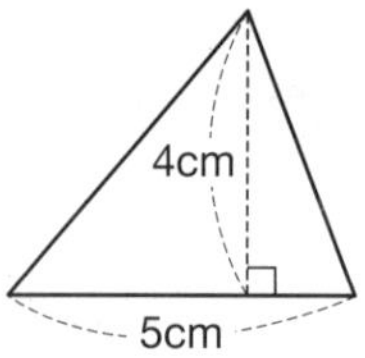


(삼각형의 넓이)
=(밑변의 길이) × (높이) ÷ 2
=5 × 4 ÷ 2 = 10(cm²)

**원리 비법** 삼각형의 넓이는 평행사변형의 넓이를 **반으로** 나눈 거야!

◈ 평행사변형의 넓이를 구하세요.

❶
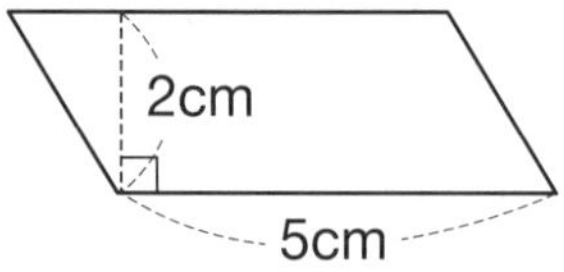

(　　　　　　　　)

❷
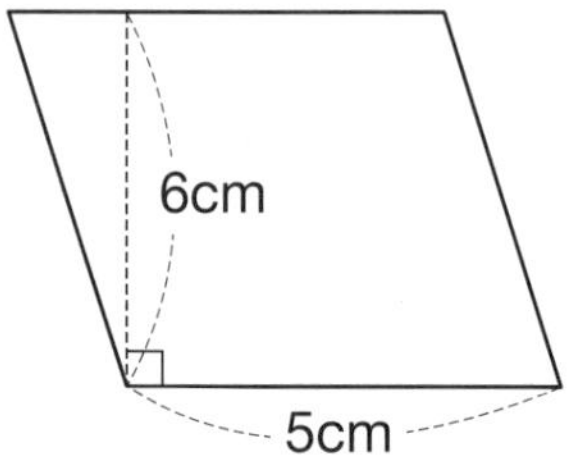

(　　　　　　　　)

❸
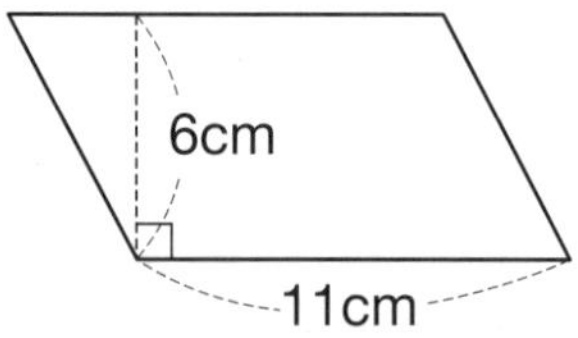

(　　　　　　　　)

❹
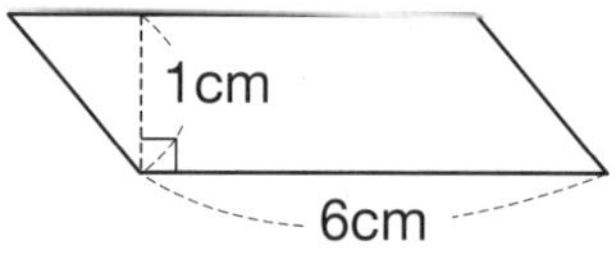

(　　　　　　　　)

❺
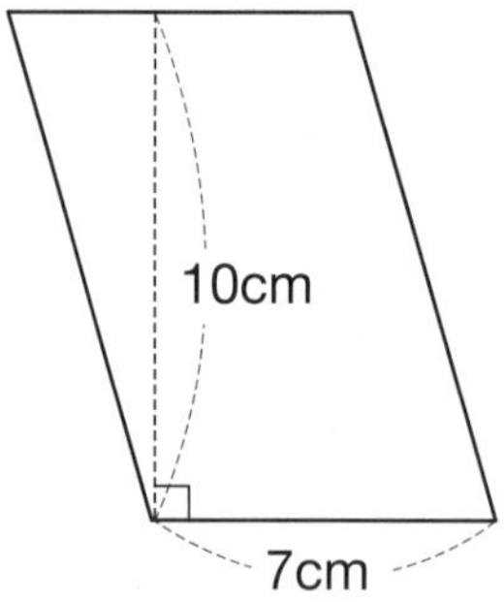

(　　　　　　　　)

❻
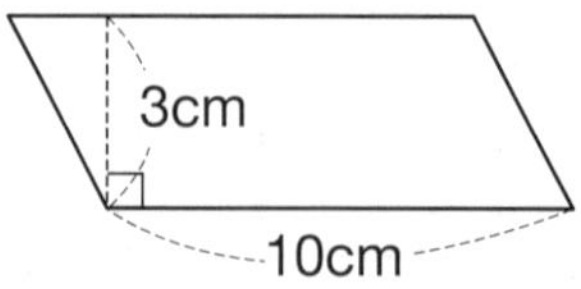

(　　　　　　　　)

❼
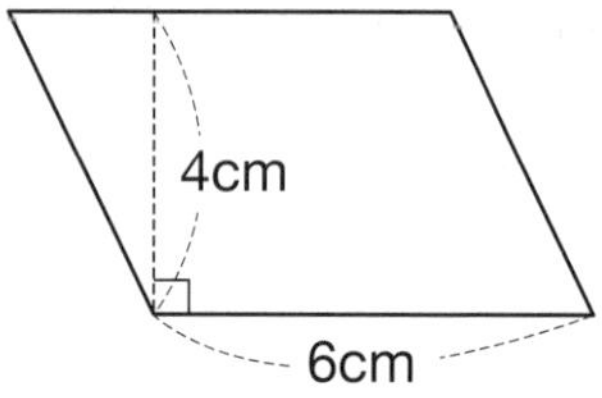

(　　　　　　　　)

❽
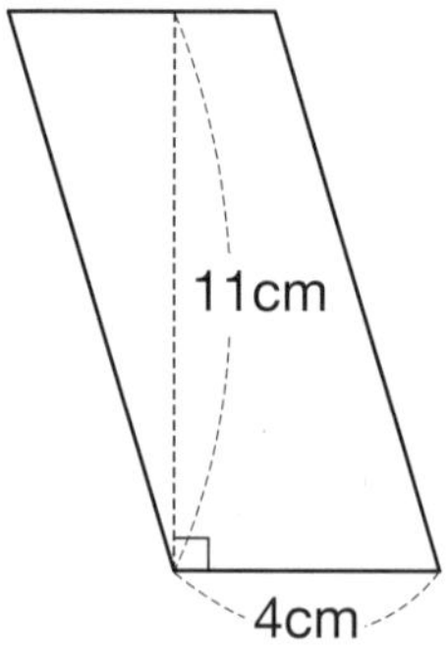

(　　　　　　　　)

❾
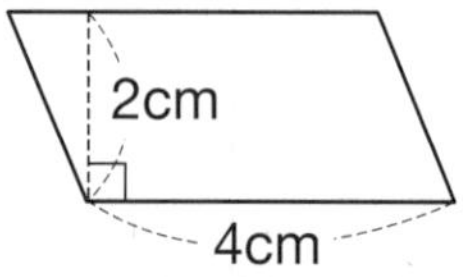

(　　　　　　　　)

정답 103쪽

| 공부한 날짜 | 맞힌 개수 | 걸린 시간 |
|---|---|---|
| 월 일 | /21 | 분 |

## 삼각형의 넓이를 구하세요.

10
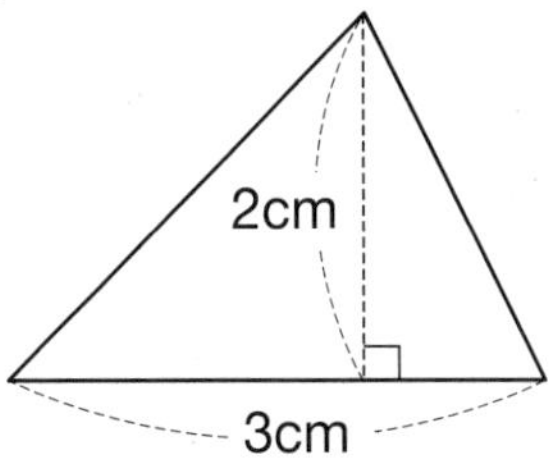


(　　　　　　　)

14
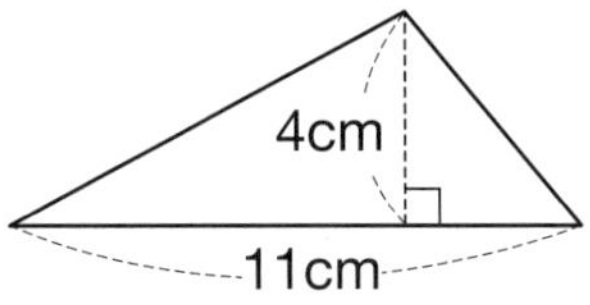


(　　　　　　　)

18
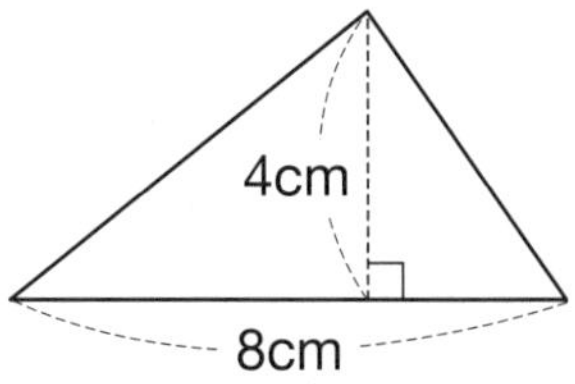


(　　　　　　　)

11
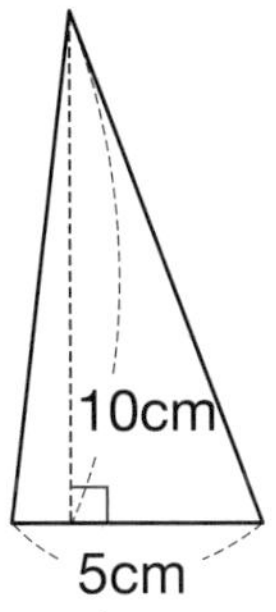


(　　　　　　　)

15
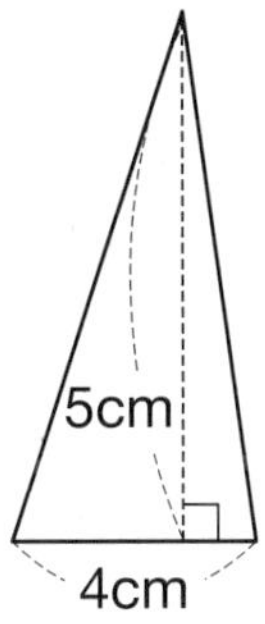


(　　　　　　　)

19
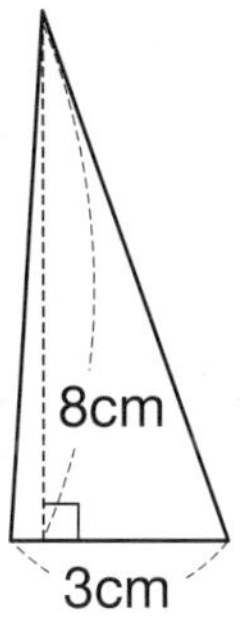


(　　　　　　　)

12
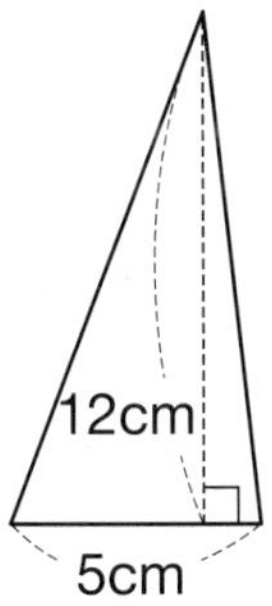


(　　　　　　　)

16
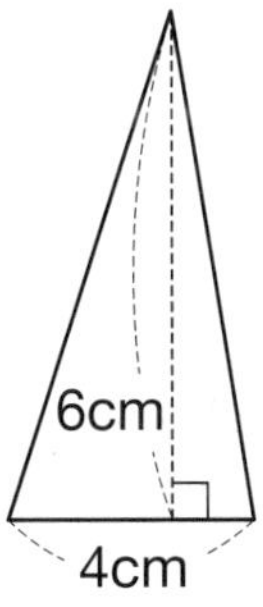


(　　　　　　　)

20
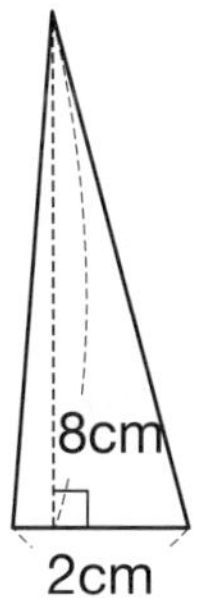


(　　　　　　　)

13
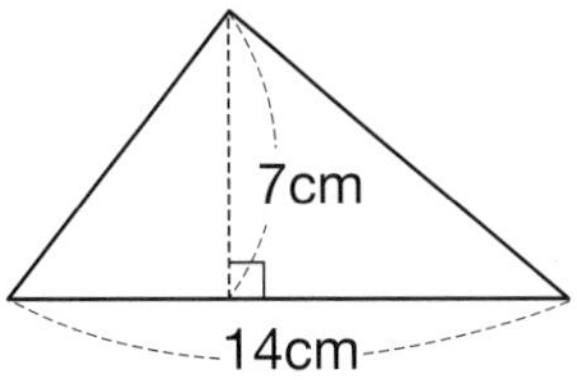


(　　　　　　　)

17
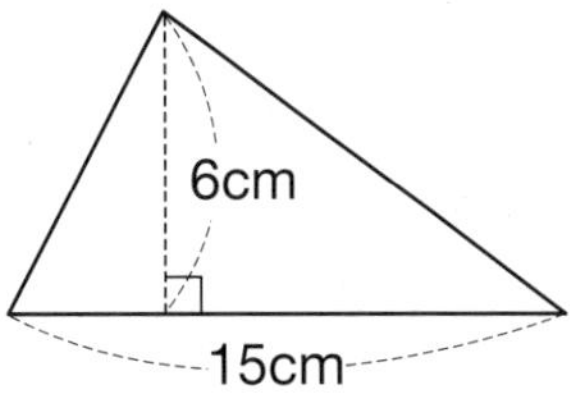


(　　　　　　　)

21
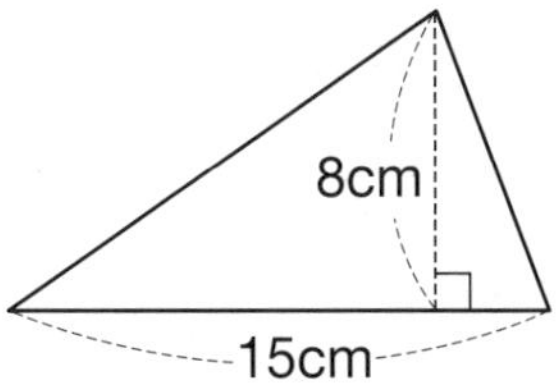


(　　　　　　　)

# 04 마름모와 사다리꼴의 넓이 A

## ○ 마름모의 넓이

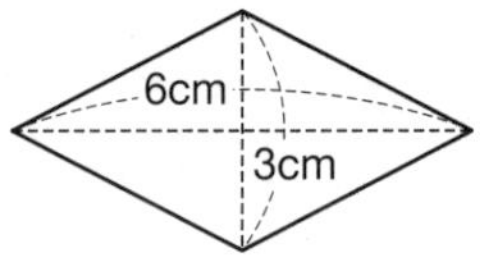


(마름모의 넓이)
=(한 대각선의 길이) × (다른 대각선의 길이) ÷ 2
=6 × 3 ÷ 2 =9(cm$^2$)

## ○ 사다리꼴의 넓이

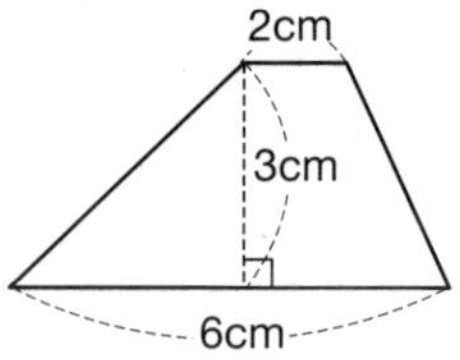


(사다리꼴의 넓이)
={(윗변의 길이)+(아랫변의 길이)} × (높이) ÷ 2
=(2 +6) × 3 ÷ 2 =12(cm$^2$)

원리 비법 **두 개의 넓이**를 구하고 **반**으로 나누는 거야!

마름모의 넓이를 구하세요.

1
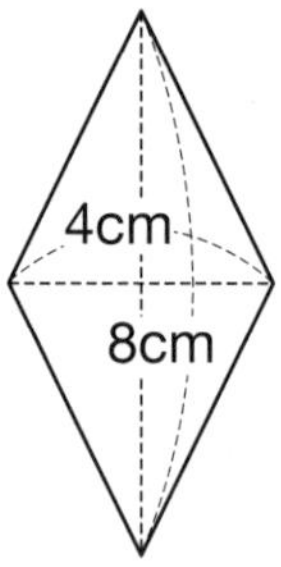


( )

4
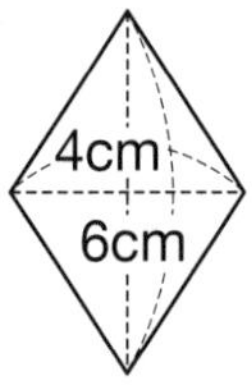


( )

7
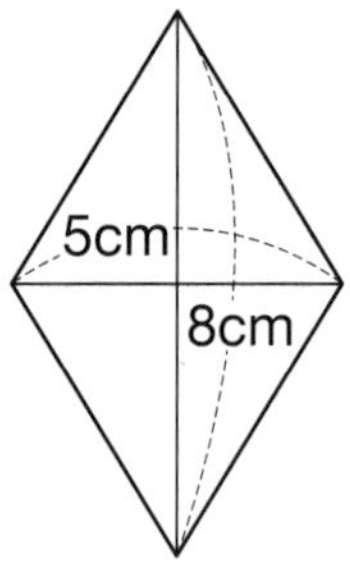


( )

2
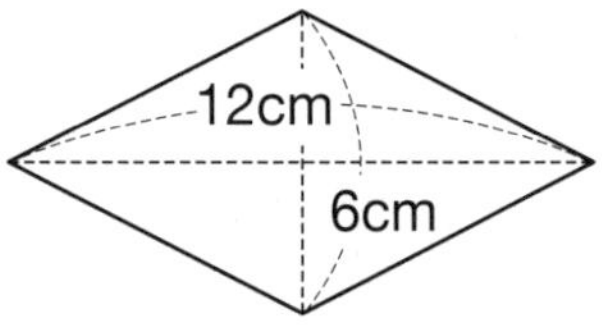


( )

5
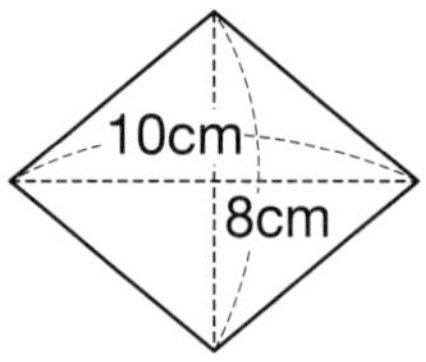


( )

8
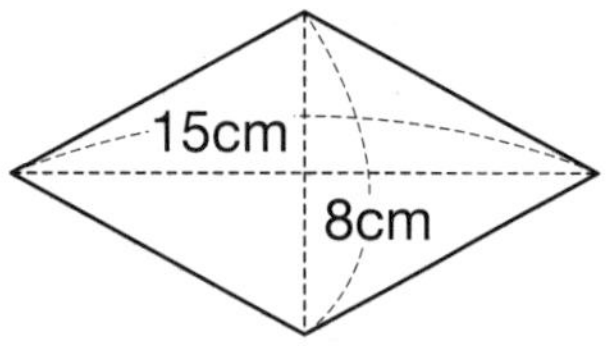


( )

3
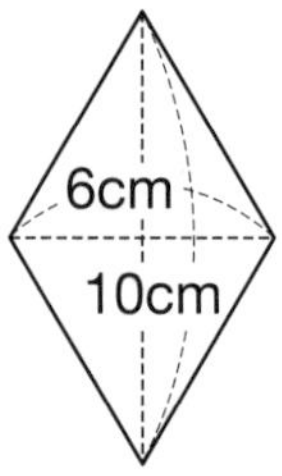


( )

6
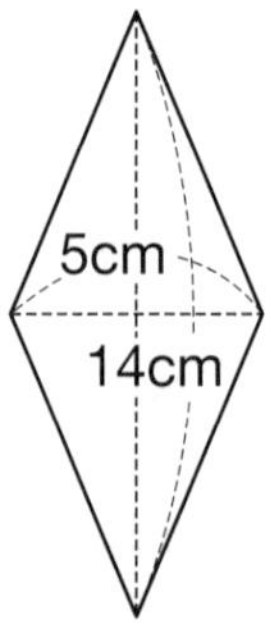


( )

9
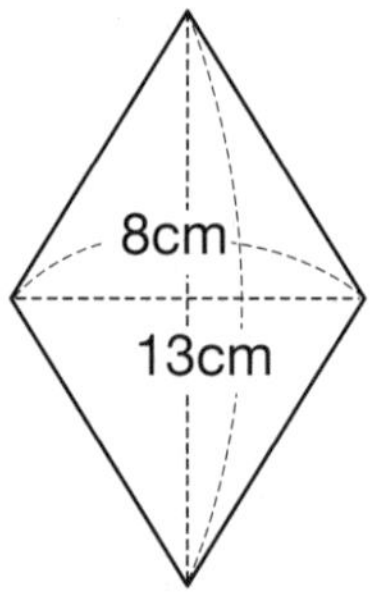


( )

정답 103쪽

| 공부한 날짜 | 맞힌 개수 | 걸린 시간 |
| --- | --- | --- |
| 월 일 | /21 | 분 |

사다리꼴의 넓이를 구하세요.

**10**

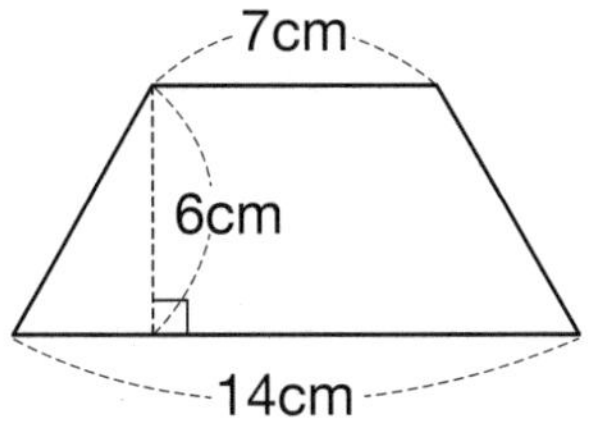


(　　　　　)

**11**

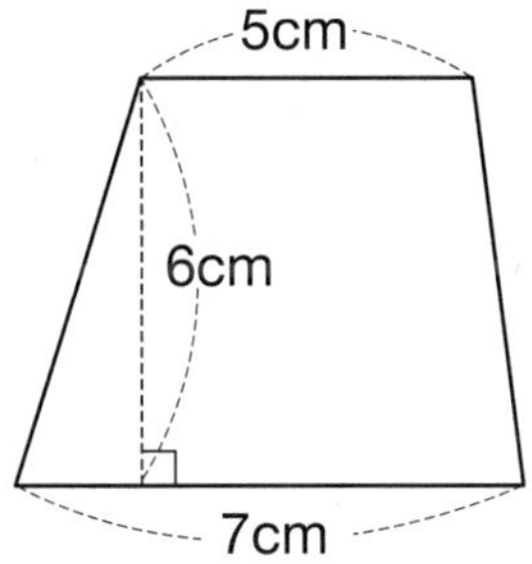


(　　　　　)

**12**

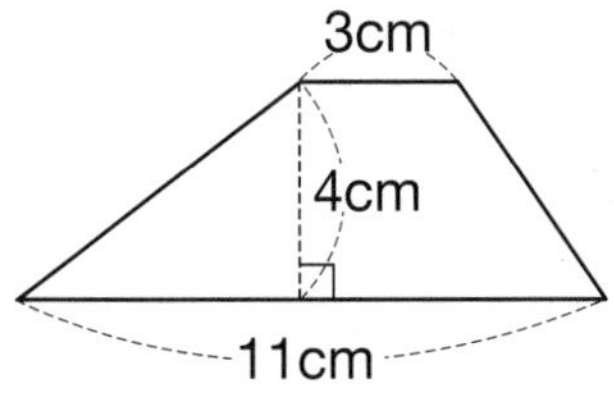


(　　　　　)

**13**

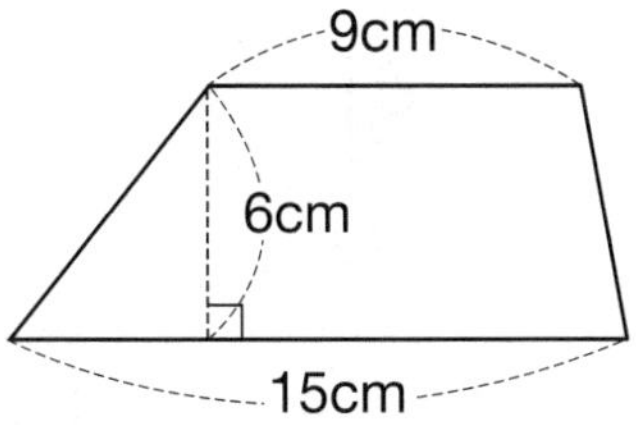


(　　　　　)

**14**

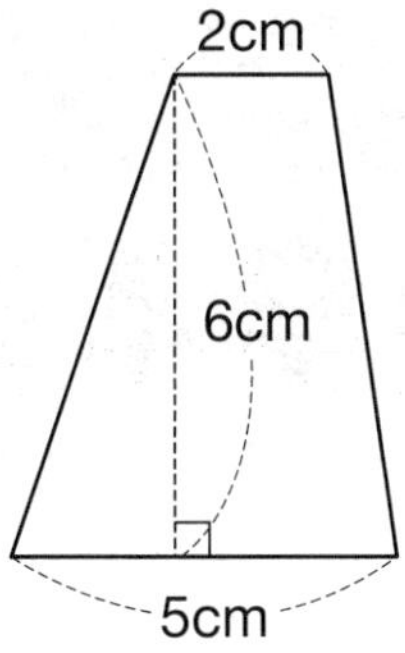


(　　　　　)

**15**

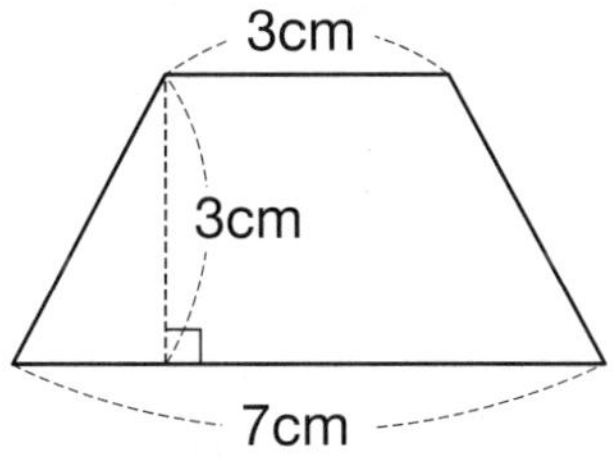


(　　　　　)

**16**

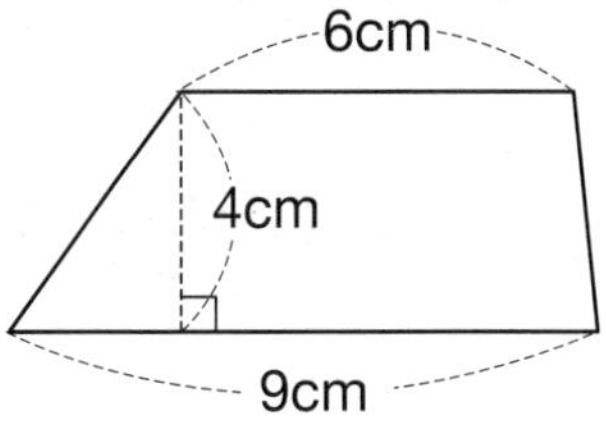


(　　　　　)

**17**

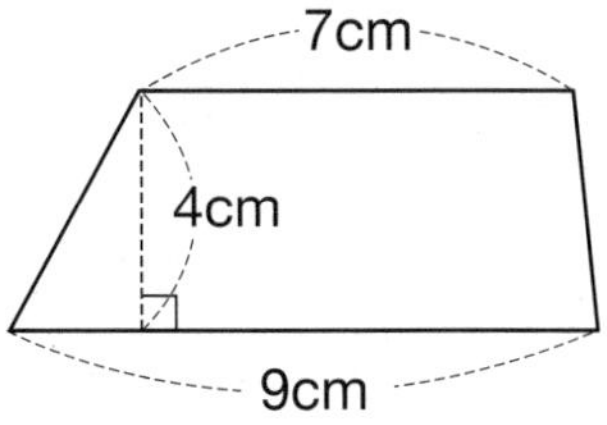


(　　　　　)

**18**

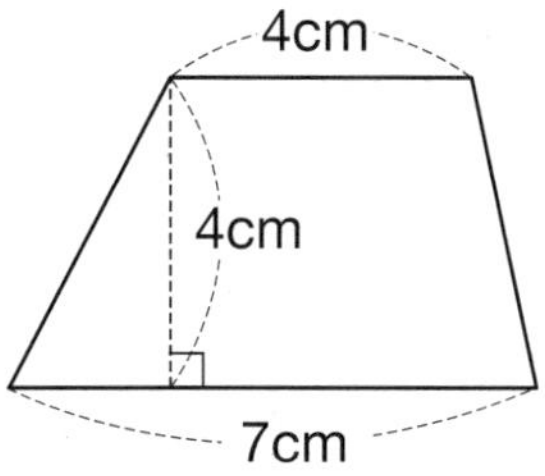


(　　　　　)

**19**

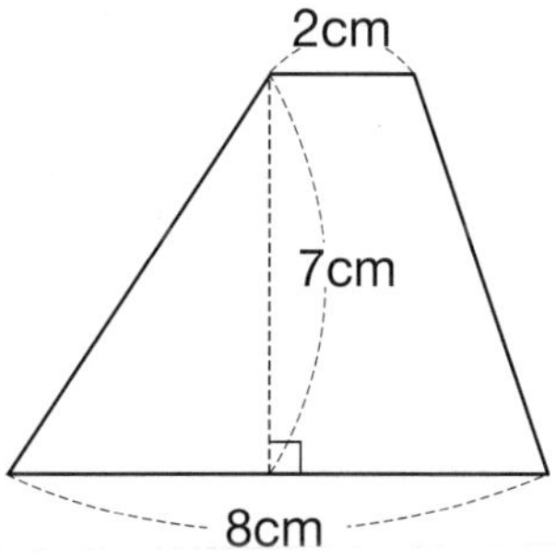


(　　　　　)

**20**

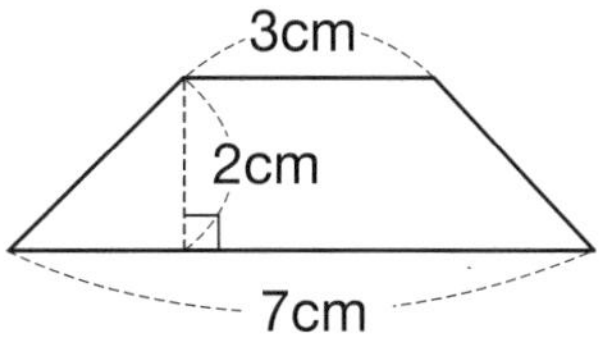


(　　　　　)

**21**

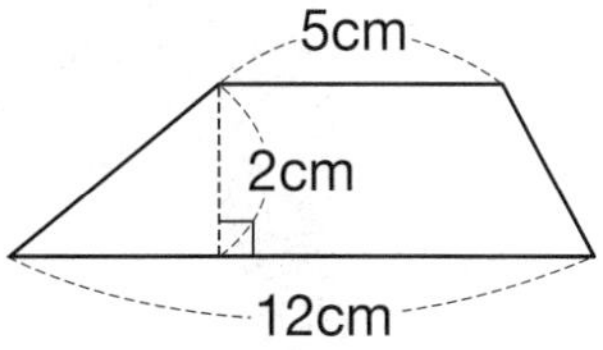


(　　　　　)

쌍둥이

# 최우수상

## 참 잘했어요!

이름 ____________________

위 어린이는 쌍둥이 연산 노트 5학년 1학기 과정을

스스로 꾸준히 훌륭하게 마쳤습니다.

이에 칭찬하여 이 상장을 드립니다.

년　　　월　　　일

# 정답

초등 9단계

# 5·1 예습책

## 6쪽 01 덧셈과 뺄셈이 섞여 있는 식 A

(계산 순서대로)

❶ 7, 9, 9
❷ 34, 36, 36
❸ 29, 34, 34
❹ 7, 9, 9
❺ 59, 61, 61
❻ 16, 17, 17
❼ 7, 13, 13
❽ 14, 16, 16

### 7쪽

⑨ 20
⑩ 34
⑪ 13
⑫ 44
⑬ 13
⑭ 28
⑮ 6
⑯ 14
⑰ 53
⑱ 13
⑲ 29
⑳ 25
㉑ 28
㉒ 33
㉓ 21
㉔ 37
㉕ 17
㉖ 25
㉗ 29
㉘ 44
㉙ 18

## 10쪽 03 곱셈과 나눗셈이 섞여 있는 식 A

(계산 순서대로)

❶ 24, 48, 48
❷ 39, 117, 117
❸ 16, 128, 128
❹ 18, 108, 108
❺ 32, 128, 128
❻ 9, 27, 27
❼ 8, 32, 32
❽ 8, 16, 16

### 11쪽

⑨ 96
⑩ 28
⑪ 42
⑫ 16
⑬ 30
⑭ 196
⑮ 162
⑯ 98
⑰ 144
⑱ 75
⑲ 216
⑳ 100
㉑ 90
㉒ 192
㉓ 6
㉔ 175
㉕ 54
㉖ 30
㉗ 80
㉘ 128
㉙ 20

## 8쪽 02 덧셈과 뺄셈이 섞여 있는 식 B

(계산 순서대로)

❶ 7, 15, 15
❷ 13, 6, 6
❸ 13, 16, 16
❹ 8, 5, 5
❺ 10, 1, 1
❻ 5, 21, 21
❼ 13, 4, 4
❽ 11, 24, 24

### 9쪽

⑨ 25
⑩ 10
⑪ 5
⑫ 23
⑬ 13
⑭ 69
⑮ 13
⑯ 4
⑰ 30
⑱ 28
⑲ 6
⑳ 11
㉑ 8
㉒ 2
㉓ 14
㉔ 8
㉕ 48
㉖ 26
㉗ 22
㉘ 22
㉙ 14

## 12쪽 04 곱셈과 나눗셈이 섞여 있는 식 B

(계산 순서대로)

❶ 12, 2, 2
❷ 21, 3, 3
❸ 32, 3, 3
❹ 18, 5, 5
❺ 4, 19, 19
❻ 12, 5, 5
❼ 16, 4, 4
❽ 6, 14, 14

### 13쪽

⑨ 11
⑩ 2
⑪ 8
⑫ 15
⑬ 4
⑭ 3
⑮ 2
⑯ 3
⑰ 2
⑱ 13
⑲ 6
⑳ 4
㉑ 3
㉒ 2
㉓ 9
㉔ 6
㉕ 6
㉖ 8
㉗ 4
㉘ 2
㉙ 3

## 14쪽 05 덧셈, 뺄셈, 곱셈이 섞여 있는 식 A

(계산 순서대로)

❶ 4, 44, 50, 50
❷ 12, 60, 69, 69
❸ 10, 60, 65, 65
❹ 8, 88, 90, 90
❺ 14, 42, 46, 46
❻ 9, 9, 10, 10
❼ 30, 30, 34, 34
❽ 6, 18, 24, 24

### 15쪽

❾ 64
❿ 75
⓫ 74
⓬ 29
⓭ 49
⓮ 22
⓯ 72
⓰ 18
⓱ 51
⓲ 95
⓳ 38
⓴ 44
㉑ 65
㉒ 51
㉓ 66
㉔ 13
㉕ 78
㉖ 69
㉗ 48
㉘ 63
㉙ 68

## 16쪽 06 덧셈, 뺄셈, 곱셈이 섞여 있는 식 B

(계산 순서대로)

❶ 4, 8, 4, 4
❷ 10, 40, 8, 8
❸ 8, 16, 68, 68
❹ 5, 10, 8, 8
❺ 3, 6, 22, 22
❻ 9, 27, 45, 45
❼ 6, 24, 72, 72
❽ 10, 20, 44, 44

### 17쪽

❾ 78
❿ 24
⓫ 26
⓬ 82
⓭ 36
⓮ 54
⓯ 44
⓰ 64
⓱ 56
⓲ 42
⓳ 10
⓴ 15
㉑ 40
㉒ 48
㉓ 35
㉔ 45
㉕ 30
㉖ 58
㉗ 8
㉘ 48
㉙ 28

## 18쪽 07 덧셈, 뺄셈, 나눗셈이 섞여 있는 식 A

(계산 순서대로)

❶ 11, 29, 28, 28
❷ 3, 30, 26, 26
❸ 4, 26, 22, 22
❹ 4, 30, 25, 25
❺ 8, 32, 31, 31
❻ 8, 22, 17, 17
❼ 4, 18, 14, 14
❽ 5, 16, 12, 12

### 19쪽

❾ 29
❿ 24
⓫ 29
⓬ 24
⓭ 28
⓮ 30
⓯ 31
⓰ 18
⓱ 36
⓲ 28
⓳ 37
⓴ 22
㉑ 31
㉒ 20
㉓ 31
㉔ 19
㉕ 9
㉖ 31
㉗ 27
㉘ 18
㉙ 24

## 20쪽 08 덧셈, 뺄셈, 나눗셈이 섞여 있는 식 B

(계산 순서대로)

❶ 4, 10, 21, 21
❷ 3, 7, 32, 32
❸ 2, 16, 29, 29
❹ 2, 16, 39, 39
❺ 2, 20, 51, 51
❻ 6, 3, 19, 19
❼ 2, 9, 34, 34
❽ 3, 15, 37, 37

### 21쪽

❾ 38
❿ 28
⓫ 29
⓬ 36
⓭ 40
⓮ 34
⓯ 27
⓰ 32
⓱ 17
⓲ 37
⓳ 46
⓴ 32
㉑ 48
㉒ 32
㉓ 69
㉔ 44
㉕ 22
㉖ 15
㉗ 30
㉘ 30
㉙ 39

## 22쪽 09 덧셈, 뺄셈, 곱셈, 나눗셈이 섞여 있는 식 A

(계산 순서대로)

❶ 8, 5, 13, 8, 8
❷ 10, 5, 16, 11, 11
❸ 9, 8, 16, 8, 8
❹ 56, 9, 58, 49, 49
❺ 42, 8, 43, 35, 35
❻ 21, 8, 28, 20, 20

### 23쪽

| | | |
|---|---|---|
| ⑦ 64 | ⑭ 11 | ㉑ 32 |
| ⑧ 16 | ⑮ 16 | ㉒ 25 |
| ⑨ 49 | ⑯ 15 | ㉓ 49 |
| ⑩ 32 | ⑰ 32 | ㉔ 51 |
| ⑪ 62 | ⑱ 8 | ㉕ 39 |
| ⑫ 13 | ⑲ 36 | ㉖ 62 |
| ⑬ 62 | ⑳ 1 | ㉗ 12 |

## 24쪽 10 덧셈, 뺄셈, 곱셈, 나눗셈이 섞여 있는 식 B

(계산 순서대로)

❶ 4, 24, 3, 21, 21
❷ 11, 44, 9, 35, 35
❸ 9, 18, 4, 14, 14
❹ 13, 52, 7, 45, 45
❺ 17, 85, 4, 81, 81
❻ 10, 90, 9, 81, 81

### 25쪽

| | | |
|---|---|---|
| ⑦ 46 | ⑭ 46 | ㉑ 16 |
| ⑧ 37 | ⑮ 24 | ㉒ 114 |
| ⑨ 52 | ⑯ 40 | ㉓ 34 |
| ⑩ 87 | ⑰ 105 | ㉔ 68 |
| ⑪ 40 | ⑱ 54 | ㉕ 36 |
| ⑫ 22 | ⑲ 66 | ㉖ 68 |
| ⑬ 7 | ⑳ 67 | ㉗ 18 |

## 26쪽 01 약수 A

❶ 1, 5, 25 / 1, 5, 25
❷ 1, 2, 4, 8, 16 / 1, 2, 4, 8, 16
❸ 1, 2, 3, 4, 6, 12 / 1, 2, 3, 4, 6, 12
❹ 1, 2, 3, 6, 9, 18 / 1, 2, 3, 6, 9, 18
❺ 1, 3, 9 / 1, 3, 9
❻ 1, 2, 5, 10 / 1, 2, 5, 10
❼ 1, 2, 3, 6 / 1, 2, 3, 6
❽ 1, 2, 4, 5, 10, 20 / 1, 2, 4, 5, 10, 20

### 27쪽

❾ 1, 3, 5, 15 / 1, 3, 5, 15
❿ 1, 2, 19, 38 / 1, 2, 19, 38
⓫ 1, 3, 11, 33 / 1, 3, 11, 33
⓬ 1, 2, 3, 4, 6, 9, 12, 18, 36 / 1, 2, 3, 4, 6, 9, 12, 18, 36
⓭ 1, 3, 5, 9, 15, 45 / 1, 3, 5, 9, 15, 45
⓮ 1, 2, 4 / 1, 2, 4
⓯ 1, 3, 9, 27 / 1, 3, 9, 27
⓰ 1, 2, 4, 7, 14, 28 / 1, 2, 4, 7, 14, 28
⓱ 1, 2, 3, 4, 6, 8, 12, 24 / 1, 2, 3, 4, 6, 8, 12, 24
⓲ 1, 2, 3, 5, 6, 10, 15, 30 / 1, 2, 3, 5, 6, 10, 15, 30

## 28쪽 02 약수 B

❶ 12, 6, 4, 3, 2, 1 / 1, 2, 3, 4, 6, 12
❷ 15, 5, 3, 1 / 1, 3, 5, 15
❸ 20, 10, 5, 4, 2, 1 / 1, 2, 4, 5, 10, 20
❹ 8, 4, 2, 1 / 1, 2, 4, 8

### 29쪽

❺ 1, 2, 4
❻ 1, 2, 3, 4, 6, 9, 12, 18, 36
❼ 1, 2, 7, 14
❽ 1, 2, 4, 8, 16
❾ 1, 2, 3, 5, 6, 10, 15, 30
❿ 1, 2, 3, 4, 6, 8, 12, 24
⓫ 1, 5, 7, 35
⓬ 1, 2, 4, 5, 8, 10, 20, 40
⓭ 1, 2, 5, 10
⓮ 1, 2, 3, 6, 7, 14, 21, 42
⓯ 1, 3, 5, 9, 15, 45
⓰ 1, 3, 9, 27
⓱ 1, 2, 4, 8, 16, 32
⓲ 1, 2, 17, 34
⓳ 1, 5, 25
⓴ 1, 2, 3, 6, 9, 18

## 30쪽 03 배수 A

❶ 9, 18, 27 / 9, 18, 27
❷ 5, 10, 15 / 5, 10, 15
❸ 10, 20, 30 / 10, 20, 30
❹ 8, 16, 24 / 8, 16, 24
❺ 3, 6, 9 / 3, 6, 9
❻ 2, 4, 6 / 2, 4, 6
❼ 7, 14, 21 / 7, 14, 21
❽ 4, 8, 12 / 4, 8, 12

### 31쪽

❾ 6, 12, 18 / 6, 12, 18
❿ 3, 6, 9 / 3, 6, 9
⓫ 7, 14, 21 / 7, 14, 21
⓬ 5, 10, 15 / 5, 10, 15
⓭ 9, 18, 27 / 9, 18, 27
⓮ 12, 24, 36 / 12, 24, 36
⓯ 4, 8, 12 / 4, 8, 12
⓰ 11, 22, 33 / 11, 22, 33
⓱ 8, 16, 24 / 8, 16, 24
⓲ 2, 4, 6 / 2, 4, 6

## 32쪽 04 배수 B

❶ 4, 1, 8, 2, 12, 3 / 4, 8, 12
❷ 8, 1, 16, 2, 24, 3 / 8, 16, 24
❸ 3, 1, 6, 2, 9, 3 / 3, 6, 9
❹ 6, 1, 12, 2, 18, 3 / 6, 12, 18

### 33쪽

❺ 5, 10, 15
❻ 8, 16, 24
❼ 4, 8, 12
❽ 3, 6, 9
❾ 9, 18, 27
❿ 2, 4, 6
⓫ 8, 16, 24
⓬ 12, 24, 36
⓭ 12, 24, 36
⓮ 2, 4, 6
⓯ 7, 14, 21
⓰ 6, 12, 18
⓱ 11, 22, 33
⓲ 10, 20, 30
⓳ 5, 10, 15
⓴ 4, 8, 12

## 34쪽 05 곱을 이용하여 최대공약수 구하기 A

❶ 3, 7 / 2
❷ 2, 7, 3 / 2
❸ 2, 3, 2, 2, 2 / 4
❹ 7, 3, 5 / 2
❺ 5, 7 / 2
❻ 2, 2, 2, 3 / 3

### 35쪽

❼ 6
❽ 2
❾ 15
❿ 10
⓫ 14
⓬ 12
⓭ 4
⓮ 2
⓯ 2
⓰ 10
⓱ 10
⓲ 14
⓳ 6
⓴ 2
㉑ 24

## 36쪽 06 곱을 이용하여 최소공배수 구하기 A

❶ 2, 5 / 30
❷ 7, 2 / 28
❸ 5, 7 / 70
❹ 2, 2, 7, 7 / 140
❺ 7, 2, 7 / 28
❻ 2, 5, 7, 3, 5 / 420

### 37쪽

❼ 56
❽ 30
❾ 40
❿ 45
⓫ 210
⓬ 60
⓭ 120
⓮ 60
⓯ 360
⓰ 36
⓱ 630
⓲ 90
⓳ 150
⓴ 24
㉑ 30

## 38쪽 07 공약수를 이용하여 최대공약수 구하기 A

(위에서부터)

❶ 2, 2, 30, 1, 15 / 4
❷ 2, 4, 10, 2, 5 / 4
❸ 2, 3, 5 / 2
❹ 5, 5, 15, 1, 3 / 10
❺ 2, 30, 4, 15, 2 / 4
❻ 3, 3, 45, 1, 15 / 6
❼ 2, 2, 7 / 2
❽ 7, 14, 7, 2, 1 / 14
❾ 3, 15, 9, 5, 3 / 6

### 39쪽

❿ 2
⓫ 6
⓬ 15
⓭ 10
⓮ 2
⓯ 6
⓰ 6
⓱ 2
⓲ 4
⓳ 14
⓴ 4
㉑ 14
㉒ 14
㉓ 6
㉔ 10

## 40쪽 08 공약수를 이용하여 최소공배수 구하기 A

(위에서부터)

❶ 3, 15, 3, 5, 1 / 30
❷ 5, 5, 45, 1, 9 / 90
❸ 2, 25, 3 / 150
❹ 7, 7, 35, 1, 5 / 70
❺ 2, 6, 5 / 60
❻ 2, 2, 3 / 12
❼ 2, 5, 3 / 30
❽ 3, 6, 15, 2, 5 / 60
❾ 2, 4, 6, 2, 3 / 24

### 41쪽

❿ 120
⓫ 18
⓬ 840
⓭ 24
⓮ 72
⓯ 60
⓰ 200
⓱ 140
⓲ 30
⓳ 20
⓴ 210
㉑ 40
㉒ 90
㉓ 50
㉔ 60

## 42쪽 01 약분하기 A

❶ $\frac{2}{6}$, $\frac{1}{3}$
❷ $\frac{2}{8}$, $\frac{1}{4}$
❸ $\frac{4}{8}$, $\frac{2}{4}$
❹ $\frac{8}{10}$, $\frac{4}{5}$
❺ $\frac{2}{10}$, $\frac{1}{5}$
❻ $\frac{6}{12}$, $\frac{3}{6}$

### 43쪽

❼ $\frac{6}{14}$, $\frac{3}{7}$
❽ $\frac{2}{12}$, $\frac{1}{6}$
❾ $\frac{3}{6}$, $\frac{1}{2}$
❿ $\frac{4}{14}$, $\frac{2}{7}$
⓫ $\frac{8}{12}$, $\frac{4}{6}$
⓬ $\frac{10}{14}$, $\frac{5}{7}$
⓭ $\frac{2}{4}$, $\frac{1}{2}$
⓮ $\frac{10}{12}$, $\frac{5}{6}$
⓯ $\frac{6}{16}$, $\frac{3}{8}$
⓰ $\frac{4}{10}$, $\frac{2}{5}$

## 44쪽 02 약분하기 B

❶ 10, $\frac{1}{5}$
❷ 18, $\frac{1}{9}$
❸ 18, $\frac{5}{9}$
❹ 14, $\frac{1}{7}$
❺ 12, $\frac{5}{6}$
❻ 20, $\frac{9}{10}$
❼ 18, $\frac{2}{9}$
❽ 10, $\frac{4}{5}$
❾ 14, $\frac{3}{7}$
❿ 6, $\frac{1}{2}$

### 45쪽

⓫ 16, 8, $\frac{1}{4}$
⓬ 36, 18, $\frac{4}{9}$
⓭ 16, 8, $\frac{3}{4}$
⓮ 28, 14, $\frac{6}{7}$
⓯ 8, 4, $\frac{1}{2}$
⓰ 24, 12, $\frac{1}{6}$
⓱ 27, 9, $\frac{2}{3}$
⓲ 36, 18, $\frac{8}{9}$
⓳ 12, 6, $\frac{2}{3}$
⓴ 20, 10, $\frac{3}{5}$
㉑ 28, 14, $\frac{5}{7}$
㉒ 32, 16, $\frac{5}{8}$

## 46쪽 03 약분하기 C

❶ 2, 2, $\frac{3}{5}$
❷ 4, 4, $\frac{4}{5}$
❸ 2, 2, $\frac{7}{9}$
❹ 2, 2, $\frac{1}{7}$
❺ 9, 9, $\frac{1}{2}$
❻ 10, 10, $\frac{1}{4}$
❼ 3, 3, $\frac{1}{2}$
❽ 8, 8, $\frac{1}{2}$
❾ 2, 2, $\frac{2}{3}$
❿ 2, 2, $\frac{6}{7}$

### 47쪽

⓫ $\frac{1}{5}$
⓬ $\frac{1}{7}$
⓭ $\frac{2}{5}$
⓮ $\frac{3}{4}$
⓯ $\frac{8}{9}$
⓰ $\frac{2}{3}$
⓱ $\frac{9}{10}$
⓲ $\frac{9}{10}$
⓳ $\frac{3}{8}$
⓴ $\frac{3}{7}$
㉑ $\frac{1}{2}$
㉒ $\frac{2}{9}$
㉓ $\frac{5}{9}$
㉔ $\frac{5}{6}$
㉕ $\frac{4}{7}$
㉖ $\frac{4}{5}$
㉗ $\frac{1}{6}$
㉘ $\frac{5}{7}$
㉙ $\frac{1}{9}$
㉚ $\frac{2}{7}$
㉛ $\frac{3}{5}$
㉜ $\frac{2}{3}$
㉝ $\frac{1}{9}$
㉞ $\frac{4}{9}$

## 48쪽 04 통분하기 Ⓐ

❶ $\frac{6}{9}, \frac{8}{12}, \frac{10}{15}, \frac{12}{18}, \frac{14}{21}, \frac{16}{24}$ / $\frac{9}{12}, \frac{12}{16}, \frac{15}{20}, \frac{18}{24}, \frac{21}{28}, \frac{24}{32}$ / $\frac{8}{12}, \frac{9}{12}, \frac{16}{24}, \frac{18}{24}$

❷ $\frac{6}{9}, \frac{8}{12}, \frac{10}{15}, \frac{12}{18}, \frac{14}{21}, \frac{16}{24}$ / $\frac{3}{6}, \frac{4}{8}, \frac{5}{10}, \frac{6}{12}, \frac{7}{14}, \frac{8}{16}$ / $\frac{4}{6}, \frac{3}{6}, \frac{8}{12}, \frac{6}{12}$

### 49쪽

❸ $\frac{9}{12}, \frac{12}{16}, \frac{15}{20}, \frac{18}{24}, \frac{21}{28}, \frac{24}{32}$ / $\frac{3}{18}, \frac{4}{24}, \frac{5}{30}, \frac{6}{36}, \frac{7}{42}, \frac{8}{48}$ / $\frac{9}{12}, \frac{2}{12}, \frac{18}{24}, \frac{4}{24}$

❹ $\frac{6}{9}, \frac{8}{12}, \frac{10}{15}, \frac{12}{18}, \frac{14}{21}, \frac{16}{24}$ / $\frac{3}{18}, \frac{4}{24}, \frac{5}{30}, \frac{6}{36}, \frac{7}{42}, \frac{8}{48}$ / $\frac{4}{6}, \frac{1}{6}, \frac{8}{12}, \frac{2}{12}$

❺ $\frac{15}{18}, \frac{20}{24}, \frac{25}{30}, \frac{30}{36}, \frac{35}{42}, \frac{40}{48}$ / $\frac{3}{24}, \frac{4}{32}, \frac{5}{40}, \frac{6}{48}, \frac{7}{56}, \frac{8}{64}$ / $\frac{20}{24}, \frac{3}{24}, \frac{40}{48}, \frac{6}{48}$

## 50쪽 05 통분하기 Ⓑ

❶ 8, 8, 6, 6, $\frac{40}{48}, \frac{30}{48}$

❷ 9, 9, 6, 6, $\frac{9}{54}, \frac{30}{54}$

❸ 9, 9, 8, 8, $\frac{63}{72}, \frac{56}{72}$

❹ 6, 6, 3, 3, $\frac{6}{18}, \frac{15}{18}$

❺ 6, 6, 4, 4, $\frac{6}{24}, \frac{4}{24}$

❻ 9, 9, 8, 8, $\frac{27}{72}, \frac{16}{72}$

### 51쪽

❼ $\frac{8}{48}, \frac{30}{48}$

❽ $\frac{54}{63}, \frac{35}{63}$

❾ $\frac{48}{56}, \frac{49}{56}$

❿ $\frac{9}{54}, \frac{48}{54}$

⓫ $\frac{9}{54}, \frac{42}{54}$

⓬ $\frac{36}{63}, \frac{7}{63}$

⓭ $\frac{9}{72}, \frac{32}{72}$

⓮ $\frac{45}{63}, \frac{14}{63}$

⓯ $\frac{18}{63}, \frac{14}{63}$

⓰ $\frac{14}{21}, \frac{9}{21}$

⓱ $\frac{24}{56}, \frac{21}{56}$

⓲ $\frac{15}{20}, \frac{4}{20}$

⓳ $\frac{7}{28}, \frac{8}{28}$

⓴ $\frac{36}{63}, \frac{49}{63}$

## 52쪽 06 통분하기 Ⓒ

❶ 2, 2, 1, 1, $\frac{4}{6}, \frac{5}{6}$

❷ 3, 3, 2, 2, $\frac{15}{18}, \frac{10}{18}$

❸ 9, 9, 5, 5, $\frac{18}{45}, \frac{20}{45}$

❹ 3, 3, 2, 2, $\frac{15}{18}, \frac{14}{18}$

❺ 2, 2, 1, 1, $\frac{6}{8}, \frac{1}{8}$

❻ 3, 3, 1, 1, $\frac{3}{6}, \frac{5}{6}$

### 53쪽

❼ $\frac{20}{24}, \frac{3}{24}$

❽ $\frac{4}{24}, \frac{9}{24}$

❾ $\frac{6}{8}, \frac{7}{8}$

❿ $\frac{6}{8}, \frac{5}{8}$

⓫ $\frac{7}{14}, \frac{8}{14}$

⓬ $\frac{9}{12}, \frac{10}{12}$

⓭ $\frac{7}{42}, \frac{18}{42}$

⓮ $\frac{20}{24}, \frac{21}{24}$

⓯ $\frac{7}{21}, \frac{9}{21}$

⓰ $\frac{16}{40}, \frac{35}{40}$

⓱ $\frac{9}{45}, \frac{10}{45}$

⓲ $\frac{16}{56}, \frac{35}{56}$

⓳ $\frac{35}{42}, \frac{30}{42}$

⓴ $\frac{4}{24}, \frac{21}{24}$

## 54쪽 07 두 분수의 크기 비교 Ⓐ

❶ 5, 6 / <

❷ 10, 3 / >

❸ 9, 2 / >

❹ 3, 2 / >

❺ 3, 4 / <

❻ 8, 3 / >

### 55쪽

❼ >
❽ >
❾ >
❿ <
⓫ <
⓬ <
⓭ <
⓮ >
⓯ <
⓰ >
⓱ <
⓲ <
⓳ >
⓴ <
㉑ <
㉒ >
㉓ >
㉔ <
㉕ >
㉖ <
㉗ >

## 56쪽 08 분수와 소수의 크기 비교 A

❶ 2, 0.2, <
❷ 5, 0.5, >
❸ 2, 0.2, <
❹ 5, 0.5, >
❺ 6, 0.6, <
❻ 8, 0.8, >

## 57쪽

❼ 4, 3, >
❽ 4, 9, <
❾ 12, 7, >
❿ 8, 1, >
⓫ 8, 9, <
⓬ 5, 2, >
⓭ 8, 9, <
⓮ 6, 7, <
⓯ 10, 5, >
⓰ 5, 6, <

## 01 받아올림이 없는 분모가 다른 진분수의 덧셈 (A)

**58쪽**

❶ 7, 7, 3, 3, 14, 3, 17
❷ 7, 7, 4, 4, 21, 4, 25
❸ 9, 9, 8, 8, 9, 16, 25
❹ 9, 9, 7, 7, 18, 14, 32
❺ 5, 5, 3, 3, 5, 3, 8
❻ 7, 7, 5, 5, 14, 10, 24
❼ 6, 6, 7, 7, 6, 7, 13
❽ 8, 8, 7, 7, 24, 21, 45

**59쪽**

⑨ $\frac{1}{2}$
⑩ $\frac{43}{56}$
⑪ $\frac{19}{42}$
⑫ $\frac{17}{20}$
⑬ $\frac{16}{21}$
⑭ $\frac{37}{63}$
⑮ $\frac{27}{28}$
⑯ $\frac{15}{28}$
⑰ $\frac{43}{63}$
⑱ $\frac{13}{14}$
⑲ $\frac{23}{45}$
⑳ $\frac{12}{35}$
㉑ $\frac{34}{45}$
㉒ $\frac{34}{35}$
㉓ $\frac{13}{15}$
㉔ $\frac{13}{24}$
㉕ $\frac{59}{72}$
㉖ $\frac{7}{10}$
㉗ $\frac{5}{8}$
㉘ $\frac{33}{40}$
㉙ $\frac{17}{24}$

## 02 받아올림이 없는 분모가 다른 진분수의 덧셈 (B)

**60쪽**

❶ 2, 2, 1, 1, 2, 3, 1
❷ 4, 4, 3, 3, 4, 15, 19
❸ 2, 2, 3, 3, 2, 9, 11
❹ 3, 3, 5, 5, 9, 5, 7
❺ 8, 8, 7, 7, 24, 7, 31
❻ 1, 1, 2, 2, 1, 2, 1
❼ 3, 3, 2, 2, 15, 2, 17
❽ 5, 5, 3, 3, 5, 6, 11

**61쪽**

⑨ $\frac{11}{35}$
⑩ $\frac{19}{40}$
⑪ $\frac{5}{18}$
⑫ $\frac{5}{24}$
⑬ $\frac{3}{16}$
⑭ $\frac{3}{14}$
⑮ $\frac{23}{24}$
⑯ $\frac{7}{24}$
⑰ $\frac{14}{45}$
⑱ $\frac{53}{56}$
⑲ $\frac{17}{30}$
⑳ $\frac{59}{63}$
㉑ $\frac{5}{6}$
㉒ $\frac{7}{8}$
㉓ $\frac{13}{45}$
㉔ $\frac{7}{36}$
㉕ $\frac{13}{30}$
㉖ $\frac{11}{18}$
㉗ $\frac{41}{60}$
㉘ $\frac{7}{20}$
㉙ $\frac{7}{40}$

## 03 받아올림이 있는 분모가 다른 진분수의 덧셈 (A)

**62쪽**

❶ 7,7,5,5,21,30,51,1,16
❷ 7,7,4,4, 21,24,45,1,17
❸ 5,5,3,3,10,9,19,1,4
❹ 9,9,8,8,27,64,91,1,19
❺ 6,6,3,3,6,15,7,1,1
❻ 9,9,5,5,36,20,56,1,11
❼ 3,3,12,12,33,24,19,1,7
❽ 7,7,6,6,35,30,65,1,23

**63쪽**

⑨ $1\frac{13}{72}$
⑩ $1\frac{13}{24}$
⑪ $1\frac{11}{20}$
⑫ $1\frac{25}{56}$
⑬ $1\frac{1}{2}$
⑭ $1\frac{7}{45}$
⑮ $1\frac{5}{18}$
⑯ $1\frac{5}{24}$
⑰ $1\frac{13}{24}$
⑱ $1\frac{33}{56}$
⑲ $1\frac{3}{14}$
⑳ $1\frac{8}{15}$
㉑ $1\frac{27}{56}$
㉒ $1\frac{1}{20}$
㉓ $1\frac{31}{72}$
㉔ $1\frac{1}{40}$
㉕ $1\frac{13}{20}$
㉖ $1\frac{11}{24}$
㉗ $1\frac{1}{35}$
㉘ $1\frac{2}{15}$
㉙ $1\frac{2}{21}$

## 04 받아올림이 있는 분모가 다른 진분수의 덧셈 (B)

**64쪽**

❶ 2, 2, 1, 1, 6, 3, 9, 1, 1
❷ 8, 8, 5, 5, 24, 25, 49, 1, 9
❸ 2, 2, 1, 1, 2, 3, 5, 1, 1
❹ 4, 4, 7, 7, 12, 49, 61, 1, 5
❺ 4, 4, 3, 3, 8, 9, 17, 1, 5
❻ 3, 3, 2, 2, 9, 10, 19, 1, 7
❼ 9, 9, 5, 5, 36, 10, 46, 1, 1
❽ 3, 3, 2, 2, 15, 10, 25, 1, 7

**65쪽**

⑨ $1\frac{1}{36}$
⑩ $1\frac{5}{8}$
⑪ $1\frac{13}{18}$
⑫ $1\frac{5}{18}$
⑬ $1\frac{1}{8}$
⑭ $1\frac{9}{35}$
⑮ $1\frac{1}{12}$
⑯ $1\frac{1}{3}$
⑰ $1\frac{23}{35}$
⑱ $1\frac{3}{16}$
⑲ $1\frac{3}{20}$
⑳ $1\frac{23}{48}$
㉑ $1\frac{2}{21}$
㉒ $1\frac{7}{12}$
㉓ $1\frac{1}{8}$
㉔ $1\frac{40}{63}$
㉕ $1\frac{1}{2}$
㉖ $1\frac{4}{21}$
㉗ $1\frac{13}{60}$
㉘ $1\frac{7}{24}$
㉙ $1\frac{21}{80}$

## 66쪽 05 받아올림이 있는 분모가 다른 대분수의 덧셈 (A)

❶ 27, 40, 27, 40, 67, 1, 22, 6, 22
❷ 5, 4, 5, 4, 9, 1, 1, 5, 1
❸ 35, 12, 35, 12, 47, 1, 7, 7, 7
❹ 5, 8, 5, 8, 13, 1, 3, 4, 3

### 67쪽

❺ $3\frac{9}{20}$
❻ $3\frac{4}{35}$
❼ $3\frac{31}{40}$
❽ $6\frac{3}{8}$
❾ $6\frac{11}{24}$
❿ $5\frac{2}{21}$
⓫ $3\frac{1}{6}$
⓬ $6\frac{13}{28}$
⓭ $5\frac{17}{84}$
⓮ $3\frac{1}{4}$
⓯ $4\frac{40}{63}$
⓰ $5\frac{1}{24}$
⓱ $6\frac{9}{80}$
⓲ $5\frac{25}{56}$
⓳ $5\frac{11}{21}$
⓴ $4\frac{23}{42}$
㉑ $4\frac{10}{63}$
㉒ $6\frac{5}{8}$
㉓ $3\frac{19}{40}$
㉔ $7\frac{19}{72}$
㉕ $6\frac{1}{45}$

## 68쪽 06 받아올림이 있는 분모가 다른 대분수의 덧셈 (B)

❶ 11, 17, 55, 34, 89, 4, 9
❷ 11, 35, 33, 70, 103, 5, 13
❸ 11, 19, 77, 57, 134, 6, 8
❹ 16, 37, 80, 222, 151, 5, 1
❺ 3, 5, 9, 10, 19, 3, 1
❻ 19, 34, 171, 170, 341, 7, 26
❼ 7, 23, 14, 23, 37, 4, 5
❽ 19, 19, 133, 95, 228, 6, 18

### 69쪽

❾ $5\frac{1}{12}$
❿ $5\frac{7}{12}$
⓫ $3\frac{26}{63}$
⓬ $5\frac{4}{45}$
⓭ $5\frac{5}{14}$
⓮ $3\frac{3}{8}$
⓯ $3\frac{1}{2}$
⓰ $5\frac{1}{63}$
⓱ $5\frac{7}{18}$
⓲ $6\frac{1}{20}$
⓳ $3\frac{1}{8}$
⓴ $3\frac{3}{35}$
㉑ $6\frac{2}{9}$
㉒ $6\frac{23}{72}$
㉓ $4\frac{1}{15}$
㉔ $5\frac{16}{35}$
㉕ $5\frac{1}{4}$
㉖ $4\frac{9}{35}$
㉗ $3\frac{17}{42}$
㉘ $4\frac{5}{24}$
㉙ $6\frac{7}{45}$

## 70쪽 07 분모가 다른 진분수의 뺄셈 (A)

❶ 9, 9, 8, 8, 63, 56, 7
❷ 4, 4, 7, 7, 24, 7, 17
❸ 3, 3, 9, 9, 15, 9, 6, 2
❹ 6, 6, 9, 9, 42, 9, 33, 11
❺ 6, 6, 2, 2, 6, 2, 4, 1
❻ 9, 9, 7, 7, 54, 7, 47
❼ 5, 5, 10, 10, 35, 20, 15, 3
❽ 9, 9, 7, 7, 18, 7, 11

### 71쪽

❾ $\frac{1}{4}$
❿ $\frac{1}{6}$
⓫ $\frac{1}{42}$
⓬ $\frac{1}{24}$
⓭ $\frac{7}{18}$
⓮ $\frac{11}{24}$
⓯ $\frac{7}{45}$
⓰ $\frac{29}{63}$
⓱ $\frac{5}{72}$
⓲ $\frac{3}{28}$
⓳ $\frac{1}{40}$
⓴ $\frac{20}{63}$
㉑ $\frac{7}{20}$
㉒ $\frac{1}{20}$
㉓ $\frac{3}{8}$
㉔ $\frac{1}{15}$
㉕ $\frac{5}{14}$
㉖ $\frac{23}{40}$
㉗ $\frac{7}{30}$
㉘ $\frac{5}{9}$
㉙ $\frac{16}{35}$

## 72쪽 08 분모가 다른 진분수의 뺄셈 (B)

❶ 2, 2, 3, 3, 16, 3, 13
❷ 4, 4, 3, 3, 20, 9, 11
❸ 1, 1, 3, 3, 5, 3, 2, 1
❹ 2, 2, 1, 1, 2, 1, 1
❺ 3, 3, 2, 2, 3, 2, 1
❻ 3, 3, 2, 2, 9, 2, 7
❼ 5, 5, 2, 2, 5, 4, 1
❽ 4, 4, 3, 3, 20, 3, 17

### 73쪽

❾ $\frac{31}{63}$
❿ $\frac{1}{18}$
⓫ $\frac{11}{20}$
⓬ $\frac{2}{35}$
⓭ $\frac{17}{28}$
⓮ $\frac{1}{24}$
⓯ $\frac{5}{8}$
⓰ $\frac{1}{6}$
⓱ $\frac{1}{42}$
⓲ $\frac{16}{45}$
⓳ $\frac{2}{15}$
⓴ $\frac{1}{2}$
㉑ $\frac{1}{15}$
㉒ $\frac{7}{45}$
㉓ $\frac{11}{18}$
㉔ $\frac{1}{10}$
㉕ $\frac{1}{8}$
㉖ $\frac{40}{63}$
㉗ $\frac{2}{15}$
㉘ $\frac{5}{18}$
㉙ $\frac{2}{21}$

## 09 받아내림이 없는 분모가 다른 대분수의 뺄셈 (A)

**74쪽**

❶ 8, 3, 8, 3, 5, 3, 5
❷ 9, 4, 9, 4, 5, 3, 5
❸ 49, 24, 49, 24, 25, 4, 25
❹ 8, 1, 8, 1, 7, 2, 1

**75쪽**

❺ $2\frac{3}{40}$ ❻ $1\frac{22}{63}$ ❼ $2\frac{13}{28}$ ❽ $2\frac{23}{72}$ ❾ $5\frac{1}{14}$ ❿ $2\frac{19}{72}$ ⓫ $2\frac{17}{28}$
⓬ $3\frac{1}{2}$ ⓭ $2\frac{13}{18}$ ⓮ $2\frac{17}{63}$ ⓯ $3\frac{7}{30}$ ⓰ $3\frac{11}{24}$ ⓱ $3\frac{1}{21}$ ⓲ $2\frac{13}{18}$
⓳ $4\frac{38}{63}$ ⓴ $3\frac{1}{10}$ ㉑ $2\frac{1}{6}$ ㉒ $2\frac{26}{45}$ ㉓ $2\frac{2}{63}$ ㉔ $2\frac{26}{63}$ ㉕ $4\frac{17}{45}$

## 10 받아내림이 없는 분모가 다른 대분수의 뺄셈 (B)

**76쪽**

❶ 19, 8, 138, 48, 85, 2, 1
❷ 20, 32, 60, 32, 28, 3, 1
❸ 27, 8, 135, 56, 79, 2, 9
❹ 32, 16, 96, 16, 80, 5, 1
❺ 29, 10, 87, 20, 67, 3, 13
❻ 9, 6, 45, 12, 33, 3, 3
❼ 35, 22, 105, 44, 61, 3, 7
❽ 19, 7, 57, 14, 43, 3, 7

**77쪽**

❾ $2\frac{7}{18}$ ❿ $5\frac{3}{56}$ ⓫ $2\frac{17}{63}$ ⓬ $2\frac{1}{6}$ ⓭ $2\frac{1}{2}$ ⓮ $3\frac{8}{21}$ ⓯ $2\frac{38}{63}$
⓰ $2\frac{13}{56}$ ⓱ $3\frac{3}{14}$ ⓲ $3\frac{1}{24}$ ⓳ $2\frac{17}{24}$ ⓴ $3\frac{29}{72}$ ㉑ $3\frac{47}{63}$ ㉒ $2\frac{8}{35}$
㉓ $3\frac{27}{40}$ ㉔ $4\frac{29}{72}$ ㉕ $5\frac{5}{63}$ ㉖ $4\frac{26}{45}$ ㉗ $3\frac{21}{40}$ ㉘ $3\frac{7}{24}$ ㉙ $3\frac{29}{42}$

## 11 받아내림이 있는 분모가 다른 대분수의 뺄셈 (A)

**78쪽**

❶ 3, 4, 27, 4, 27, 4, 23, 23
❷ 5, 8, 15, 8, 15, 8, 7, 7
❸ 8, 9, 32, 9, 32, 9, 23, 23
❹ 27, 40, 72, 40, 72, 40, 32, 32

**79쪽**

❺ $1\frac{11}{18}$ ❻ $3\frac{32}{63}$ ❼ $1\frac{19}{21}$ ❽ $1\frac{31}{35}$ ❾ $1\frac{32}{63}$ ❿ $2\frac{16}{21}$ ⓫ $1\frac{37}{40}$
⓬ $2\frac{5}{6}$ ⓭ $2\frac{25}{28}$ ⓮ $3\frac{41}{42}$ ⓯ $2\frac{3}{8}$ ⓰ $1\frac{9}{14}$ ⓱ $2\frac{25}{72}$ ⓲ $1\frac{45}{56}$
⓳ $2\frac{41}{72}$ ⓴ $1\frac{14}{15}$ ㉑ $1\frac{19}{45}$ ㉒ $2\frac{23}{63}$ ㉓ $2\frac{43}{63}$ ㉔ $1\frac{5}{18}$ ㉕ $1\frac{19}{20}$

## 12 받아내림이 있는 분모가 다른 대분수의 뺄셈 (B)

**80쪽**

❶ 16, 11, 96, 55, 41, 1, 11
❷ 47, 9, 235, 81, 154, 3, 19
❸ 27, 7, 54, 35, 19, 1, 19
❹ 41, 12, 287, 108, 179, 2, 53
❺ 13, 7, 52, 21, 31, 2, 7
❻ 25, 12, 175, 72, 103, 2, 19
❼ 29, 16, 261, 112, 149, 2, 23
❽ 21, 17, 147, 68, 79, 2, 23

**81쪽**

❾ $2\frac{17}{18}$ ❿ $2\frac{3}{4}$ ⓫ $1\frac{15}{28}$ ⓬ $1\frac{43}{63}$ ⓭ $1\frac{10}{21}$ ⓮ $1\frac{17}{30}$ ⓯ $1\frac{34}{45}$
⓰ $1\frac{23}{45}$ ⓱ $1\frac{11}{18}$ ⓲ $1\frac{27}{28}$ ⓳ $1\frac{12}{35}$ ⓴ $3\frac{28}{45}$ ㉑ $3\frac{25}{42}$ ㉒ $3\frac{17}{21}$
㉓ $3\frac{10}{21}$ ㉔ $2\frac{5}{8}$ ㉕ $4\frac{13}{18}$ ㉖ $2\frac{25}{42}$ ㉗ $1\frac{43}{56}$ ㉘ $1\frac{13}{14}$ ㉙ $4\frac{43}{45}$

## 82쪽 01 정다각형과 사각형의 둘레 A

| | |
|---|---|
| ❶ 28 | ❹ 95 |
| ❷ 16 | ❺ 10 |
| ❸ 4 | ❻ 55 |

**83쪽**

| | | |
|---|---|---|
| ❼ 8, 2, 46 | ❿ 7, 2, 40 | ⓭ 2, 4, 8 |
| ❽ 11, 2, 32 | ⓫ 2, 2, 6 | ⓮ 5, 4, 20 |
| ❾ 4, 2, 18 | ⓬ 4, 2, 26 | ⓯ 9, 4, 36 |

## 84쪽 02 직사각형과 정사각형의 넓이 A

| | | |
|---|---|---|
| ❶ 66cm$^2$ | ❹ 21cm$^2$ | ❼ 120cm$^2$ |
| ❷ 50cm$^2$ | ❺ 6cm$^2$ | ❽ 48cm$^2$ |
| ❸ 6cm$^2$ | ❻ 12cm$^2$ | ❾ 98cm$^2$ |

**85쪽**

| | | |
|---|---|---|
| ❿ 256cm$^2$ | ⓮ 16cm$^2$ | ⓲ 49cm$^2$ |
| ⓫ 196cm$^2$ | ⓯ 25cm$^2$ | ⓳ 400cm$^2$ |
| ⓬ 1cm$^2$ | ⓰ 9cm$^2$ | ⓴ 324cm$^2$ |
| ⓭ 100cm$^2$ | ⓱ 81cm$^2$ | ㉑ 144cm$^2$ |

## 86쪽 03 평행사변형과 삼각형의 넓이 A

| | | |
|---|---|---|
| ❶ 10cm$^2$ | ❹ 6cm$^2$ | ❼ 24cm$^2$ |
| ❷ 30cm$^2$ | ❺ 70cm$^2$ | ❽ 44cm$^2$ |
| ❸ 66cm$^2$ | ❻ 30cm$^2$ | ❾ 8cm$^2$ |

**87쪽**

| | | |
|---|---|---|
| ❿ 3cm$^2$ | ⓮ 22cm$^2$ | ⓲ 16cm$^2$ |
| ⓫ 25cm$^2$ | ⓯ 10cm$^2$ | ⓳ 12cm$^2$ |
| ⓬ 30cm$^2$ | ⓰ 12cm$^2$ | ⓴ 8cm$^2$ |
| ⓭ 49cm$^2$ | ⓱ 45cm$^2$ | ㉑ 60cm$^2$ |

## 88쪽 04 마름모와 사다리꼴의 넓이 A

| | | |
|---|---|---|
| ❶ 16cm$^2$ | ❹ 12cm$^2$ | ❼ 20cm$^2$ |
| ❷ 36cm$^2$ | ❺ 40cm$^2$ | ❽ 60cm$^2$ |
| ❸ 30cm$^2$ | ❻ 35cm$^2$ | ❾ 52cm$^2$ |

**89쪽**

| | | |
|---|---|---|
| ❿ 63cm$^2$ | ⓮ 21cm$^2$ | ⓲ 22cm$^2$ |
| ⓫ 36cm$^2$ | ⓯ 15cm$^2$ | ⓳ 35cm$^2$ |
| ⓬ 28cm$^2$ | ⓰ 30cm$^2$ | ⓴ 10cm$^2$ |
| ⓭ 72cm$^2$ | ⓱ 32cm$^2$ | ㉑ 17cm$^2$ |

MEMO

교과서 연계 연산 강화 프로젝트
속도와 정확성을 동시에 잡는 연산 훈련서

쌤과 맘이 만든

# 쌍둥이 연산노트

초등 9단계

# 5·1

## 복습책

1일 2쪽
한 달 완성

이젠교육
EZEN EDUCATION

**이젠수학연구소 지음**
이젠수학연구소는 유아에서 초중고까지 학생들이 수학의 바른길을 찾아갈 수 있도록 수학 학습법을 연구하는 이젠교육의 수학 연구소입니다. 수학 실력은 하루아침에 완성되지 않으며, 다양한 경험을 통해 발달합니다. 그길에 친구가 되고자 노력합니다.

**쌤과 맘이 만든**
## 쌍둥이 연산 노트 5-1 복습책 (초등 9단계)


| | | | |
|---|---|---|---|
| 지 은 이 | 이젠수학연구소 | 개발책임 | 최철훈 |
| 펴 낸 이 | 임요병 | 편 집 | ㈜성지이디피 |
| 펴 낸 곳 | ㈜이젠미디어 | 디 자 인 | 이순주, 최수연 |
| 출판등록 | 제 2020-000073호 | 제 작 | 이성기 |
| 주 소 | 서울시 영등포구 양평로 22길 21 코오롱디지털타워 404호 | 마 케 팅 | 김남미 |
| 전 화 | (02)324-1600 | 인스타그램 | @ezeneducation |
| 팩 스 | (031)941-9611 | 블 로 그 | http://blog.naver.com/ezeneducation |

**@이젠교육**
ISBN 979-11-90880-59-6


이 책은 저작권법에 의해 보호받는 저작물이므로 무단 전재 및 복제를 금합니다.
잘못 만들어진 책은 구입하신 서점에서 바꾸어 드립니다.

쌤과 맘이 만든

# 쌍둥이 연산노트

초등 9단계

# 5·1

# 복습책

쌍둥이 연산 노트

# 한눈에 보기

## 1학년

### 1학기

| 단원 | 학습 내용 |
|---|---|
| 9까지의 수 | · 9까지의 수의 순서 알기<br>· 수를 세어 크기 비교하기 |
| 덧셈 | · 9까지의 수 모으기<br>· 합이 9까지인 덧셈하기 |
| 뺄셈 | · 9까지의 수 가르기<br>· 한 자리 수의 뺄셈하기 |
| 50까지의 수 | · 십몇 알고 모으기와 가르기<br>· 50까지의 수의 순서 알기<br>· 50까지의 수의 크기 비교 |

### 2학기

| 단원 | 학습 내용 |
|---|---|
| 100까지의 수 | · 100까지의 수의 순서 알기<br>· 100까지 수의 크기 비교하기 |
| 덧셈(1) | · (몇십몇)+(몇십몇)<br>· 합이 한 자리 수인 세 수의 덧셈 |
| 뺄셈(1) | · (몇십몇)−(몇십몇)<br>· 계산 결과가 한 자리 수인 세 수의 뺄셈 |
| 덧셈(2) | · 세 수의 덧셈<br>· 받아올림이 있는 (몇)+(몇) |
| 뺄셈(2) | · 세 수의 뺄셈<br>· 받아내림이 있는 (십몇)−(몇) |

## 2학년

### 1학기

| 단원 | 학습 내용 |
|---|---|
| 세 자리 수 | · 세 자리 수의 자릿값 알기<br>· 수의 크기 비교 |
| 덧셈 | · 받아올림이 있는 (두 자리 수)+(두 자리 수)<br>· 세 수의 덧셈 |
| 뺄셈 | · 받아내림이 있는 (두 자리 수)−(두 자리 수)<br>· 세 수의 뺄셈 |
| 곱셈 | · 몇 배인지 알아보기<br>· 곱셈식으로 나타내기 |

### 2학기

| 단원 | 학습 내용 |
|---|---|
| 네 자리 수 | · 네 자리 수 알기<br>· 두 수의 크기 비교 |
| 곱셈구구 | · 2~9단 곱셈구구<br>· 1의 단, 0과 어떤 수의 곱 |
| 길이 재기 | · 길이의 합<br>· 길이의 차 |
| 시각과 시간 | · 시각 읽기<br>· 시각과 분 사이의 관계<br>· 하루, 1주일, 달력 알기 |

## 3학년

### 1학기

| 단원 | 학습 내용 |
|---|---|
| 덧셈 | · 받아올림이 있는 (세 자리 수)+(세 자리 수) |
| 뺄셈 | · 받아내림이 있는 (세 자리 수)−(세 자리 수) |
| 나눗셈 | · 곱셈과 나눗셈의 관계<br>· 나눗셈의 몫 구하기 |
| 곱셈 | · 올림이 있는 (몇십몇)×(몇) |
| 길이와 시간의 덧셈과 뺄셈 | · 길이의 덧셈과 뺄셈<br>· 시간의 덧셈과 뺄셈 |
| 분수와 소수 | · 분모가 같은 분수의 크기 비교<br>· 소수의 크기 비교 |

### 2학기

| 단원 | 학습 내용 |
|---|---|
| 곱셈 | · 올림이 있는 (세 자리 수)×(한 자리 수)<br>· 올림이 있는 (몇십몇)×(몇십몇) |
| 나눗셈 | · 나머지가 있는 (몇십몇)÷(몇)<br>· 나머지가 있는 (세 자리 수)÷(한 자리 수) |
| 분수 | · 진분수, 가분수, 대분수<br>· 대분수를 가분수로 나타내기<br>· 가분수를 대분수로 나타내기<br>· 분모가 같은 분수의 크기 비교 |
| 들이와 무게 | · 들이의 덧셈과 뺄셈<br>· 무게의 덧셈과 뺄셈 |

**쌍둥이 연산 노트**는 **수학 교과서의 연산과 관련된 모든 영역의 문제를**
학교 수업 차시에 맞게 구성하였습니다.

## 4학년

**1학기**

| 단원 | 학습 내용 |
|---|---|
| 큰 수 | · 다섯 자리 수<br>· 천만, 천억, 천조 알기<br>· 수의 크기 비교 |
| 각도 | · 각도의 합과 차<br>· 삼각형의 세 각의 크기의 합<br>· 사각형의 네 각의 크기의 합 |
| 곱셈 | · (몇백)×(몇십)<br>· (세 자리 수)×(두 자리 수) |
| 나눗셈 | · (몇백몇십)÷(몇십)<br>· (세 자리 수)÷(두 자리 수) |

**2학기**

| 단원 | 학습 내용 |
|---|---|
| 분수의 덧셈 | · 분모가 같은 분수의 덧셈<br>· 진분수 부분의 합이 1보다 큰 대분수의 덧셈 |
| 분수의 뺄셈 | · 분모가 같은 분수의 뺄셈<br>· 받아내림이 있는 대분수의 뺄셈 |
| 소수의 덧셈 | · (소수 두 자리 수)+(소수 두 자리 수)<br>· 자릿수가 다른 소수의 덧셈 |
| 소수의 뺄셈 | · (소수 두 자리 수)−(소수 두 자리 수)<br>· 자릿수가 다른 소수의 뺄셈 |
| 다각형 | · 삼각형, 평행사변형, 마름모, 직사각형의 각도와 길이 구하기 |

## 5학년

**1학기**

| 단원 | 학습 내용 |
|---|---|
| 자연수의 혼합 계산 | · 덧셈, 뺄셈, 곱셈, 나눗셈이 섞여 있는 식 계산하기 |
| 약수와 배수 | · 약수와 배수<br>· 최대공약수와 최소공배수 |
| 약분과 통분 | · 약분과 통분<br>· 분수와 소수의 크기 비교 |
| 분수의 덧셈과 뺄셈 | · 받아올림이 있는 분수의 덧셈<br>· 받아내림이 있는 분수의 뺄셈 |
| 다각형의 둘레와 넓이 | · 정다각형의 둘레<br>· 사각형, 평행사변형, 삼각형, 마름모, 사다리꼴의 넓이 |

**2학기**

| 단원 | 학습 내용 |
|---|---|
| 어림하기 | · 올림, 버림, 반올림 |
| 분수의 곱셈 | · (분수)×(자연수)<br>· (자연수)×(분수)<br>· (분수)×(분수)<br>· 세 분수의 곱셈 |
| 소수의 곱셈 | · (소수)×(자연수)<br>· (자연수)×(소수)<br>· (소수)×(소수)<br>· 곱의 소수점의 위치 |
| 자료의 표현 | · 평균 구하기 |

## 6학년

**1학기**

| 단원 | 학습 내용 |
|---|---|
| 분수의 나눗셈 | · (자연수)÷(자연수)<br>· (분수)÷(자연수) |
| 소수의 나눗셈 | · (소수)÷(자연수)<br>· (자연수)÷(자연수) |
| 비와 비율 | · 비와 비율 구하기<br>· 비율을 백분율, 백분율을 비율로 나타내기 |
| 직육면체의 부피와 겉넓이 | · 직육면체의 부피와 겉넓이<br>· 정육면체의 부피와 겉넓이 |

**2학기**

| 단원 | 학습 내용 |
|---|---|
| 분수의 나눗셈 | · (진분수)÷(진분수)<br>· (자연수)÷(분수)<br>· (대분수)÷(대분수) |
| 소수의 나눗셈 | · (소수)÷(소수)<br>· (자연수)÷(소수)<br>· 몫을 반올림하여 나타내기 |
| 비례식과 비례배분 | · 간단한 자연수의 비로 나타내기<br>· 비례식과 비례배분 |
| 원주와 원의 넓이 | · 원주, 지름, 반지름 구하기<br>· 원의 넓이 구하기 |

쌍둥이 연산 노트

# 구성과 유의점

| 단원 | 학습 내용 | 지도 시 유의점 | 표준 시간 |
|---|---|---|---|
| 자연수의 혼합 계산 | 01 덧셈과 뺄셈이 섞여 있는 식 계산하기(1) | 괄호가 없을 때와 있을 때의 덧셈과 뺄셈이 섞여 있는 식을 비교하여, 계산 순서에 따라 그 결과가 달라짐을 알 수 있게 합니다. | 13분 |
| | 02 덧셈과 뺄셈이 섞여 있는 식 계산하기(2) | | 13분 |
| | 03 곱셈과 나눗셈이 섞여 있는 식 계산하기(1) | 괄호가 없을 때와 있을 때의 곱셈과 나눗셈이 섞여 있는 식을 비교하여, 계산 순서에 따라 그 결과가 달라짐을 알 수 있게 합니다. | 13분 |
| | 04 곱셈과 나눗셈이 섞여 있는 식 계산하기(2) | | 13분 |
| | 05 덧셈, 뺄셈, 곱셈이 섞여 있는 식 계산하기(1) | 괄호가 없을 때와 있을 때의 덧셈, 뺄셈, 곱셈이 섞여 있는 식의 계산 순서와 방법을 이해하고 계산하게 합니다. | 13분 |
| | 06 덧셈, 뺄셈, 곱셈이 섞여 있는 식 계산하기(2) | | 13분 |
| | 07 덧셈, 뺄셈, 나눗셈이 섞여 있는 식 계산하기(1) | 괄호가 없을 때와 있을 때의 덧셈, 뺄셈, 나눗셈이 섞여 있는 식의 계산 순서와 방법을 이해하고 계산하게 합니다. | 13분 |
| | 08 덧셈, 뺄셈, 나눗셈이 섞여 있는 식 계산하기(2) | | 13분 |
| | 09 덧셈, 뺄셈, 곱셈, 나눗셈이 섞여 있는 식 계산하기(1) | 괄호가 없을 때와 있을 때의 덧셈, 뺄셈, 곱셈, 나눗셈이 섞여 있는 식의 계산 순서와 방법을 이해하고 계산하게 합니다. | 13분 |
| | 10 덧셈, 뺄셈, 곱셈, 나눗셈이 섞여 있는 식 계산하기(2) | | 13분 |
| 약수와 배수 | 01 약수(1) | 약수의 의미를 알고, 자연수의 약수를 구하게 합니다. | 9분 |
| | 02 약수(2) | | 11분 |
| | 03 배수(1) | 배수의 의미를 알고, 자연수의 배수를 구하게 합니다. | 9분 |
| | 04 배수(2) | | 11분 |
| | 05 곱을 이용하여 최대공약수 구하기 | 곱을 이용하여 최대공약수를 구하는 방법을 이해하게 합니다. | 11분 |
| | 06 곱을 이용하여 최소공배수 구하기 | 곱을 이용하여 최소공배수를 구하는 방법을 이해하게 합니다. | 11분 |
| | 07 공약수를 이용하여 최대공약수 구하기 | 공약수와 최대공약수의 의미를 알고 최대공약수를 구하는 방법을 이해하게 합니다. | 13분 |
| | 08 공약수를 이용하여 최소공배수 구하기 | 공배수와 최소공배수의 의미를 알고 최소공배수를 구하는 방법을 이해하게 합니다. | 13분 |
| 약분과 통분 | 01 약분하기(1) | · 크기가 같은 분수를 이해하게 합니다.<br>· 약분의 뜻을 알고, 약분하게 합니다.<br>· 기약분수의 뜻을 알고, 기약분수로 나타내어 보게 합니다. | 9분 |
| | 02 약분하기(2) | | 11분 |
| | 03 약분하기(3) | | 15분 |

◆ 차시별 2쪽 구성으로 차시의 중요도별로 A~C단계로 2~6쪽까지 집중적으로 학습할 수 있습니다.

◆ 차시별 예습 2쪽+복습 2쪽 구성으로 시기별로 2번 반복할 수 있습니다.

| 단원 | 학습 내용 | 지도 시 유의점 | 표준 시간 |
|---|---|---|---|
| 약분과 통분 | 04 통분하기(1) | · 공통분모, 통분의 뜻을 이해하게 합니다.<br>· 분모의 곱을 이용하여 통분하게 합니다.<br>· 분모의 최소공배수를 이용하여 통분하게 합니다. | 9분 |
| | 05 통분하기(2) | | 11분 |
| | 06 통분하기(3) | | 11분 |
| | 07 두 분수의 크기 비교 | 분모가 다른 두 분수의 크기를 비교하게 합니다. | 13분 |
| | 08 분수와 소수의 크기 비교 | 분수를 소수로, 소수를 분수로 나타내어 크기를 비교하게 합니다. | 9분 |
| 분수의 덧셈과 뺄셈 | 01 받아올림이 없는 분모가 다른 진분수의 덧셈(1) | 받아올림이 없는 분모가 다른 진분수의 덧셈 원리를 이해하고 계산하게 합니다. | 13분 |
| | 02 받아올림이 없는 분모가 다른 진분수의 덧셈(2) | | 13분 |
| | 03 받아올림이 있는 분모가 다른 진분수의 덧셈(1) | 받아올림이 있는 분모가 다른 진분수의 덧셈 원리를 이해하고 계산하게 합니다. | 13분 |
| | 04 받아올림이 있는 분모가 다른 진분수의 덧셈(2) | | 13분 |
| | 05 받아올림이 있는 분모가 다른 대분수의 덧셈(1) | 받아올림이 있는 분모가 다른 대분수의 덧셈 원리를 이해하고 계산하게 합니다. | 13분 |
| | 06 받아올림이 있는 분모가 다른 대분수의 덧셈(2) | | 13분 |
| | 07 분모가 다른 진분수의 뺄셈(1) | 분모가 다른 진분수의 뺄셈 원리를 이해하고 계산하게 합니다. | 13분 |
| | 08 분모가 다른 진분수의 뺄셈(2) | | 13분 |
| | 09 받아내림이 없는 분모가 다른 대분수의 뺄셈(1) | 받아내림이 없는 분모가 다른 대분수의 뺄셈 원리를 이해하고 계산하게 합니다. | 13분 |
| | 10 받아내림이 없는 분모가 다른 대분수의 뺄셈(2) | | 13분 |
| | 11 받아내림이 있는 분모가 다른 대분수의 뺄셈(1) | 받아내림이 있는 분모가 다른 대분수의 뺄셈 원리를 이해하고 계산하게 합니다. | 13분 |
| | 12 받아내림이 있는 분모가 다른 대분수의 뺄셈(2) | | 13분 |
| 다각형의 둘레와 넓이 | 01 정다각형과 사각형의 둘레 | 정사각형, 직사각형, 평행사변형, 마름모의 둘레를 구하는 방법을 알게 합니다. | 9분 |
| | 02 직사각형과 정사각형의 넓이 | 직사각형과 정사각형의 넓이를 구하는 방법을 알게 합니다. | 11분 |
| | 03 평행사변형과 삼각형의 넓이 | 평행사변형과 삼각형의 넓이를 구하는 방법을 알게 합니다. | 11분 |
| | 04 마름모와 사다리꼴의 넓이 | 마름모와 사다리꼴의 넓이를 구하는 방법을 알게 합니다. | 11분 |

# 01 덧셈과 뺄셈이 섞여 있는 식 복습 A

□ 안에 알맞은 수를 써넣으세요.

❶ $13-2+4=\square$

① □

② □

① $13-2=11$
② $11+4=15$

❷ $78-2+6=\square$

❸ $42-6+8=\square$

❹ $22-8+5=\square$

❺ $17-7+9=\square$

❻ $32-5+4=\square$

❼ $15-7+9=\square$

❽ $27-8+5=\square$

❾ $13-4+3=\square$

❿ $24-7+4=\square$

정답 92쪽

| 공부한 날짜 | 맞힌 개수 | 걸린 시간 |
| --- | --- | --- |
| 월 일 | /31 | 분 |

계산을 하세요.

⑪ $21-2+6$

⑫ $26-4+1$

⑬ $16-1+6$

⑭ $36-1+9$

⑮ $26-5+1$

⑯ $16-2+6$

⑰ $11-5+7$

⑱ $18-1+4$

⑲ $15-5+7$

⑳ $94-2+7$

㉑ $28-4+1$

㉒ $12-1+9$

㉓ $21-1+5$

㉔ $34-3+1$

㉕ $24-6+9$

㉖ $65-6+1$

㉗ $14-2+4$

㉘ $31-3+9$

㉙ $21-4+8$

㉚ $12-7+8$

㉛ $17-4+7$

# 02 덧셈과 뺄셈이 섞여 있는 식 복습 B

□ 안에 알맞은 수를 써넣으세요.

❶ 25−(7+9)=□

① □
② □

① 7+9=16
② 25−16=9

❷ 32−(5+4)=□

❸ 11−(1+5)=□

❹ 25−(1+3)=□

❺ 19−(6+1)=□

❻ 24−(4+8)=□

❼ 18−(1+4)=□

❽ 28−(2+8)=□

❾ 22−(8+5)=□

❿ 32−(6+7)=□

정답 92쪽

| 공부한 날짜 | 맞힌 개수 | 걸린 시간 |
| --- | --- | --- |
| 월 일 | /31 | 분 |

계산을 하세요.

⑪ 21 − (4 + 8)

⑫ 31 − (3 + 9)

⑬ 14 − (1 + 3)

⑭ 26 − (3 + 2)

⑮ 41 − (4 + 7)

⑯ 65 − (6 + 1)

⑰ 42 − (7 + 9)

⑱ 14 − (7 + 2)

⑲ 37 − (5 + 5)

⑳ 82 − (6 + 1)

㉑ 17 − (6 + 8)

㉒ 13 − (4 + 3)

㉓ 28 − (5 + 2)

㉔ 41 − (3 + 7)

㉕ 19 − (5 + 2)

㉖ 21 − (3 + 7)

㉗ 35 − (8 + 7)

㉘ 33 − (9 + 2)

㉙ 11 − (3 + 6)

㉚ 23 − (1 + 7)

㉛ 53 − (9 + 4)

# 03 곱셈과 나눗셈이 섞여 있는 식 복습 A

□ 안에 알맞은 수를 써넣으세요.

1. $54 \div 2 \times 3 =$ □

   ① □

   ② □

   ① $54 \div 2 = 27$
   ② $27 \times 3 = 81$

2. $96 \div 4 \times 6 =$ □

   □

   □

3. $70 \div 2 \times 7 =$ □

   □

   □

4. $64 \div 2 \times 8 =$ □

   □

   □

5. $72 \div 4 \times 9 =$ □

   □

   □

6. $72 \div 2 \times 2 =$ □

   □

   □

7. $40 \div 2 \times 4 =$ □

   □

   □

8. $90 \div 5 \times 6 =$ □

   □

   □

9. $96 \div 2 \times 3 =$ □

   □

   □

10. $96 \div 3 \times 4 =$ □

   □

   □

정답 92쪽

| 공부한 날짜 | 맞힌 개수 | 걸린 시간 |
|---|---|---|
| 월 일 | /31 | 분 |

계산을 하세요.

⑪ $42 \div 3 \times 7$

⑫ $84 \div 4 \times 7$

⑬ $80 \div 2 \times 4$

⑭ $48 \div 4 \times 4$

⑮ $24 \div 2 \times 2$

⑯ $42 \div 2 \times 3$

⑰ $72 \div 3 \times 8$

⑱ $30 \div 2 \times 5$

⑲ $92 \div 2 \times 2$

⑳ $75 \div 3 \times 5$

㉑ $56 \div 2 \times 4$

㉒ $96 \div 2 \times 6$

㉓ $98 \div 7 \times 7$

㉔ $90 \div 2 \times 3$

㉕ $90 \div 5 \times 9$

㉖ $56 \div 2 \times 2$

㉗ $36 \div 2 \times 2$

㉘ $80 \div 2 \times 8$

㉙ $36 \div 3 \times 4$

㉚ $90 \div 2 \times 5$

㉛ $12 \div 2 \times 2$

# 04 곱셈과 나눗셈이 섞여 있는 식 복습 B

□ 안에 알맞은 수를 써넣으세요.

❶ $60 \div (2 \times 3) = \square$

① □

② □

① $2 \times 3 = 6$

② $60 \div 6 = 10$

❷ $48 \div (4 \times 6) = \square$

❸ $36 \div (3 \times 6) = \square$

❹ $60 \div (2 \times 6) = \square$

❺ $48 \div (3 \times 8) = \square$

❻ $81 \div (3 \times 3) = \square$

❼ $88 \div (2 \times 4) = \square$

❽ $60 \div (5 \times 6) = \square$

❾ $27 \div (3 \times 3) = \square$

❿ $20 \div (2 \times 2) = \square$

정답 92쪽

| 공부한 날짜 | 맞힌 개수 | 걸린 시간 |
|---|---|---|
| 월 일 | /31 | 분 |

계산을 하세요.

⑪ $32 \div (2 \times 4)$

⑱ $8 \div (2 \times 2)$

㉕ $44 \div (2 \times 2)$

⑫ $80 \div (2 \times 2)$

⑲ $96 \div (6 \times 8)$

㉖ $48 \div (2 \times 8)$

⑬ $24 \div (2 \times 3)$

⑳ $48 \div (3 \times 4)$

㉗ $20 \div (2 \times 5)$

⑭ $72 \div (2 \times 3)$

㉑ $56 \div (4 \times 7)$

㉘ $48 \div (2 \times 6)$

⑮ $60 \div (2 \times 5)$

㉒ $68 \div (2 \times 2)$

㉙ $50 \div (5 \times 5)$

⑯ $30 \div (2 \times 3)$

㉓ $90 \div (3 \times 6)$

㉚ $84 \div (2 \times 6)$

⑰ $96 \div (2 \times 2)$

㉔ $84 \div (3 \times 4)$

㉛ $32 \div (4 \times 4)$

# 05 덧셈, 뺄셈, 곱셈이 섞여 있는 식 복습 A

□ 안에 알맞은 수를 써넣으세요.

❶ $70-5\times7+5=\square$

①5 × 7 = 35
②70 − 35 = 35
③35 + 5 = 40

❷ $96-4\times6+8=\square$

❸ $28-2\times2+3=\square$

❹ $98-2\times7+5=\square$

❺ $60-2\times3+1=\square$

❻ $92-2\times2+4=\square$

❼ $80-2\times4+1=\square$

❽ $90-3\times6+6=\square$

❾ $36-3\times4+6=\square$

❿ $72-3\times3+4=\square$

정답 93쪽

| 공부한 날짜 | 맞힌 개수 | 걸린 시간 |
| --- | --- | --- |
| 월 일 | /31 | 분 |

계산을 하세요.

⑪ $60-2\times6+1$

⑱ $90-2\times3+4$

㉕ $84-6\times7+7$

⑫ $28-2\times7+3$

⑲ $12-2\times3+5$

㉖ $30-2\times5+3$

⑬ $84-4\times7+1$

⑳ $48-3\times8+9$

㉗ $12-2\times2+1$

⑭ $48-4\times6+6$

㉑ $48-2\times4+7$

㉘ $96-3\times8+1$

⑮ $30-3\times5+2$

㉒ $84-3\times4+1$

㉙ $52-2\times2+6$

⑯ $96-6\times8+8$

㉓ $40-2\times2+5$

㉚ $48-3\times4+7$

⑰ $72-2\times2+1$

㉔ $60-3\times5+3$

㉛ $36-2\times3+7$

# 06 덧셈, 뺄셈, 곱셈이 섞여 있는 식 복습 B

□ 안에 알맞은 수를 써넣으세요.

❶ $72-3\times(4+5)=\square$

① □ ② □ ③ □

① $4+5=9$
② $3\times9=27$
③ $72-27=45$

❷ $81-3\times(3+4)=\square$

❸ $20-2\times(5+4)=\square$

❹ $60-4\times(5+2)=\square$

❺ $48-2\times(8+1)=\square$

❻ $36-2\times(2+3)=\square$

❼ $68-2\times(2+3)=\square$

❽ $90-5\times(6+2)=\square$

❾ $72-3\times(8+2)=\square$

❿ $66-2\times(3+2)=\square$

정답 93쪽

| 공부한 날짜 | 맞힌 개수 | 걸린 시간 |
| --- | --- | --- |
| 월 일 | /31 | 분 |

계산을 하세요.

⑪ $24-3\times(4+1)$

⑫ $80-2\times(2+1)$

⑬ $96-4\times(6+2)$

⑭ $64-2\times(4+4)$

⑮ $92-2\times(2+4)$

⑯ $36-2\times(6+5)$

⑰ $96-4\times(8+4)$

⑱ $30-2\times(3+4)$

⑲ $84-6\times(7+1)$

⑳ $60-2\times(5+4)$

㉑ $20-2\times(2+4)$

㉒ $75-3\times(5+1)$

㉓ $56-2\times(2+4)$

㉔ $90-2\times(3+1)$

㉕ $27-3\times(3+1)$

㉖ $84-2\times(6+1)$

㉗ $90-2\times(5+3)$

㉘ $48-4\times(4+3)$

㉙ $40-2\times(4+1)$

㉚ $30-3\times(5+1)$

㉛ $48-2\times(3+3)$

# 07 덧셈, 뺄셈, 나눗셈이 섞여 있는 식 복습 A

□ 안에 알맞은 수를 써넣으세요.

❶ 12 + 72 ÷ 9 − 7 = □

① □ ② □ ③ □

①72 ÷ 9 = 8
②12 + 8 = 20
③20 − 7 = 13

❻ 27 + 15 ÷ 3 − 1 = □

❷ 24 + 35 ÷ 7 − 2 = □

❼ 29 + 48 ÷ 8 − 2 = □

❸ 21 + 54 ÷ 9 − 3 = □

❽ 17 + 24 ÷ 8 − 2 = □

❹ 16 + 48 ÷ 4 − 1 = □

❾ 31 + 40 ÷ 5 − 3 = □

❺ 12 + 27 ÷ 9 − 6 = □

❿ 36 + 20 ÷ 5 − 1 = □

정답 93쪽

| 공부한 날짜 | 맞힌 개수 | 걸린 시간 |
|---|---|---|
| 월 일 | /31 | 분 |

계산을 하세요.

⑪ $25+21\div3-1$

⑱ $26+18\div3-1$

㉕ $22+30\div3-1$

⑫ $12+56\div4-1$

⑲ $16+24\div8-4$

㉖ $20+30\div6-3$

⑬ $16+48\div3-1$

⑳ $29+9\div3-1$

㉗ $19+40\div4-2$

⑭ $25+24\div4-2$

㉑ $23+24\div6-3$

㉘ $35+20\div5-3$

⑮ $30+12\div4-1$

㉒ $13+32\div8-6$

㉙ $11+81\div9-6$

⑯ $16+18\div9-3$

㉓ $22+64\div8-4$

㉚ $40+60\div4-1$

⑰ $18+63\div9-2$

㉔ $22+42\div7-4$

㉛ $17+36\div6-3$

# 08 덧셈과 뺄셈, 나눗셈이 섞여 있는 식 복습 B

□ 안에 알맞은 수를 써넣으세요.

1. $14+72\div(9-5)=\square$

   ① 9－5＝4
   ② 72 ÷ 4＝18
   ③ 14＋18＝32

2. $18+16\div(8-6)=\square$

3. $110+56\div(4-2)=\square$

4. $14+18\div(9-7)=\square$

5. $25+24\div(4-2)=\square$

6. $17+44\div(3-1)=\square$

7. $28+12\div(3-1)=\square$

8. $28+14\div(7-5)=\square$

9. $23+24\div(6-3)=\square$

10. $24+36\div(9-7)=\square$

정답 93쪽

| 공부한 날짜 | 맞힌 개수 | 걸린 시간 |
|---|---|---|
| 월 일 | /31 | 분 |

계산을 하세요.

⑪ $13+52\div(4-2)$

⑱ $18+72\div(8-5)$

㉕ $38+10\div(5-3)$

⑫ $24+35\div(7-2)$

⑲ $15+24\div(8-6)$

㉖ $12+27\div(9-6)$

⑬ $26+18\div(3-1)$

⑳ $30+6\div(3-1)$

㉗ $22+64\div(8-4)$

⑭ $19+30\div(6-4)$

㉑ $20+56\div(7-3)$

㉘ $29+12\div(4-2)$

⑮ $30+40\div(8-6)$

㉒ $36+20\div(5-1)$

㉙ $18+36\div(6-2)$

⑯ $13+58\div(3-1)$

㉓ $33+30\div(5-3)$

㉚ $17+63\div(9-6)$

⑰ $26+48\div(8-6)$

㉔ $21+42\div(7-5)$

㉛ $21+36\div(4-2)$

# 09 덧셈, 뺄셈, 곱셈, 나눗셈이 섞여 있는 식 복습 A

□ 안에 알맞은 수를 써넣으세요.

❶ $3+4\times8-24\div6=\square$

① □ ② □ ③ □ ④ □

①4 × 8 = 32
②24 ÷ 6 = 4
③3 + 32 = 35
④35 − 4 = 31

❷ $1+8\times6-27\div9=\square$

❸ $7+3\times3-42\div7=\square$

❹ $8+5\times4-56\div8=\square$

❺ $9+6\times5-28\div4=\square$

❻ $9+8\times5-54\div9=\square$

❼ $4+2\times9-36\div9=\square$

❽ $8+4\times7-54\div3=\square$

❾ $4+8\times9-24\div8=\square$

❿ $9+9\times5-81\div9=\square$

정답 94쪽

| 공부한 날짜 | 맞힌 개수 | 걸린 시간 |
|---|---|---|
| 월 일 | /31 | 분 |

계산을 하세요.

⑪ $9+4\times5-30\div3$

⑫ $4+9\times9-48\div8$

⑬ $8+7\times4-15\div5$

⑭ $5+7\times1-48\div6$

⑮ $6+8\times2-48\div6$

⑯ $4+5\times9-24\div6$

⑰ $5+2\times8-40\div4$

⑱ $2+5\times7-9\div3$

⑲ $4+3\times9-72\div8$

⑳ $1+4\times6-6\div3$

㉑ $9+5\times5-57\div3$

㉒ $5+3\times3-16\div4$

㉓ $4+6\times9-42\div6$

㉔ $8+4\times4-40\div8$

㉕ $6+6\times2-72\div9$

㉖ $3+2\times8-63\div9$

㉗ $1+2\times6-36\div6$

㉘ $2+3\times7-30\div5$

㉙ $4+4\times9-72\div9$

㉚ $1+4\times6-14\div7$

㉛ $2+6\times7-16\div8$

# 10 덧셈, 뺄셈, 곱셈, 나눗셈이 섞여 있는 식 복습 B

□ 안에 알맞은 수를 써넣으세요.

❶ $(3+2)\times8-30\div5=\square$

① 3＋2＝5
② 5×8＝40
③ 30÷5＝6
④ 40－6＝34

❷ $(6+6)\times2-45\div5=\square$

❸ $(9+7)\times5-27\div9=\square$

❹ $(8+8)\times4-72\div9=\square$

❺ $(1+5)\times6-33\div3=\square$

❻ $(2+3)\times7-63\div9=\square$

❼ $(3+8)\times8-48\div8=\square$

❽ $(4+6)\times9-42\div6=\square$

❾ $(4+7)\times9-15\div3=\square$

❿ $(8+4)\times4-40\div8=\square$

정답 94쪽

| 공부한 날짜 | 맞힌 개수 | 걸린 시간 |
|---|---|---|
| 월 일 | /31 | 분 |

계산을 하세요.

⑪ $(5+6)\times1-24\div6$

⑫ $(7+5)\times3-44\div4$

⑬ $(5+9)\times8-45\div3$

⑭ $(3+2)\times8-63\div9$

⑮ $(3+7)\times8-24\div8$

⑯ $(3+9)\times8-36\div4$

⑰ $(9+4)\times5-30\div3$

⑱ $(5+4)\times1-36\div9$

⑲ $(7+7)\times3-12\div6$

⑳ $(7+5)\times3-18\div9$

㉑ $(3+3)\times8-56\div4$

㉒ $(1+9)\times6-20\div5$

㉓ $(7+4)\times3-56\div8$

㉔ $(1+7)\times6-64\div8$

㉕ $(5+4)\times7-60\div4$

㉖ $(7+7)\times3-72\div9$

㉗ $(2+7)\times7-8\div4$

㉘ $(9+9)\times5-81\div9$

㉙ $(8+2)\times4-42\div7$

㉚ $(1+6)\times4-60\div3$

㉛ $(6+8)\times2-48\div6$

# 01 약수

복습 A

빈 곳에 알맞은 수를 써넣으세요.

❶ 30 ÷ □=30 30 ÷ □=15
30 ÷ □=10 30 ÷ □=6
30 ÷ □=5 30 ÷ □=3
30 ÷ □=2 30 ÷ □=1
➡ 30의 약수: ____________

30을 나누어떨어지게 하는 수를 구해요.

❺ 16 ÷ □=16 16 ÷ □=8
16 ÷ □=4 16 ÷ □=2
16 ÷ □=1
➡ 16의 약수: ____________

❷ 48 ÷ □=48 48 ÷ □=24
48 ÷ □=16 48 ÷ □=12
48 ÷ □=8 48 ÷ □=6
48 ÷ □=4 48 ÷ □=3
48 ÷ □=2 48 ÷ □=1
➡ 48의 약수: ____________

❻ 36 ÷ □=36 36 ÷ □=18
36 ÷ □=12 36 ÷ □=9
36 ÷ □=6 36 ÷ □=4
36 ÷ □=3 36 ÷ □=2
36 ÷ □=1
➡ 36의 약수: ____________

❸ 8 ÷ □=8 8 ÷ □=4
8 ÷ □=2 8 ÷ □=1
➡ 8의 약수: ____________

❼ 15 ÷ □=15 15 ÷ □=5
15 ÷ □=3 15 ÷ □=1
➡ 15의 약수: ____________

❹ 28 ÷ □=28 28 ÷ □=14
28 ÷ □=7 28 ÷ □=4
28 ÷ □=2 28 ÷ □=1
➡ 28의 약수: ____________

❽ 20 ÷ □=20 20 ÷ □=10
20 ÷ □=5 20 ÷ □=4
20 ÷ □=2 20 ÷ □=1
➡ 20의 약수: ____________

정답 95쪽

| 공부한 날짜 | 맞힌 개수 | 걸린 시간 |
| --- | --- | --- |
| 월 일 | /18 | 분 |

빈 곳에 알맞은 수를 써넣으세요.

❾ 14 ÷ ☐ =14  14 ÷ ☐ =7
14 ÷ ☐ =2  14 ÷ ☐ =1
➡ 14의 약수: ______

⓮ 9 ÷ ☐ =9  9 ÷ ☐ =3
9 ÷ ☐ =1
➡ 9의 약수: ______

❿ 22 ÷ ☐ =22  22 ÷ ☐ =11
22 ÷ ☐ =2  22 ÷ ☐ =1
➡ 22의 약수: ______

⓯ 10 ÷ ☐ =10  10 ÷ ☐ =5
10 ÷ ☐ =2  10 ÷ ☐ =1
➡ 10의 약수: ______

⓫ 4 ÷ ☐ =4  4 ÷ ☐ =2
4 ÷ ☐ =1
➡ 4의 약수: ______

⓰ 18 ÷ ☐ =18  18 ÷ ☐ =9
18 ÷ ☐ =6  18 ÷ ☐ =3
18 ÷ ☐ =2  18 ÷ ☐ =1
➡ 18의 약수: ______

⓬ 6 ÷ ☐ =6  6 ÷ ☐ =3
6 ÷ ☐ =2  6 ÷ ☐ =1
➡ 6의 약수: ______

⓱ 34 ÷ ☐ =34  34 ÷ ☐ =17
34 ÷ ☐ =2  34 ÷ ☐ =1
➡ 34의 약수: ______

⓭ 32 ÷ ☐ =32  32 ÷ ☐ =16
32 ÷ ☐ =8  32 ÷ ☐ =4
32 ÷ ☐ =2  32 ÷ ☐ =1
➡ 32의 약수: ______

⓲ 45 ÷ ☐ =45  45 ÷ ☐ =15
45 ÷ ☐ =9  45 ÷ ☐ =5
45 ÷ ☐ =3  45 ÷ ☐ =1
➡ 45의 약수: ______

# 02 약수

복습 B

빈 곳에 알맞은 수를 써넣으세요.

❶ 36을 1로 나눈 수는 ☐ 입니다.
36을 2로 나눈 수는 ☐ 입니다.
36을 3으로 나눈 수는 ☐ 입니다.
36을 4로 나눈 수는 ☐ 입니다.
36을 6으로 나눈 수는 ☐ 입니다.
36을 9로 나눈 수는 ☐ 입니다.
36을 12로 나눈 수는 ☐ 입니다.
36을 18로 나눈 수는 ☐ 입니다.
36을 36으로 나눈 수는 ☐ 입니다.
➡ 36의 약수: ____________________

❷ 10을 1로 나눈 수는 ☐ 입니다.
10을 2로 나눈 수는 ☐ 입니다.
10을 5로 나눈 수는 ☐ 입니다.
10을 10으로 나눈 수는 ☐ 입니다.
➡ 10의 약수: ____________________

❸ 24를 1로 나눈 수는 ☐ 입니다.
24를 2로 나눈 수는 ☐ 입니다.
24를 3으로 나눈 수는 ☐ 입니다.
24를 4로 나눈 수는 ☐ 입니다.
24를 6으로 나눈 수는 ☐ 입니다.
24를 8로 나눈 수는 ☐ 입니다.
24를 12로 나눈 수는 ☐ 입니다.
24를 24로 나눈 수는 ☐ 입니다.
➡ 24의 약수: ____________________

❹ 8을 1로 나눈 수는 ☐ 입니다.
8을 2로 나눈 수는 ☐ 입니다.
8을 4로 나눈 수는 ☐ 입니다.
8을 8로 나눈 수는 ☐ 입니다.
➡ 8의 약수: ____________________

정답 95쪽

| 공부한 날짜 | 맞힌 개수 | 걸린 시간 |
|---|---|---|
| 월 일 | /20 | 분 |

주어진 수의 약수를 구하세요.

❺ 12 ➡ ______________

⓭ 6 ➡ ______________

❻ 45 ➡ ______________

⓮ 30 ➡ ______________

❼ 20 ➡ ______________

⓯ 22 ➡ ______________

❽ 38 ➡ ______________

⓰ 9 ➡ ______________

❾ 15 ➡ ______________

⓱ 4 ➡ ______________

❿ 18 ➡ ______________

⓲ 25 ➡ ______________

⓫ 16 ➡ ______________

⓳ 35 ➡ ______________

⓬ 49 ➡ ______________

⓴ 27 ➡ ______________

# 03 배수

복습 A

□ 안에 알맞은 수를 써넣으세요.

① $4 \times 1 =$ □, $4 \times 2 =$ □, $4 \times 3 =$ □……
➡ 4의 배수: □, □, □……
4를 몇 배 한 수를 가장 작은 수부터 구해요.

② $7 \times 1 =$ □, $7 \times 2 =$ □, $7 \times 3 =$ □……
➡ 7의 배수: □, □, □……

③ $8 \times 1 =$ □, $8 \times 2 =$ □, $8 \times 3 =$ □……
➡ 8의 배수: □, □, □……

④ $3 \times 1 =$ □, $3 \times 2 =$ □, $3 \times 3 =$ □……
➡ 3의 배수: □, □, □……

⑤ $6 \times 1 =$ □, $6 \times 2 =$ □, $6 \times 3 =$ □……
➡ 6의 배수: □, □, □……

⑥ $2 \times 1 =$ □, $2 \times 2 =$ □, $2 \times 3 =$ □……
➡ 2의 배수: □, □, □……

⑦ $9 \times 1 =$ □, $9 \times 2 =$ □, $9 \times 3 =$ □……
➡ 9의 배수: □, □, □……

⑧ $10 \times 1 =$ □, $10 \times 2 =$ □, $10 \times 3 =$ □……
➡ 10의 배수: □, □, □……

⑨ $12 \times 1 =$ □, $12 \times 2 =$ □, $12 \times 3 =$ □……
➡ 12의 배수: □, □, □……

⑩ $5 \times 1 =$ □, $5 \times 2 =$ □, $5 \times 3 =$ □……
➡ 5의 배수: □, □, □……

정답 95쪽

| 공부한 날짜 | 맞힌 개수 | 걸린 시간 |
| --- | --- | --- |
| 월 일 | /20 | 분 |

□ 안에 알맞은 수를 써넣으세요.

⑪ $4 \times 1 = \square$, $4 \times 2 = \square$, $4 \times 3 = \square$ ······

➡ 4의 배수: □, □, □ ······

⑯ $5 \times 1 = \square$, $5 \times 2 = \square$, $5 \times 3 = \square$ ······

➡ 5의 배수: □, □, □ ······

⑫ $2 \times 1 = \square$, $2 \times 2 = \square$, $2 \times 3 = \square$ ······

➡ 2의 배수: □, □, □ ······

⑰ $9 \times 1 = \square$, $9 \times 2 = \square$, $9 \times 3 = \square$ ······

➡ 9의 배수: □, □, □ ······

⑬ $12 \times 1 = \square$, $12 \times 2 = \square$, $12 \times 3 = \square$ ······

➡ 12의 배수: □, □, □ ······

⑱ $11 \times 1 = \square$, $11 \times 2 = \square$, $11 \times 3 = \square$ ······

➡ 11의 배수: □, □, □ ······

⑭ $8 \times 1 = \square$, $8 \times 2 = \square$, $8 \times 3 = \square$ ······

➡ 8의 배수: □, □, □ ······

⑲ $6 \times 1 = \square$, $6 \times 2 = \square$, $6 \times 3 = \square$ ······

➡ 6의 배수: □, □, □ ······

⑮ $7 \times 1 = \square$, $7 \times 2 = \square$, $7 \times 3 = \square$ ······

➡ 7의 배수: □, □, □ ······

⑳ $3 \times 1 = \square$, $3 \times 2 = \square$, $3 \times 3 = \square$ ······

➡ 3의 배수: □, □, □ ······

# 04 배수

복습 B

빈 곳에 알맞은 수를 써넣으세요.

① 10을 1배 한 수는 ☐입니다.

→ 10 × ☐ = 10

10을 2배 한 수는 ☐입니다.

→ 10 × ☐ = 20

10을 3배 한 수는 ☐입니다.

→ 10 × ☐ = 30

→ 10의 배수: ______

② 2를 1배 한 수는 ☐입니다.

→ 2 × ☐ = 2

2를 2배 한 수는 ☐입니다.

→ 2 × ☐ = 4

2를 3배 한 수는 ☐입니다.

→ 2 × ☐ = 6

→ 2의 배수: ______

③ 12를 1배 한 수는 ☐입니다.

→ 12 × ☐ = 12

12를 2배 한 수는 ☐입니다.

→ 12 × ☐ = 24

12를 3배 한 수는 ☐입니다.

→ 12 × ☐ = 36

→ 12의 배수: ______

④ 3을 1배 한 수는 ☐입니다.

→ 3 × ☐ = 3

3을 2배 한 수는 ☐입니다.

→ 3 × ☐ = 6

3을 3배 한 수는 ☐입니다.

→ 3 × ☐ = 9

→ 3의 배수: ______

⑤ 4를 1배 한 수는 ☐입니다.

→ 4 × ☐ = 4

4를 2배 한 수는 ☐입니다.

→ 4 × ☐ = 8

4를 3배 한 수는 ☐입니다.

→ 4 × ☐ = 12

→ 4의 배수: ______

⑥ 7을 1배 한 수는 ☐입니다.

→ 7 × ☐ = 7

7을 2배 한 수는 ☐입니다.

→ 7 × ☐ = 14

7을 3배 한 수는 ☐입니다.

→ 7 × ☐ = 21

→ 7의 배수: ______

정답 95쪽

| 공부한 날짜 | 맞힌 개수 | 걸린 시간 |
| --- | --- | --- |
| 월 일 | /22 | 분 |

주어진 수의 배수를 가장 작은 수부터 **3**개씩 구하세요.

7 4 → ______________________

15 7 → ______________________

8 10 → ______________________

16 8 → ______________________

9 9 → ______________________

17 5 → ______________________

10 11 → ______________________

18 2 → ______________________

11 8 → ______________________

19 3 → ______________________

12 7 → ______________________

20 6 → ______________________

13 5 → ______________________

21 4 → ______________________

14 12 → ______________________

22 2 → ______________________

# 05 곱을 이용하여 최대공약수 구하기 복습 A

◆ □ 안에 알맞은 수를 써넣으세요.

❶ 9 6

9 = 3 × □

6 = 2 × □

➡ 최대공약수: □

❷ 6 10

6 = 2 × □

10 = 2 × □

➡ 최대공약수: □

❸ 14 18

14 = 2 × □

18 = 2 × □ × □

➡ 최대공약수: □

❹ 18 6

18 = 2 × □ × □

6 = 2 × □

➡ 최대공약수: □

❺ 30 10

30 = 2 × □ × □

10 = 2 × □

➡ 최대공약수: □

❻ 90 10

90 = 2 × □ × □ × □

10 = 2 × □

➡ 최대공약수: □

❼ 4 30

4 = 2 × □

30 = 2 × □ × □

➡ 최대공약수: □

❽ 18 30

18 = 2 × □ × □

30 = 2 × □ × □

➡ 최대공약수: □

❾ 8 14

8 = 2 × □ × □

14 = 2 × □

➡ 최대공약수: □

❿ 70 14

70 = 2 × □ × □

14 = 2 × □

➡ 최대공약수: □

정답 96쪽

| 공부한 날짜 | 맞힌 개수 | 걸린 시간 |
|---|---|---|
| 월 일 | /25 | 분 |

두 수의 최대공약수를 구하세요.

⑪ 6 4
➡ 최대공약수: ☐

⑫ 10 140
➡ 최대공약수: ☐

⑬ 12 30
➡ 최대공약수: ☐

⑭ 6 60
➡ 최대공약수: ☐

⑮ 90 30
➡ 최대공약수: ☐

⑯ 14 10
➡ 최대공약수: ☐

⑰ 20 8
➡ 최대공약수: ☐

⑱ 10 30
➡ 최대공약수: ☐

⑲ 98 8
➡ 최대공약수: ☐

⑳ 30 70
➡ 최대공약수: ☐

㉑ 98 14
➡ 최대공약수: ☐

㉒ 14 50
➡ 최대공약수: ☐

㉓ 50 4
➡ 최대공약수: ☐

㉔ 6 70
➡ 최대공약수: ☐

㉕ 140 4
➡ 최대공약수: ☐

# 06 곱을 이용하여 최소공배수 구하기 복습 A

□ 안에 알맞은 수를 써넣으세요.

❶ 30 50

30＝2×□×□

50＝2×□×□

➡ 최소공배수: □

❷ 18 10

18＝2×□×□

10＝2×□

➡ 최소공배수: □

❸ 30 20

30＝2×□×□

20＝2×□×□

➡ 최소공배수: □

❹ 60 40

60＝2×□×□×□

40＝2×□×□×□

➡ 최소공배수: □

❺ 12 80

12＝2×□×□

80＝2×□×□×□×□

➡ 최소공배수: □

❻ 60 10

60＝2×□×□×□

10＝2×□

➡ 최소공배수: □

❼ 8 12

8＝2×□×□

12＝2×□×□

➡ 최소공배수: □

❽ 12 4

12＝2×□×□

4＝2×□

➡ 최소공배수: □

❾ 14 6

14＝2×□

6＝2×□

➡ 최소공배수: □

❿ 36 24

36＝2×□×□×□

24＝2×□×□×□

➡ 최소공배수: □

정답 96쪽

| 공부한 날짜 | 맞힌 개수 | 걸린 시간 |
| --- | --- | --- |
| 월 일 | /25 | 분 |

두 수의 최소공배수를 구하세요.

⑪ 6 20
➡ 최소공배수: ☐

⑫ 140 8
➡ 최소공배수: ☐

⑬ 6 28
➡ 최소공배수: ☐

⑭ 60 4
➡ 최소공배수: ☐

⑮ 6 14
➡ 최소공배수: ☐

⑯ 14 30
➡ 최소공배수: ☐

⑰ 8 6
➡ 최소공배수: ☐

⑱ 18 8
➡ 최소공배수: ☐

⑲ 6 5
➡ 최소공배수: ☐

⑳ 72 16
➡ 최소공배수: ☐

㉑ 14 12
➡ 최소공배수: ☐

㉒ 36 16
➡ 최소공배수: ☐

㉓ 10 14
➡ 최소공배수: ☐

㉔ 30 8
➡ 최소공배수: ☐

㉕ 10 50
➡ 최소공배수: ☐

# 07 공약수를 이용하여 최대공약수 구하기 복습 A

□ 안에 알맞은 수를 써넣으세요.

❶ 2 ) 30 80
□ ) □ □
□ □
➡ 최대공약수: □

❷ 2 ) 50 10
□ ) □ □
□ □
➡ 최대공약수: □

❸ □ ) 30 14
□ □
➡ 최대공약수: □

❹ 2 ) 18 30
□ ) □ □
□ □
➡ 최대공약수: □

❺ 2 ) 56 14
□ ) □ □
□ □
➡ 최대공약수: □

❻ 2 ) 60 8
□ ) □ □
□ □
➡ 최대공약수: □

❼ □ ) 10 28
□ □
➡ 최대공약수: □

❽ □ ) 20 6
□ □
➡ 최대공약수: □

❾ 2 ) 10 50
□ ) □ □
□ □
➡ 최대공약수: □

❿ 2 ) 140 10
□ ) □ □
□ □
➡ 최대공약수: □

⓫ □ ) 10 14
□ □
➡ 최대공약수: □

⓬ □ ) 12 14
□ □
➡ 최대공약수: □

⓭ □ ) 8 70
□ □
➡ 최대공약수: □

⓮ 2 ) 70 14
□ ) □ □
□ □
➡ 최대공약수: □

⓯ □ ) 8 350
□ □
➡ 최대공약수: □

정답 96쪽

| 공부한 날짜 | 맞힌 개수 | 걸린 시간 |
|---|---|---|
| 월 일 | /30 | 분 |

두 수의 최대공약수를 구하세요.

⑯ ) 14 6

→ 최대공약수: ☐

㉑ ) 90 4

→ 최대공약수: ☐

㉖ ) 4 20

→ 최대공약수: ☐

⑰ ) 30 8

→ 최대공약수: ☐

㉒ ) 30 350

→ 최대공약수: ☐

㉗ ) 50 14

→ 최대공약수: ☐

⑱ ) 8 98

→ 최대공약수: ☐

㉓ ) 70 10

→ 최대공약수: ☐

㉘ ) 8 12

→ 최대공약수: ☐

⑲ ) 70 6

→ 최대공약수: ☐

㉔ ) 4 10

→ 최대공약수: ☐

㉙ ) 8 28

→ 최대공약수: ☐

⑳ ) 8 6

→ 최대공약수: ☐

㉕ ) 60 10

→ 최대공약수: ☐

㉚ ) 30 20

→ 최대공약수: ☐

# 08 공약수를 이용하여 최소공배수 구하기 복습 A

□ 안에 알맞은 수를 써넣으세요.

1
□ ) 14 30
□ □
➡ 최소공배수: □

2
2 ) 6 12
□ ) □ □
□ □
➡ 최소공배수: □

3
□ ) 4 14
□ □
➡ 최소공배수: □

4
2 ) 140 4
□ ) □ □
□ □
➡ 최소공배수: □

5
□ ) 10 6
□ □
➡ 최소공배수: □

6
□ ) 18 4
□ □
➡ 최소공배수: □

7
□ ) 90 8
□ □
➡ 최소공배수: □

8
2 ) 4 28
□ ) □ □
□ □
➡ 최소공배수: □

9
□ ) 4 70
□ □
➡ 최소공배수: □

10
2 ) 60 4
□ ) □ □
□ □
➡ 최소공배수: □

11
2 ) 10 30
□ ) □ □
□ □
➡ 최소공배수: □

12
2 ) 6 30
□ ) □ □
□ □
➡ 최소공배수: □

13
2 ) 30 10
□ ) □ □
□ □
➡ 최소공배수: □

14
3 ) 45 30
□ ) □ □
□ □
➡ 최소공배수: □

15
□ ) 8 14
□ □
➡ 최소공배수: □

정답 96쪽

| 공부한 날짜 | 맞힌 개수 | 걸린 시간 |
|---|---|---|
| 월 일 | /30 | 분 |

두 수의 최소공배수를 구하세요.

⑯ ) 30 12

→ 최소공배수:

⑰ ) 28 98

→ 최소공배수:

⑱ ) 12 8

→ 최소공배수:

⑲ ) 4 50

→ 최소공배수:

⑳ ) 18 8

→ 최소공배수:

㉑ ) 60 6

→ 최소공배수:

㉒ ) 14 28

→ 최소공배수:

㉓ ) 10 20

→ 최소공배수:

㉔ ) 18 14

→ 최소공배수:

㉕ ) 8 20

→ 최소공배수:

㉖ ) 6 14

→ 최소공배수:

㉗ ) 30 140

→ 최소공배수:

㉘ ) 14 140

→ 최소공배수:

㉙ ) 10 25

→ 최소공배수:

㉚ ) 6 90

→ 최소공배수:

# 01 약분하기

복습 A

색칠한 부분을 분수로 나타내세요.

1 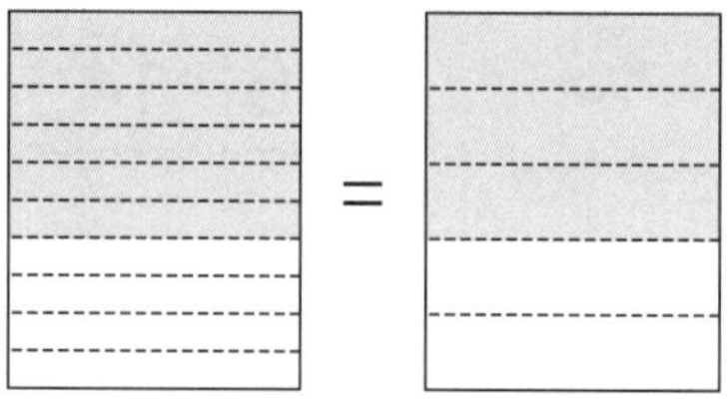 $\frac{\square}{\square}=\frac{\square}{\square}$

2 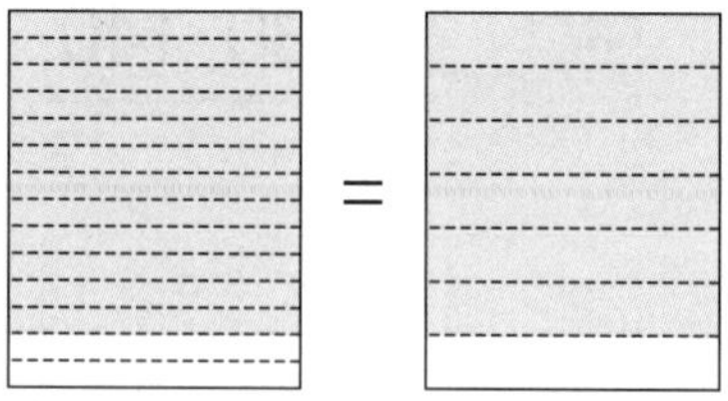 $\frac{\square}{\square}=\frac{\square}{\square}$

3 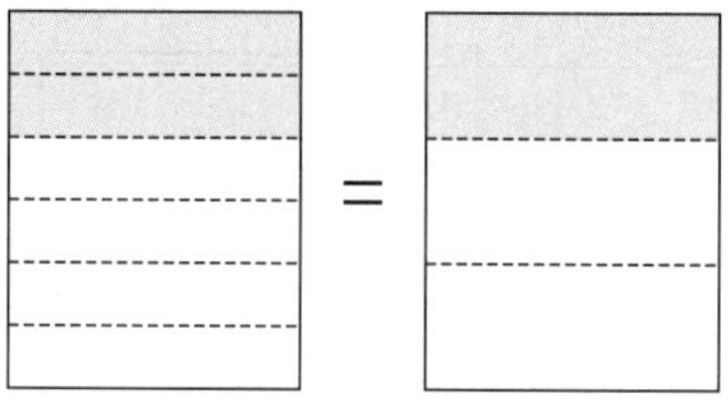 $\frac{\square}{\square}=\frac{\square}{\square}$

4 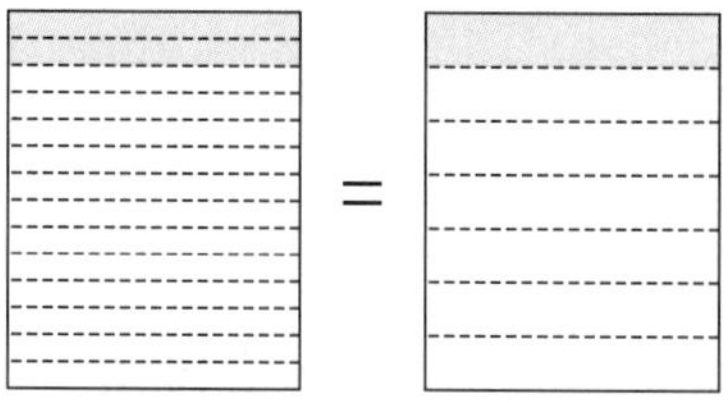 $\frac{\square}{\square}=\frac{\square}{\square}$

5 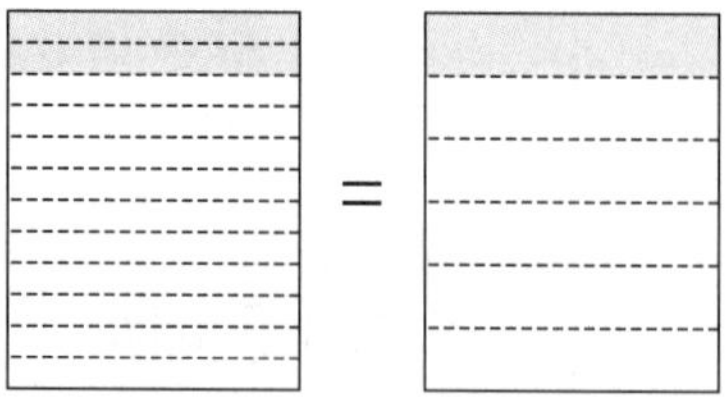 $\frac{\square}{\square}=\frac{\square}{\square}$

6 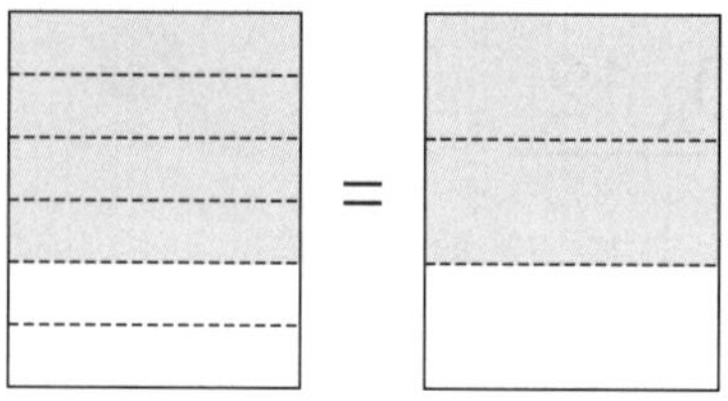 $\frac{\square}{\square}=\frac{\square}{\square}$

7 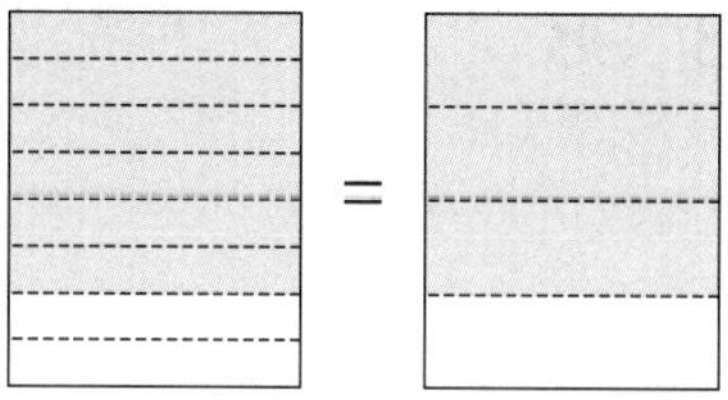 $\frac{\square}{\square}=\frac{\square}{\square}$

8 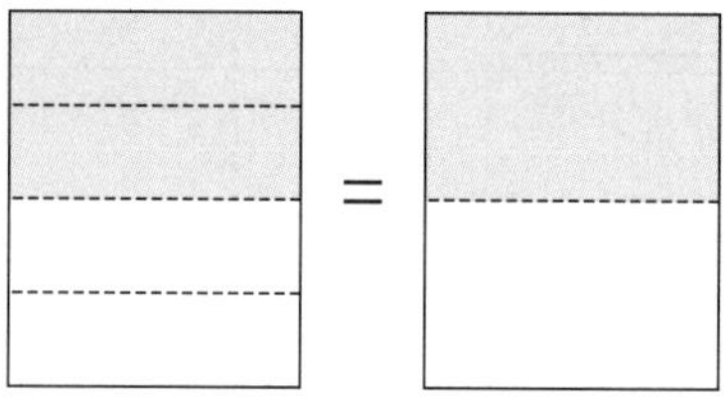 $\frac{\square}{\square}=\frac{\square}{\square}$

9 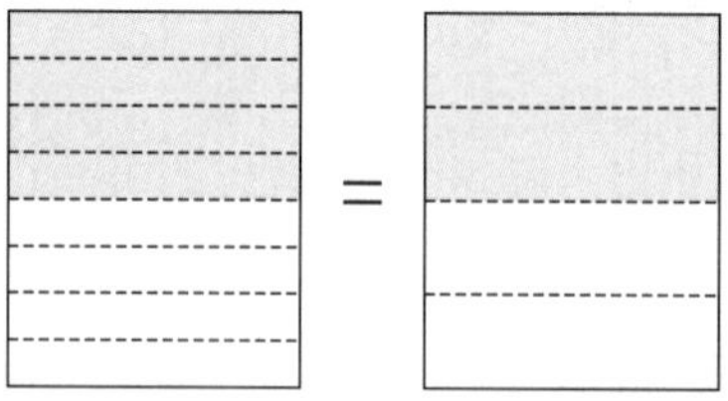 $\frac{\square}{\square}=\frac{\square}{\square}$

10 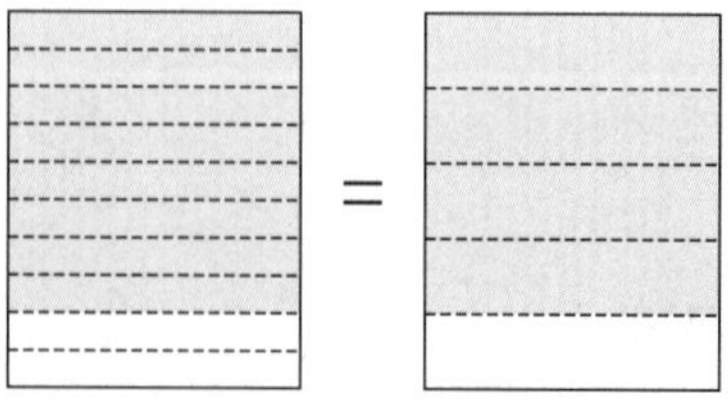 $\frac{\square}{\square}=\frac{\square}{\square}$

정답 97쪽

| 공부한 날짜 | 맞힌 개수 | 걸린 시간 |
| --- | --- | --- |
| 월 일 | /20 | 분 |

색칠한 부분을 분수로 나타내세요.

11
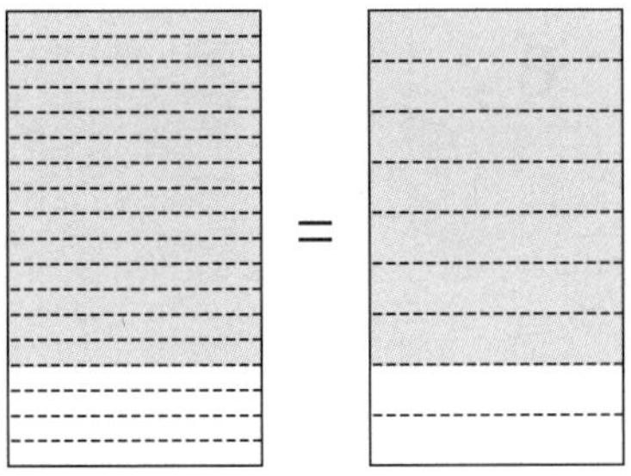
$\frac{\square}{\square} = \frac{\square}{\square}$

16
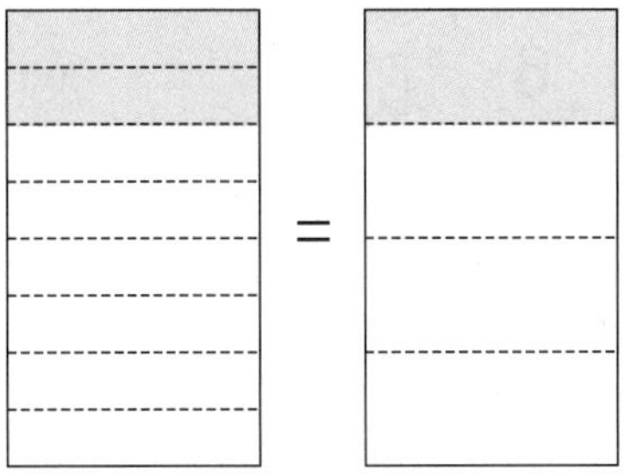
$\frac{\square}{\square} = \frac{\square}{\square}$

12
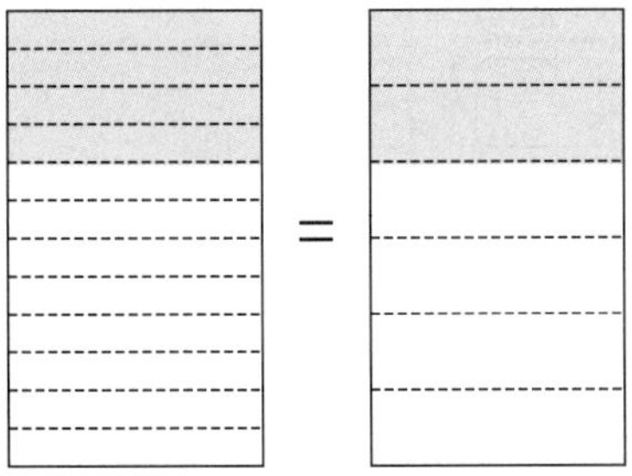
$\frac{\square}{\square} = \frac{\square}{\square}$

17
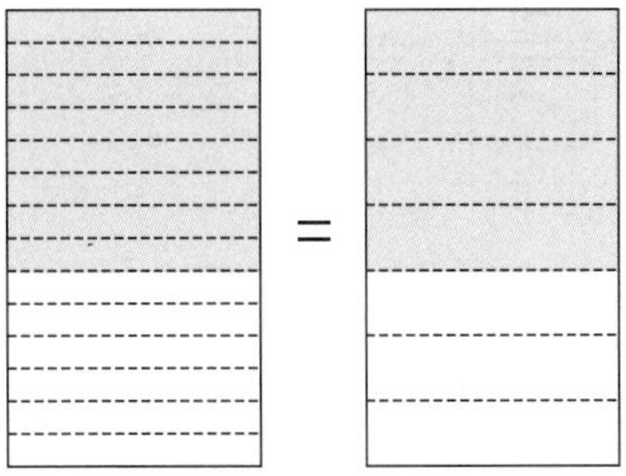
$\frac{\square}{\square} = \frac{\square}{\square}$

13
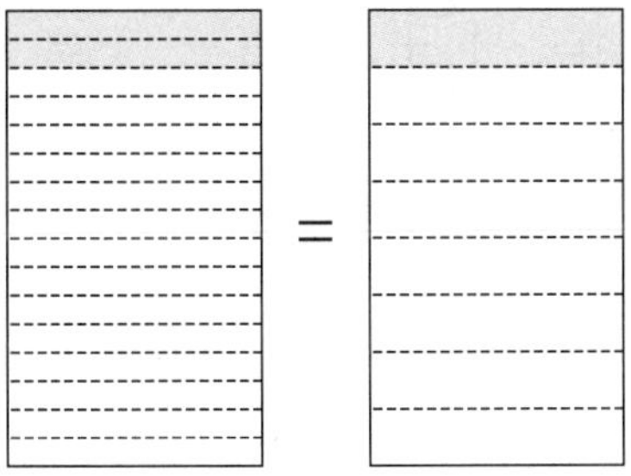
$\frac{\square}{\square} = \frac{\square}{\square}$

18
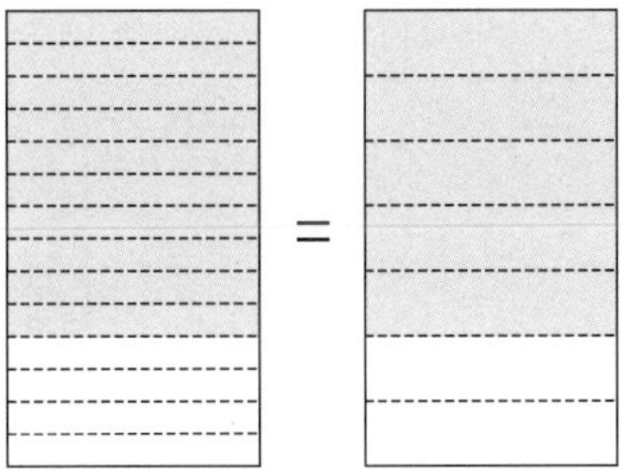
$\frac{\square}{\square} = \frac{\square}{\square}$

14
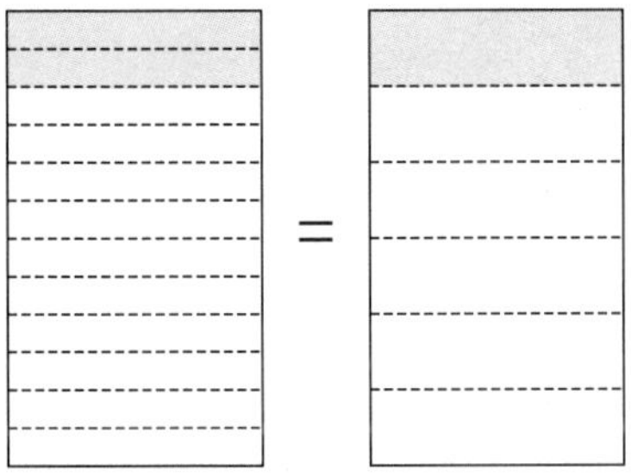
$\frac{\square}{\square} = \frac{\square}{\square}$

19
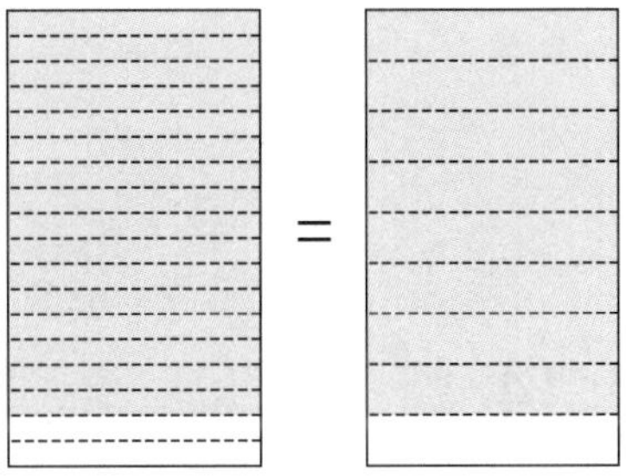
$\frac{\square}{\square} = \frac{\square}{\square}$

15
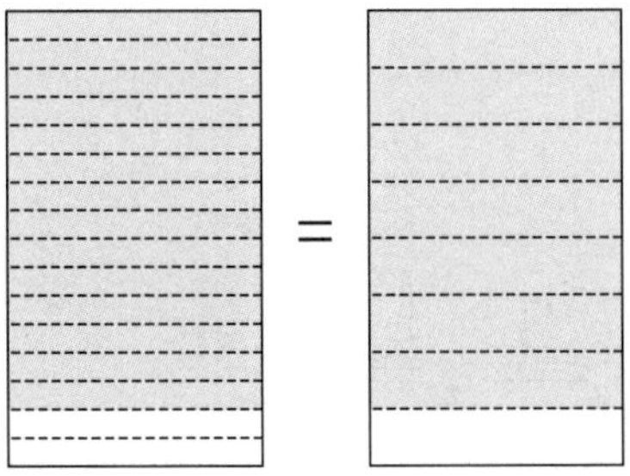
$\frac{\square}{\square} = \frac{\square}{\square}$

20
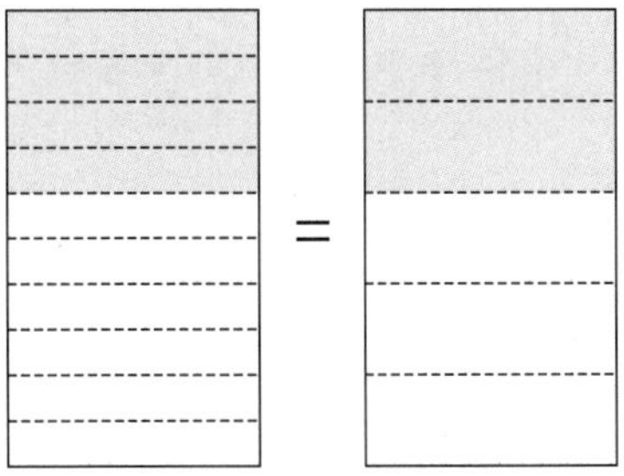
$\frac{\square}{\square} = \frac{\square}{\square}$

# 02 약분하기

복습 B

주어진 분수를 약분하려고 합니다. □ 안에 알맞은 수를 써넣으세요.

❶ $\frac{12}{16}$ ➡ $\frac{6}{\square}$, $\frac{\square}{\square}$

분모 16과 분자 12의 공약수는 1, 2, 4예요.

❷ $\frac{8}{12}$ ➡ $\frac{4}{\square}$, $\frac{\square}{\square}$

❸ $\frac{16}{28}$ ➡ $\frac{8}{\square}$, $\frac{\square}{\square}$

❹ $\frac{24}{28}$ ➡ $\frac{12}{\square}$, $\frac{\square}{\square}$

❺ $\frac{28}{36}$ ➡ $\frac{14}{\square}$, $\frac{\square}{\square}$

❻ $\frac{18}{27}$ ➡ $\frac{6}{\square}$, $\frac{\square}{\square}$

❼ $\frac{16}{36}$ ➡ $\frac{8}{\square}$, $\frac{\square}{\square}$

❽ $\frac{4}{12}$ ➡ $\frac{2}{\square}$, $\frac{\square}{\square}$

❾ $\frac{28}{32}$ ➡ $\frac{14}{\square}$, $\frac{\square}{\square}$

❿ $\frac{32}{36}$ ➡ $\frac{16}{\square}$, $\frac{\square}{\square}$

⓫ $\frac{4}{16}$ ➡ $\frac{2}{\square}$, $\frac{\square}{\square}$

⓬ $\frac{9}{81}$ ➡ $\frac{3}{\square}$, $\frac{\square}{\square}$

정답 97쪽

| 공부한 날짜 | 맞힌 개수 | 걸린 시간 |
| --- | --- | --- |
| 월 일 | /24 | 분 |

주어진 분수를 약분하려고 합니다. □ 안에 알맞은 수를 써넣으세요.

⑬ $\frac{32}{56}$ ➜ $\frac{16}{\square}$, $\frac{\square}{\square}$, $\frac{\square}{\square}$

⑭ $\frac{48}{56}$ ➜ $\frac{24}{\square}$, $\frac{\square}{\square}$, $\frac{\square}{\square}$

⑮ $\frac{8}{64}$ ➜ $\frac{4}{\square}$, $\frac{\square}{\square}$, $\frac{\square}{\square}$

⑯ $\frac{8}{40}$ ➜ $\frac{4}{\square}$, $\frac{\square}{\square}$, $\frac{\square}{\square}$

⑰ $\frac{32}{40}$ ➜ $\frac{16}{\square}$, $\frac{\square}{\square}$, $\frac{\square}{\square}$

⑱ $\frac{64}{72}$ ➜ $\frac{32}{\square}$, $\frac{\square}{\square}$, $\frac{\square}{\square}$

⑲ $\frac{8}{24}$ ➜ $\frac{4}{\square}$, $\frac{\square}{\square}$, $\frac{\square}{\square}$

⑳ $\frac{27}{243}$ ➜ $\frac{9}{\square}$, $\frac{\square}{\square}$, $\frac{\square}{\square}$

㉑ $\frac{56}{72}$ ➜ $\frac{28}{\square}$, $\frac{\square}{\square}$, $\frac{\square}{\square}$

㉒ $\frac{24}{64}$ ➜ $\frac{12}{\square}$, $\frac{\square}{\square}$, $\frac{\square}{\square}$

㉓ $\frac{16}{40}$ ➜ $\frac{8}{\square}$, $\frac{\square}{\square}$, $\frac{\square}{\square}$

㉔ $\frac{8}{56}$ ➜ $\frac{4}{\square}$, $\frac{\square}{\square}$, $\frac{\square}{\square}$

# 03 약분하기

복습 C

분수를 기약분수로 나타내려고 합니다. □ 안에 알맞은 수를 써넣으세요.

❶ $\frac{2}{10}$ ➡ $\frac{2 \div \square}{10 \div \square} = \frac{\square}{\square}$

분모 10과 분자 2의 최대공약수인 2로 나눠요.

❷ $\frac{2}{6}$ ➡ $\frac{2 \div \square}{6 \div \square} = \frac{\square}{\square}$

❸ $\frac{10}{18}$ ➡ $\frac{10 \div \square}{18 \div \square} = \frac{\square}{\square}$

❹ $\frac{28}{32}$ ➡ $\frac{28 \div \square}{32 \div \square} = \frac{\square}{\square}$

❺ $\frac{2}{4}$ ➡ $\frac{2 \div \square}{4 \div \square} = \frac{\square}{\square}$

❻ $\frac{6}{14}$ ➡ $\frac{6 \div \square}{14 \div \square} = \frac{\square}{\square}$

❼ $\frac{6}{8}$ ➡ $\frac{6 \div \square}{8 \div \square} = \frac{\square}{\square}$

❽ $\frac{14}{16}$ ➡ $\frac{14 \div \square}{16 \div \square} = \frac{\square}{\square}$

❾ $\frac{4}{14}$ ➡ $\frac{4 \div \square}{14 \div \square} = \frac{\square}{\square}$

❿ $\frac{6}{9}$ ➡ $\frac{6 \div \square}{9 \div \square} = \frac{\square}{\square}$

⓫ $\frac{16}{18}$ ➡ $\frac{16 \div \square}{18 \div \square} = \frac{\square}{\square}$

⓬ $\frac{8}{18}$ ➡ $\frac{8 \div \square}{18 \div \square} = \frac{\square}{\square}$

정답 97쪽

| 공부한 날짜 | 맞힌 개수 | 걸린 시간 |
| --- | --- | --- |
| 월 일 | /36 | 분 |

분수를 기약분수로 나타내세요.

⑬ $\frac{8}{24}=\frac{\square}{\square}$

⑭ $\frac{40}{64}=\frac{\square}{\square}$

⑮ $\frac{8}{64}=\frac{\square}{\square}$

⑯ $\frac{8}{40}=\frac{\square}{\square}$

⑰ $\frac{9}{81}=\frac{\square}{\square}$

⑱ $\frac{8}{32}=\frac{\square}{\square}$

⑲ $\frac{4}{8}=\frac{\square}{\square}$

⑳ $\frac{56}{72}=\frac{\square}{\square}$

㉑ $\frac{72}{80}=\frac{\square}{\square}$

㉒ $\frac{12}{28}=\frac{\square}{\square}$

㉓ $\frac{4}{12}=\frac{\square}{\square}$

㉔ $\frac{32}{40}=\frac{\square}{\square}$

㉕ $\frac{8}{56}=\frac{\square}{\square}$

㉖ $\frac{16}{72}=\frac{\square}{\square}$

㉗ $\frac{24}{64}=\frac{\square}{\square}$

㉘ $\frac{8}{16}=\frac{\square}{\square}$

㉙ $\frac{40}{48}=\frac{\square}{\square}$

㉚ $\frac{20}{32}=\frac{\square}{\square}$

㉛ $\frac{48}{56}=\frac{\square}{\square}$

㉜ $\frac{8}{72}=\frac{\square}{\square}$

㉝ $\frac{24}{28}=\frac{\square}{\square}$

㉞ $\frac{12}{16}=\frac{\square}{\square}$

㉟ $\frac{8}{48}=\frac{\square}{\square}$

㊱ $\frac{32}{56}=\frac{\square}{\square}$

# 04 통분하기

복습 A

◈ 분수를 통분하려고 합니다. □ 안에 알맞은 수를 써넣으세요.

❶ $\frac{5}{6}=\frac{10}{12}=\frac{\square}{\square}=\frac{\square}{\square}=\frac{\square}{\square}=\frac{\square}{\square}=\frac{\square}{\square}=\frac{\square}{\square}=\cdots\cdots$

$\frac{2}{9}=\frac{4}{18}=\frac{\square}{\square}=\frac{\square}{\square}=\frac{\square}{\square}=\frac{\square}{\square}=\frac{\square}{\square}=\frac{\square}{\square}=\cdots\cdots$

$\left(\frac{5}{6}, \frac{2}{9}\right) \Rightarrow \left(\frac{\square}{\square}, \frac{\square}{\square}\right), \left(\frac{\square}{\square}, \frac{\square}{\square}\right)\cdots\cdots$

6과 9의 공통분모는 18, 36……이예요.

❷ $\frac{1}{2}=\frac{2}{4}=\frac{\square}{\square}=\frac{\square}{\square}=\frac{\square}{\square}=\frac{\square}{\square}=\frac{\square}{\square}=\frac{\square}{\square}=\cdots\cdots$

$\frac{1}{6}=\frac{2}{12}=\frac{\square}{\square}=\frac{\square}{\square}=\frac{\square}{\square}=\frac{\square}{\square}=\frac{\square}{\square}=\frac{\square}{\square}=\cdots\cdots$

$\left(\frac{1}{2}, \frac{1}{6}\right) \Rightarrow \left(\frac{\square}{\square}, \frac{\square}{\square}\right), \left(\frac{\square}{\square}, \frac{\square}{\square}\right)\cdots\cdots$

❸ $\frac{2}{3}=\frac{4}{6}=\frac{\square}{\square}=\frac{\square}{\square}=\frac{\square}{\square}=\frac{\square}{\square}=\frac{\square}{\square}=\frac{\square}{\square}=\cdots\cdots$

$\frac{1}{4}=\frac{2}{8}=\frac{\square}{\square}=\frac{\square}{\square}=\frac{\square}{\square}=\frac{\square}{\square}=\frac{\square}{\square}=\frac{\square}{\square}=\cdots\cdots$

$\left(\frac{2}{3}, \frac{1}{4}\right) \Rightarrow \left(\frac{\square}{\square}, \frac{\square}{\square}\right), \left(\frac{\square}{\square}, \frac{\square}{\square}\right)\cdots\cdots$

정답 98쪽

| 공부한 날짜 | 맞힌 개수 | 걸린 시간 |
| --- | --- | --- |
| 월 일 | /6 | 분 |

분수를 통분하려고 합니다. $\square$ 안에 알맞은 수를 써넣으세요.

**4** $\frac{5}{6}=\frac{10}{12}=\frac{\square}{\square}=\frac{\square}{\square}=\frac{\square}{\square}=\frac{\square}{\square}=\frac{\square}{\square}=\frac{\square}{\square}=\cdots\cdots$

$\frac{3}{8}=\frac{6}{16}=\frac{\square}{\square}=\frac{\square}{\square}=\frac{\square}{\square}=\frac{\square}{\square}=\frac{\square}{\square}=\frac{\square}{\square}=\cdots\cdots$

$\left(\frac{5}{6}, \frac{3}{8}\right) \Rightarrow \left(\frac{\square}{\square}, \frac{\square}{\square}\right), \left(\frac{\square}{\square}, \frac{\square}{\square}\right)\cdots\cdots$

**5** $\frac{1}{2}=\frac{2}{4}=\frac{\square}{\square}=\frac{\square}{\square}=\frac{\square}{\square}=\frac{\square}{\square}=\frac{\square}{\square}=\frac{\square}{\square}=\cdots\cdots$

$\frac{3}{4}=\frac{6}{8}=\frac{\square}{\square}=\frac{\square}{\square}=\frac{\square}{\square}=\frac{\square}{\square}=\frac{\square}{\square}=\frac{\square}{\square}=\cdots\cdots$

$\left(\frac{1}{2}, \frac{3}{4}\right) \Rightarrow \left(\frac{\square}{\square}, \frac{\square}{\square}\right), \left(\frac{\square}{\square}, \frac{\square}{\square}\right)\cdots\cdots$

**6** $\frac{1}{3}=\frac{2}{6}=\frac{\square}{\square}=\frac{\square}{\square}=\frac{\square}{\square}=\frac{\square}{\square}=\frac{\square}{\square}=\frac{\square}{\square}=\cdots\cdots$

$\frac{3}{4}=\frac{6}{8}=\frac{\square}{\square}=\frac{\square}{\square}=\frac{\square}{\square}=\frac{\square}{\square}=\frac{\square}{\square}=\frac{\square}{\square}=\cdots\cdots$

$\left(\frac{1}{3}, \frac{3}{4}\right) \Rightarrow \left(\frac{\square}{\square}, \frac{\square}{\square}\right), \left(\frac{\square}{\square}, \frac{\square}{\square}\right)\cdots\cdots$

# 05 통분하기

복습 B

분모의 곱을 공통분모로 하여 통분하려고 합니다. □ 안에 알맞은 수를 써넣으세요.

1. $\left(\frac{5}{6}, \frac{4}{9}\right) \rightarrow \left(\frac{5\times\square}{6\times\square}, \frac{4\times\square}{9\times\square}\right) \rightarrow \left(\frac{\square}{\square}, \frac{\square}{\square}\right)$

2. $\left(\frac{3}{7}, \frac{2}{9}\right) \rightarrow \left(\frac{3\times\square}{7\times\square}, \frac{2\times\square}{9\times\square}\right) \rightarrow \left(\frac{\square}{\square}, \frac{\square}{\square}\right)$

3. $\left(\frac{1}{4}, \frac{5}{7}\right) \rightarrow \left(\frac{1\times\square}{4\times\square}, \frac{5\times\square}{7\times\square}\right) \rightarrow \left(\frac{\square}{\square}, \frac{\square}{\square}\right)$

4. $\left(\frac{1}{2}, \frac{1}{3}\right) \rightarrow \left(\frac{1\times\square}{2\times\square}, \frac{1\times\square}{3\times\square}\right) \rightarrow \left(\frac{\square}{\square}, \frac{\square}{\square}\right)$

5. $\left(\frac{2}{3}, \frac{1}{7}\right) \rightarrow \left(\frac{2\times\square}{3\times\square}, \frac{1\times\square}{7\times\square}\right) \rightarrow \left(\frac{\square}{\square}, \frac{\square}{\square}\right)$

6. $\left(\frac{1}{7}, \frac{1}{9}\right) \rightarrow \left(\frac{1\times\square}{7\times\square}, \frac{1\times\square}{9\times\square}\right) \rightarrow \left(\frac{\square}{\square}, \frac{\square}{\square}\right)$

7. $\left(\frac{1}{7}, \frac{5}{8}\right) \rightarrow \left(\frac{1\times\square}{7\times\square}, \frac{5\times\square}{8\times\square}\right) \rightarrow \left(\frac{\square}{\square}, \frac{\square}{\square}\right)$

8. $\left(\frac{4}{5}, \frac{2}{9}\right) \rightarrow \left(\frac{4\times\square}{5\times\square}, \frac{2\times\square}{9\times\square}\right) \rightarrow \left(\frac{\square}{\square}, \frac{\square}{\square}\right)$

9. $\left(\frac{1}{2}, \frac{2}{7}\right) \rightarrow \left(\frac{1\times\square}{2\times\square}, \frac{2\times\square}{7\times\square}\right) \rightarrow \left(\frac{\square}{\square}, \frac{\square}{\square}\right)$

10. $\left(\frac{4}{5}, \frac{5}{9}\right) \rightarrow \left(\frac{4\times\square}{5\times\square}, \frac{5\times\square}{9\times\square}\right) \rightarrow \left(\frac{\square}{\square}, \frac{\square}{\square}\right)$

| 공부한 날짜 | 맞힌 개수 | 걸린 시간 |
|---|---|---|
| 월 일 | /24 | 분 |

◈ 분모의 곱을 공통분모로 하여 통분하려고 합니다. □ 안에 알맞은 수를 써넣으세요.

⓫ $\left(\frac{1}{5}, \frac{5}{6}\right) \Rightarrow \left(\frac{\square}{\square}, \frac{\square}{\square}\right)$

$\frac{1}{5}$은 분모와 분자에 6을 곱하고,
$\frac{5}{6}$는 분모와 분자에 5를 곱하여 통분해요.

⓬ $\left(\frac{3}{5}, \frac{3}{8}\right) \Rightarrow \left(\frac{\square}{\square}, \frac{\square}{\square}\right)$

⓭ $\left(\frac{1}{4}, \frac{1}{5}\right) \Rightarrow \left(\frac{\square}{\square}, \frac{\square}{\square}\right)$

⓮ $\left(\frac{5}{6}, \frac{1}{7}\right) \Rightarrow \left(\frac{\square}{\square}, \frac{\square}{\square}\right)$

⓯ $\left(\frac{1}{5}, \frac{1}{8}\right) \Rightarrow \left(\frac{\square}{\square}, \frac{\square}{\square}\right)$

⓰ $\left(\frac{3}{5}, \frac{1}{9}\right) \Rightarrow \left(\frac{\square}{\square}, \frac{\square}{\square}\right)$

⓱ $\left(\frac{2}{3}, \frac{2}{7}\right) \Rightarrow \left(\frac{\square}{\square}, \frac{\square}{\square}\right)$

⓲ $\left(\frac{1}{2}, \frac{2}{3}\right) \Rightarrow \left(\frac{\square}{\square}, \frac{\square}{\square}\right)$

⓳ $\left(\frac{3}{4}, \frac{3}{7}\right) \Rightarrow \left(\frac{\square}{\square}, \frac{\square}{\square}\right)$

⓴ $\left(\frac{1}{6}, \frac{2}{9}\right) \Rightarrow \left(\frac{\square}{\square}, \frac{\square}{\square}\right)$

㉑ $\left(\frac{1}{7}, \frac{4}{9}\right) \Rightarrow \left(\frac{\square}{\square}, \frac{\square}{\square}\right)$

㉒ $\left(\frac{3}{4}, \frac{3}{5}\right) \Rightarrow \left(\frac{\square}{\square}, \frac{\square}{\square}\right)$

㉓ $\left(\frac{4}{5}, \frac{2}{7}\right) \Rightarrow \left(\frac{\square}{\square}, \frac{\square}{\square}\right)$

㉔ $\left(\frac{5}{7}, \frac{5}{8}\right) \Rightarrow \left(\frac{\square}{\square}, \frac{\square}{\square}\right)$

# 06 통분하기

복습 C

분모의 최소공배수를 공통분모로 하여 통분하려고 합니다. □ 안에 알맞은 수를 써넣으세요.

1. $\left(\frac{1}{2}, \frac{1}{4}\right) \Rightarrow \left(\frac{1\times\square}{2\times\square}, \frac{1\times\square}{4\times\square}\right) \Rightarrow \left(\frac{\square}{\square}, \frac{\square}{\square}\right)$

2. $\left(\frac{1}{4}, \frac{5}{6}\right) \Rightarrow \left(\frac{1\times\square}{4\times\square}, \frac{5\times\square}{6\times\square}\right) \Rightarrow \left(\frac{\square}{\square}, \frac{\square}{\square}\right)$

3. $\left(\frac{1}{4}, \frac{5}{8}\right) \Rightarrow \left(\frac{1\times\square}{4\times\square}, \frac{5\times\square}{8\times\square}\right) \Rightarrow \left(\frac{\square}{\square}, \frac{\square}{\square}\right)$

4. $\left(\frac{1}{6}, \frac{1}{8}\right) \Rightarrow \left(\frac{1\times\square}{6\times\square}, \frac{1\times\square}{8\times\square}\right) \Rightarrow \left(\frac{\square}{\square}, \frac{\square}{\square}\right)$

5. $\left(\frac{2}{3}, \frac{4}{7}\right) \Rightarrow \left(\frac{2\times\square}{3\times\square}, \frac{4\times\square}{7\times\square}\right) \Rightarrow \left(\frac{\square}{\square}, \frac{\square}{\square}\right)$

6. $\left(\frac{1}{4}, \frac{7}{8}\right) \Rightarrow \left(\frac{1\times\square}{4\times\square}, \frac{7\times\square}{8\times\square}\right) \Rightarrow \left(\frac{\square}{\square}, \frac{\square}{\square}\right)$

7. $\left(\frac{3}{5}, \frac{3}{7}\right) \Rightarrow \left(\frac{3\times\square}{5\times\square}, \frac{3\times\square}{7\times\square}\right) \Rightarrow \left(\frac{\square}{\square}, \frac{\square}{\square}\right)$

8. $\left(\frac{1}{3}, \frac{5}{8}\right) \Rightarrow \left(\frac{1\times\square}{3\times\square}, \frac{5\times\square}{8\times\square}\right) \Rightarrow \left(\frac{\square}{\square}, \frac{\square}{\square}\right)$

9. $\left(\frac{1}{3}, \frac{1}{8}\right) \Rightarrow \left(\frac{1\times\square}{3\times\square}, \frac{1\times\square}{8\times\square}\right) \Rightarrow \left(\frac{\square}{\square}, \frac{\square}{\square}\right)$

10. $\left(\frac{4}{5}, \frac{5}{6}\right) \Rightarrow \left(\frac{4\times\square}{5\times\square}, \frac{5\times\square}{6\times\square}\right) \Rightarrow \left(\frac{\square}{\square}, \frac{\square}{\square}\right)$

정답 99쪽

| 공부한 날짜 | 맞힌 개수 | 걸린 시간 |
| --- | --- | --- |
| 월 일 | /24 | 분 |

분모의 최소공배수를 공통분모로 하여 통분하려고 합니다. □ 안에 알맞은 수를 써넣으세요.

⑪ $\left(\frac{2}{3}, \frac{1}{6}\right) \Rightarrow \left(\frac{\square}{\square}, \frac{\square}{\square}\right)$

$\frac{2}{3}$는 분모와 분자에 2를 곱하고, $\frac{1}{6}$은 분모와 분자에 1를 곱하여 최소공배수 6으로 통분해요.

⑫ $\left(\frac{2}{5}, \frac{2}{7}\right) \Rightarrow \left(\frac{\square}{\square}, \frac{\square}{\square}\right)$

⑬ $\left(\frac{1}{4}, \frac{3}{8}\right) \Rightarrow \left(\frac{\square}{\square}, \frac{\square}{\square}\right)$

⑭ $\left(\frac{1}{6}, \frac{1}{9}\right) \Rightarrow \left(\frac{\square}{\square}, \frac{\square}{\square}\right)$

⑮ $\left(\frac{5}{6}, \frac{1}{9}\right) \Rightarrow \left(\frac{\square}{\square}, \frac{\square}{\square}\right)$

⑯ $\left(\frac{2}{3}, \frac{1}{8}\right) \Rightarrow \left(\frac{\square}{\square}, \frac{\square}{\square}\right)$

⑰ $\left(\frac{1}{7}, \frac{8}{9}\right) \Rightarrow \left(\frac{\square}{\square}, \frac{\square}{\square}\right)$

⑱ $\left(\frac{1}{12}, \frac{1}{20}\right) \Rightarrow \left(\frac{\square}{\square}, \frac{\square}{\square}\right)$

⑲ $\left(\frac{3}{4}, \frac{3}{8}\right) \Rightarrow \left(\frac{\square}{\square}, \frac{\square}{\square}\right)$

⑳ $\left(\frac{1}{10}, \frac{1}{4}\right) \Rightarrow \left(\frac{\square}{\square}, \frac{\square}{\square}\right)$

㉑ $\left(\frac{1}{16}, \frac{1}{12}\right) \Rightarrow \left(\frac{\square}{\square}, \frac{\square}{\square}\right)$

㉒ $\left(\frac{1}{10}, \frac{1}{12}\right) \Rightarrow \left(\frac{\square}{\square}, \frac{\square}{\square}\right)$

㉓ $\left(\frac{5}{6}, \frac{8}{9}\right) \Rightarrow \left(\frac{\square}{\square}, \frac{\square}{\square}\right)$

㉔ $\left(\frac{1}{8}, \frac{1}{10}\right) \Rightarrow \left(\frac{\square}{\square}, \frac{\square}{\square}\right)$

# 07 두 분수의 크기 비교

복습 A

두 분수를 통분하여 크기를 비교하세요.

❶ $\left(\frac{1}{6}, \frac{8}{9}\right) \rightarrow \left(\frac{\square}{18}, \frac{\square}{18}\right)$

$\rightarrow \frac{1}{6} \bigcirc \frac{8}{9}$

$\frac{1\times3}{6\times3}$ $\frac{8\times2}{9\times2}$

❷ $\left(\frac{3}{5}, \frac{1}{9}\right) \rightarrow \left(\frac{\square}{45}, \frac{\square}{45}\right)$

$\rightarrow \frac{3}{5} \bigcirc \frac{1}{9}$

❸ $\left(\frac{3}{4}, \frac{3}{8}\right) \rightarrow \left(\frac{\square}{8}, \frac{\square}{8}\right)$

$\rightarrow \frac{3}{4} \bigcirc \frac{3}{8}$

❹ $\left(\frac{3}{4}, \frac{4}{7}\right) \rightarrow \left(\frac{\square}{28}, \frac{\square}{28}\right)$

$\rightarrow \frac{3}{4} \bigcirc \frac{4}{7}$

❺ $\left(\frac{5}{7}, \frac{5}{9}\right) \rightarrow \left(\frac{\square}{63}, \frac{\square}{63}\right)$

$\rightarrow \frac{5}{7} \bigcirc \frac{5}{9}$

❻ $\left(\frac{3}{4}, \frac{1}{5}\right) \rightarrow \left(\frac{\square}{20}, \frac{\square}{20}\right)$

$\rightarrow \frac{3}{4} \bigcirc \frac{1}{5}$

❼ $\left(\frac{5}{6}, \frac{7}{9}\right) \rightarrow \left(\frac{\square}{18}, \frac{\square}{18}\right)$

$\rightarrow \frac{5}{6} \bigcirc \frac{7}{9}$

❽ $\left(\frac{3}{7}, \frac{5}{8}\right) \rightarrow \left(\frac{\square}{56}, \frac{\square}{56}\right)$

$\rightarrow \frac{3}{7} \bigcirc \frac{5}{8}$

❾ $\left(\frac{1}{7}, \frac{5}{9}\right) \rightarrow \left(\frac{\square}{63}, \frac{\square}{63}\right)$

$\rightarrow \frac{1}{7} \bigcirc \frac{5}{9}$

❿ $\left(\frac{4}{5}, \frac{4}{7}\right) \rightarrow \left(\frac{\square}{35}, \frac{\square}{35}\right)$

$\rightarrow \frac{4}{5} \bigcirc \frac{4}{7}$

정답 99쪽

| 공부한 날짜 | 맞힌 개수 | 걸린 시간 |
| --- | --- | --- |
| 월 일 | /31 | 분 |

두 분수의 크기를 비교하세요.

⑪ $\frac{1}{4} \bigcirc \frac{5}{6}$

⑫ $\frac{3}{4} \bigcirc \frac{1}{8}$

⑬ $\frac{4}{5} \bigcirc \frac{3}{8}$

⑭ $\frac{6}{7} \bigcirc \frac{4}{9}$

⑮ $\frac{3}{4} \bigcirc \frac{2}{5}$

⑯ $\frac{1}{4} \bigcirc \frac{3}{5}$

⑰ $\frac{3}{4} \bigcirc \frac{7}{8}$

⑱ $\frac{1}{6} \bigcirc \frac{2}{9}$

⑲ $\frac{1}{5} \bigcirc \frac{1}{7}$

⑳ $\frac{2}{7} \bigcirc \frac{3}{8}$

㉑ $\frac{3}{5} \bigcirc \frac{1}{7}$

㉒ $\frac{1}{2} \bigcirc \frac{7}{8}$

㉓ $\frac{5}{6} \bigcirc \frac{8}{9}$

㉔ $\frac{1}{4} \bigcirc \frac{7}{8}$

㉕ $\frac{3}{5} \bigcirc \frac{6}{7}$

㉖ $\frac{5}{6} \bigcirc \frac{2}{9}$

㉗ $\frac{2}{5} \bigcirc \frac{5}{8}$

㉘ $\frac{4}{5} \bigcirc \frac{1}{7}$

㉙ $\frac{3}{4} \bigcirc \frac{5}{8}$

㉚ $\frac{3}{5} \bigcirc \frac{1}{6}$

㉛ $\frac{3}{5} \bigcirc \frac{7}{9}$

# 08 분수와 소수의 크기 비교 복습 A

분수를 소수로 나타내어 크기를 비교하는 과정입니다. 빈 곳에 알맞은 수를 써넣으세요.

1 $\left(\frac{1}{2}, 0.6\right) \Rightarrow \left(\frac{\square}{10}, 0.6\right)$

$\Rightarrow (\square, 0.6) \Rightarrow \frac{1}{2} \bigcirc 0.6$

2 $\left(\frac{2}{5}, 0.1\right) \Rightarrow \left(\frac{\square}{10}, 0.1\right)$

$\Rightarrow (\square, 0.1) \Rightarrow \frac{2}{5} \bigcirc 0.1$

3 $\left(\frac{2}{5}, 0.7\right) \Rightarrow \left(\frac{\square}{10}, 0.7\right)$

$\Rightarrow (\square, 0.7) \Rightarrow \frac{2}{5} \bigcirc 0.7$

4 $\left(\frac{4}{5}, 0.3\right) \Rightarrow \left(\frac{\square}{10}, 0.3\right)$

$\Rightarrow (\square, 0.3) \Rightarrow \frac{4}{5} \bigcirc 0.3$

5 $\left(\frac{2}{5}, 0.5\right) \Rightarrow \left(\frac{\square}{10}, 0.5\right)$

$\Rightarrow (\square, 0.5) \Rightarrow \frac{2}{5} \bigcirc 0.5$

6 $\left(\frac{1}{2}, 0.1\right) \Rightarrow \left(\frac{\square}{10}, 0.1\right)$

$\Rightarrow (\square, 0.1) \Rightarrow \frac{1}{2} \bigcirc 0.1$

7 $\left(\frac{1}{5}, 0.9\right) \Rightarrow \left(\frac{\square}{10}, 0.9\right)$

$\Rightarrow (\square, 0.9) \Rightarrow \frac{1}{5} \bigcirc 0.9$

8 $\left(\frac{3}{5}, 0.5\right) \Rightarrow \left(\frac{\square}{10}, 0.5\right)$

$\Rightarrow (\square, 0.5) \Rightarrow \frac{3}{5} \bigcirc 0.5$

9 $\left(\frac{2}{5}, 0.3\right) \Rightarrow \left(\frac{\square}{10}, 0.3\right)$

$\Rightarrow (\square, 0.3) \Rightarrow \frac{2}{5} \bigcirc 0.3$

10 $\left(\frac{1}{2}, 0.4\right) \Rightarrow \left(\frac{\square}{10}, 0.4\right)$

$\Rightarrow (\square, 0.4) \Rightarrow \frac{1}{2} \bigcirc 0.4$

정답 99쪽

| 공부한 날짜 | 맞힌 개수 | 걸린 시간 |
| --- | --- | --- |
| 월 일 | /20 | 분 |

소수를 분수로 나타내어 크기를 비교하는 과정입니다. 빈 곳에 알맞은 수를 써넣으세요.

⑪ $\left(0.4, \frac{11}{20}\right) \Rightarrow \left(\frac{\square}{20}, \frac{\square}{20}\right)$

$\Rightarrow 0.4 \bigcirc \frac{11}{20}$

⑫ $\left(0.5, \frac{6}{10}\right) \Rightarrow \left(\frac{\square}{10}, \frac{\square}{10}\right)$

$\Rightarrow 0.5 \bigcirc \frac{6}{10}$

⑬ $\left(0.6, \frac{9}{10}\right) \Rightarrow \left(\frac{\square}{10}, \frac{\square}{10}\right)$

$\Rightarrow 0.6 \bigcirc \frac{9}{10}$

⑭ $\left(0.5, \frac{7}{20}\right) \Rightarrow \left(\frac{\square}{20}, \frac{\square}{20}\right)$

$\Rightarrow 0.5 \bigcirc \frac{7}{20}$

⑮ $\left(0.2, \frac{5}{20}\right) \Rightarrow \left(\frac{\square}{20}, \frac{\square}{20}\right)$

$\Rightarrow 0.2 \bigcirc \frac{5}{20}$

⑯ $\left(0.2, \frac{7}{10}\right) \Rightarrow \left(\frac{\square}{10}, \frac{\square}{10}\right)$

$\Rightarrow 0.2 \bigcirc \frac{7}{10}$

⑰ $\left(0.5, \frac{3}{10}\right) \Rightarrow \left(\frac{\square}{10}, \frac{\square}{10}\right)$

$\Rightarrow 0.5 \bigcirc \frac{3}{10}$

⑱ $\left(0.4, \frac{5}{20}\right) \Rightarrow \left(\frac{\square}{20}, \frac{\square}{20}\right)$

$\Rightarrow 0.4 \bigcirc \frac{5}{20}$

⑲ $\left(0.2, \frac{1}{10}\right) \Rightarrow \left(\frac{\square}{10}, \frac{\square}{10}\right)$

$\Rightarrow 0.2 \bigcirc \frac{1}{10}$

⑳ $\left(0.8, \frac{7}{10}\right) \Rightarrow \left(\frac{\square}{10}, \frac{\square}{10}\right)$

$\Rightarrow 0.8 \bigcirc \frac{7}{10}$

# 01 받아올림이 없는 분모가 다른 진분수의 덧셈 복습 A

□ 안에 알맞은 수를 써넣으세요.

❶ $\frac{3}{5}+\frac{3}{8}=\frac{3\times\square}{5\times\square}+\frac{3\times\square}{8\times\square}$

$=\frac{\square}{40}+\frac{\square}{40}=\frac{\square}{40}$

└ 분모의 곱을 이용하여 통분한 후 계산해요.

❷ $\frac{3}{7}+\frac{4}{9}=\frac{3\times\square}{7\times\square}+\frac{4\times\square}{9\times\square}$

$=\frac{\square}{63}+\frac{\square}{63}=\frac{\square}{63}$

❸ $\frac{2}{5}+\frac{3}{7}=\frac{2\times\square}{5\times\square}+\frac{3\times\square}{7\times\square}$

$=\frac{\square}{35}+\frac{\square}{35}=\frac{\square}{35}$

❹ $\frac{3}{5}+\frac{2}{9}=\frac{3\times\square}{5\times\square}+\frac{2\times\square}{9\times\square}$

$=\frac{\square}{45}+\frac{\square}{45}=\frac{\square}{45}$

❺ $\frac{2}{7}+\frac{5}{9}=\frac{2\times\square}{7\times\square}+\frac{5\times\square}{9\times\square}$

$=\frac{\square}{63}+\frac{\square}{63}=\frac{\square}{63}$

❻ $\frac{3}{4}+\frac{1}{5}=\frac{3\times\square}{4\times\square}+\frac{1\times\square}{5\times\square}$

$=\frac{\square}{20}+\frac{\square}{20}=\frac{\square}{20}$

❼ $\frac{2}{3}+\frac{2}{7}=\frac{2\times\square}{3\times\square}+\frac{2\times\square}{7\times\square}$

$=\frac{\square}{21}+\frac{\square}{21}=\frac{\square}{21}$

❽ $\frac{4}{5}+\frac{1}{8}=\frac{4\times\square}{5\times\square}+\frac{1\times\square}{8\times\square}$

$=\frac{\square}{40}+\frac{\square}{40}=\frac{\square}{40}$

❾ $\frac{1}{2}+\frac{1}{3}=\frac{1\times\square}{2\times\square}+\frac{1\times\square}{3\times\square}$

$=\frac{\square}{6}+\frac{\square}{6}=\frac{\square}{6}$

❿ $\frac{4}{5}+\frac{1}{7}=\frac{4\times\square}{5\times\square}+\frac{1\times\square}{7\times\square}$

$=\frac{\square}{35}+\frac{\square}{35}=\frac{\square}{35}$

정답 100쪽

| 공부한 날짜 | 맞힌 개수 | 걸린 시간 |
| --- | --- | --- |
| 월 일 | /31 | 분 |

◆ 분모의 곱을 이용하여 덧셈을 하세요.

⑪ $\frac{1}{3}+\frac{1}{8}$

⑫ $\frac{1}{2}+\frac{2}{5}$

⑬ $\frac{5}{8}+\frac{2}{9}$

⑭ $\frac{1}{5}+\frac{2}{9}$

⑮ $\frac{1}{6}+\frac{2}{9}$

⑯ $\frac{1}{5}+\frac{1}{8}$

⑰ $\frac{1}{7}+\frac{7}{9}$

⑱ $\frac{3}{7}+\frac{2}{9}$

⑲ $\frac{1}{7}+\frac{5}{9}$

⑳ $\frac{1}{3}+\frac{4}{7}$

㉑ $\frac{1}{4}+\frac{4}{7}$

㉒ $\frac{1}{6}+\frac{5}{9}$

㉓ $\frac{6}{7}+\frac{1}{9}$

㉔ $\frac{2}{7}+\frac{2}{9}$

㉕ $\frac{1}{7}+\frac{1}{9}$

㉖ $\frac{2}{5}+\frac{5}{9}$

㉗ $\frac{1}{5}+\frac{2}{7}$

㉘ $\frac{5}{7}+\frac{1}{9}$

㉙ $\frac{2}{5}+\frac{4}{9}$

㉚ $\frac{5}{6}+\frac{1}{8}$

㉛ $\frac{3}{8}+\frac{1}{9}$

# 02 받아올림이 없는 분모가 다른 진분수의 덧셈 복습 B

□ 안에 알맞은 수를 써넣으세요.

❶ $\frac{4}{5}+\frac{1}{9}=\frac{4\times\square}{5\times\square}+\frac{1\times\square}{9\times\square}=\frac{\square}{45}+\frac{\square}{45}=\frac{\square}{45}$

분모의 최소공배수를 이용하여 통분한 후 계산해요.

❷ $\frac{1}{5}+\frac{5}{7}=\frac{1\times\square}{5\times\square}+\frac{5\times\square}{7\times\square}=\frac{\square}{35}+\frac{\square}{35}=\frac{\square}{35}$

❸ $\frac{3}{12}+\frac{1}{8}=\frac{3\times\square}{12\times\square}+\frac{1\times\square}{8\times\square}=\frac{\square}{24}+\frac{\square}{24}=\frac{\square}{24}=\frac{\square}{8}$

❹ $\frac{1}{3}+\frac{5}{8}=\frac{1\times\square}{3\times\square}+\frac{5\times\square}{8\times\square}=\frac{\square}{24}+\frac{\square}{24}=\frac{\square}{24}$

❺ $\frac{3}{8}+\frac{2}{9}=\frac{3\times\square}{8\times\square}+\frac{2\times\square}{9\times\square}=\frac{\square}{72}+\frac{\square}{72}=\frac{\square}{72}$

❻ $\frac{1}{2}+\frac{1}{7}=\frac{1\times\square}{2\times\square}+\frac{1\times\square}{7\times\square}=\frac{\square}{14}+\frac{\square}{14}=\frac{\square}{14}$

❼ $\frac{1}{7}+\frac{1}{8}=\frac{1\times\square}{7\times\square}+\frac{1\times\square}{8\times\square}=\frac{\square}{56}+\frac{\square}{56}=\frac{\square}{56}$

❽ $\frac{3}{4}+\frac{1}{5}=\frac{3\times\square}{4\times\square}+\frac{1\times\square}{5\times\square}=\frac{\square}{20}+\frac{\square}{20}=\frac{\square}{20}$

❾ $\frac{2}{7}+\frac{5}{8}=\frac{2\times\square}{7\times\square}+\frac{5\times\square}{8\times\square}=\frac{\square}{56}+\frac{\square}{56}=\frac{\square}{56}$

❿ $\frac{2}{5}+\frac{1}{8}=\frac{2\times\square}{5\times\square}+\frac{1\times\square}{8\times\square}=\frac{\square}{40}+\frac{\square}{40}=\frac{\square}{40}$

정답 100쪽

| 공부한 날짜 | 맞힌 개수 | 걸린 시간 |
|---|---|---|
| 월 일 | /31 | 분 |

분모의 최소공배수를 이용하여 덧셈을 하세요.

11 $\frac{2}{5}+\frac{2}{9}$

12 $\frac{2}{7}+\frac{4}{9}$

13 $\frac{1}{8}+\frac{7}{9}$

14 $\frac{1}{3}+\frac{1}{4}$

15 $\frac{4}{7}+\frac{1}{8}$

16 $\frac{1}{5}+\frac{3}{7}$

17 $\frac{5}{8}+\frac{1}{9}$

18 $\frac{3}{7}+\frac{5}{9}$

19 $\frac{4}{7}+\frac{2}{9}$

20 $\frac{1}{4}+\frac{1}{5}$

21 $\frac{3}{7}+\frac{1}{9}$

22 $\frac{1}{6}+\frac{7}{9}$

23 $\frac{1}{5}+\frac{4}{9}$

24 $\frac{1}{5}+\frac{7}{9}$

25 $\frac{1}{6}+\frac{3}{7}$

26 $\frac{1}{4}+\frac{1}{8}$

27 $\frac{1}{6}+\frac{1}{7}$

28 $\frac{3}{5}+\frac{1}{7}$

29 $\frac{5}{7}+\frac{1}{8}$

30 $\frac{2}{3}+\frac{1}{4}$

31 $\frac{1}{7}+\frac{5}{8}$

# 03 받아올림이 있는 분모가 다른 진분수의 덧셈 복습 A

□ 안에 알맞은 수를 써넣으세요.

❶ $\frac{4}{5}+\frac{4}{15}=\frac{4\times\square}{5\times\square}+\frac{4\times\square}{15\times\square}=\frac{\square}{75}+\frac{\square}{75}=\frac{\square}{15}=\square\frac{\square}{15}$

분모의 곱을 이용하여 통분한 후 계산해요.

❷ $\frac{1}{2}+\frac{4}{5}=\frac{1\times\square}{2\times\square}+\frac{4\times\square}{5\times\square}=\frac{\square}{10}+\frac{\square}{10}=\frac{\square}{10}=\square\frac{\square}{10}$

❸ $\frac{5}{7}+\frac{4}{9}=\frac{5\times\square}{7\times\square}+\frac{4\times\square}{9\times\square}=\frac{\square}{63}+\frac{\square}{63}=\frac{\square}{63}=\square\frac{\square}{63}$

❹ $\frac{3}{5}+\frac{7}{9}=\frac{3\times\square}{5\times\square}+\frac{7\times\square}{9\times\square}=\frac{\square}{45}+\frac{\square}{45}=\frac{\square}{45}=\square\frac{\square}{45}$

❺ $\frac{3}{4}+\frac{5}{8}=\frac{3\times\square}{4\times\square}+\frac{5\times\square}{8\times\square}=\frac{\square}{32}+\frac{\square}{32}=\frac{\square}{8}=\square\frac{\square}{8}$

❻ $\frac{1}{3}+\frac{3}{4}=\frac{1\times\square}{3\times\square}+\frac{3\times\square}{4\times\square}=\frac{\square}{12}+\frac{\square}{12}=\frac{\square}{12}=\square\frac{\square}{12}$

❼ $\frac{1}{6}+\frac{7}{8}=\frac{1\times\square}{6\times\square}+\frac{7\times\square}{8\times\square}=\frac{\square}{48}+\frac{\square}{48}=\frac{\square}{24}=\square\frac{\square}{24}$

❽ $\frac{3}{4}+\frac{4}{7}=\frac{3\times\square}{4\times\square}+\frac{4\times\square}{7\times\square}=\frac{\square}{28}+\frac{\square}{28}=\frac{\square}{28}=\square\frac{\square}{28}$

❾ $\frac{6}{7}+\frac{3}{14}=\frac{6\times\square}{7\times\square}+\frac{3\times\square}{14\times\square}=\frac{\square}{98}+\frac{\square}{98}=\frac{\square}{14}=\square\frac{\square}{14}$

❿ $\frac{5}{6}+\frac{3}{7}=\frac{5\times\square}{6\times\square}+\frac{3\times\square}{7\times\square}=\frac{\square}{42}+\frac{\square}{42}=\frac{\square}{42}=\square\frac{\square}{42}$

정답 100쪽

| 공부한 날짜 | 맞힌 개수 | 걸린 시간 |
|---|---|---|
| 월 일 | /31 | 분 |

분모의 곱을 이용하여 덧셈을 하세요.

11 $\frac{5}{12}+\frac{3}{4}$

12 $\frac{3}{4}+\frac{7}{10}$

13 $\frac{5}{7}+\frac{7}{9}$

14 $\frac{1}{6}+\frac{13}{14}$

15 $\frac{2}{3}+\frac{2}{5}$

16 $\frac{7}{18}+\frac{3}{4}$

17 $\frac{5}{12}+\frac{2}{3}$

18 $\frac{2}{5}+\frac{7}{9}$

19 $\frac{1}{5}+\frac{7}{8}$

20 $\frac{3}{4}+\frac{11}{18}$

21 $\frac{3}{5}+\frac{4}{7}$

22 $\frac{5}{7}+\frac{4}{9}$

23 $\frac{3}{4}+\frac{5}{8}$

24 $\frac{5}{6}+\frac{7}{8}$

25 $\frac{4}{5}+\frac{5}{6}$

26 $\frac{1}{2}+\frac{5}{6}$

27 $\frac{5}{8}+\frac{8}{9}$

28 $\frac{2}{3}+\frac{5}{7}$

29 $\frac{5}{12}+\frac{5}{6}$

30 $\frac{6}{7}+\frac{5}{9}$

31 $\frac{5}{6}+\frac{7}{9}$

# 04 받아올림이 있는 분모가 다른 진분수의 덧셈 복습 B

□ 안에 알맞은 수를 써넣으세요.

❶ $\frac{2}{3}+\frac{4}{5}=\frac{2\times\square}{3\times\square}+\frac{4\times\square}{5\times\square}$

$=\frac{\square}{15}+\frac{\square}{15}=\frac{\square}{15}=\square\frac{\square}{15}$

분모의 최소공배수를 이용하여 통분한 후 계산해요.

❷ $\frac{11}{12}+\frac{3}{16}=\frac{11\times\square}{12\times\square}+\frac{3\times\square}{16\times\square}$

$=\frac{\square}{48}+\frac{\square}{48}=\frac{\square}{48}=\square\frac{\square}{48}$

❸ $\frac{3}{4}+\frac{2}{5}=\frac{3\times\square}{4\times\square}+\frac{2\times\square}{5\times\square}$

$=\frac{\square}{20}+\frac{\square}{20}=\frac{\square}{20}=\square\frac{\square}{20}$

❹ $\frac{1}{3}+\frac{5}{7}=\frac{1\times\square}{3\times\square}+\frac{5\times\square}{7\times\square}$

$=\frac{\square}{21}+\frac{\square}{21}=\frac{\square}{21}=\square\frac{\square}{21}$

❺ $\frac{9}{14}+\frac{7}{12}=\frac{9\times\square}{14\times\square}+\frac{7\times\square}{12\times\square}$

$=\frac{\square}{84}+\frac{\square}{84}=\frac{\square}{84}=\square\frac{\square}{84}$

❻ $\frac{1}{2}+\frac{9}{10}=\frac{1\times\square}{2\times\square}+\frac{9\times\square}{10\times\square}$

$=\frac{\square}{10}+\frac{\square}{10}=\frac{\square}{5}=\square\frac{\square}{5}$

❼ $\frac{1}{5}+\frac{5}{6}=\frac{1\times\square}{5\times\square}+\frac{5\times\square}{6\times\square}$

$=\frac{\square}{30}+\frac{\square}{30}=\frac{\square}{30}=\square\frac{\square}{30}$

❽ $\frac{3}{4}+\frac{5}{6}=\frac{3\times\square}{4\times\square}+\frac{5\times\square}{6\times\square}$

$=\frac{\square}{12}+\frac{\square}{12}=\frac{\square}{12}=\square\frac{\square}{12}$

❾ $\frac{5}{8}+\frac{5}{12}=\frac{5\times\square}{8\times\square}+\frac{5\times\square}{12\times\square}$

$=\frac{\square}{24}+\frac{\square}{24}=\frac{\square}{24}=\square\frac{\square}{24}$

❿ $\frac{1}{4}+\frac{7}{8}=\frac{1\times\square}{4\times\square}+\frac{7\times\square}{8\times\square}$

$=\frac{\square}{8}+\frac{\square}{8}=\frac{\square}{8}=\square\frac{\square}{8}$

정답 100쪽

| 공부한 날짜 | 맞힌 개수 | 걸린 시간 |
| --- | --- | --- |
| 월 일 | /31 | 분 |

분모의 최소공배수를 이용하여 덧셈을 하세요.

⑪ $\frac{3}{4}+\frac{3}{10}$

⑫ $\frac{1}{8}+\frac{8}{9}$

⑬ $\frac{5}{6}+\frac{3}{8}$

⑭ $\frac{3}{10}+\frac{5}{6}$

⑮ $\frac{11}{14}+\frac{7}{12}$

⑯ $\frac{7}{8}+\frac{9}{12}$

⑰ $\frac{7}{18}+\frac{11}{12}$

⑱ $\frac{7}{12}+\frac{5}{8}$

⑲ $\frac{3}{8}+\frac{7}{10}$

⑳ $\frac{13}{14}+\frac{5}{8}$

㉑ $\frac{5}{7}+\frac{9}{14}$

㉒ $\frac{5}{6}+\frac{2}{9}$

㉓ $\frac{2}{3}+\frac{4}{9}$

㉔ $\frac{5}{12}+\frac{5}{8}$

㉕ $\frac{1}{2}+\frac{7}{8}$

㉖ $\frac{1}{2}+\frac{3}{5}$

㉗ $\frac{7}{12}+\frac{4}{9}$

㉘ $\frac{3}{4}+\frac{5}{7}$

㉙ $\frac{7}{10}+\frac{3}{4}$

㉚ $\frac{5}{12}+\frac{7}{8}$

㉛ $\frac{5}{8}+\frac{4}{9}$

# 05 받아올림이 있는 분모가 다른 대분수의 덧셈 복습 A

□ 안에 알맞은 수를 써넣으세요.

❶ $2\frac{1}{3}+3\frac{5}{7}=2\frac{\square}{21}+3\frac{\square}{21}$

$=(2+3)+\left(\frac{\square}{21}+\frac{\square}{21}\right)$

$=5+\frac{\square}{21}=5+\square\frac{\square}{21}$

$=\square\frac{\square}{21}$

❷ $2\frac{3}{4}+3\frac{2}{7}=2\frac{\square}{28}+3\frac{\square}{28}$

$=(2+3)+\left(\frac{\square}{28}+\frac{\square}{28}\right)$

$=5+\frac{\square}{28}=5+\square\frac{\square}{28}$

$=\square\frac{\square}{28}$

❸ $3\frac{9}{16}+2\frac{7}{8}=3\frac{\square}{16}+2\frac{\square}{16}$

$=(3+2)+\left(\frac{\square}{16}+\frac{\square}{16}\right)$

$=5+\frac{\square}{16}=5+\square\frac{\square}{16}$

$=\square\frac{\square}{16}$

❹ $2\frac{7}{10}+3\frac{7}{12}=2\frac{\square}{60}+3\frac{\square}{60}$

$=(2+3)+\left(\frac{\square}{60}+\frac{\square}{60}\right)$

$=5+\frac{\square}{60}=5+\square\frac{\square}{60}$

$=\square\frac{\square}{60}$

❺ $1\frac{5}{8}+1\frac{4}{9}=1\frac{\square}{72}+1\frac{\square}{72}$

$=(1+1)+\left(\frac{\square}{72}+\frac{\square}{72}\right)$

$=2+\frac{\square}{72}=2+\square\frac{\square}{72}$

$=\square\frac{\square}{72}$

❻ $3\frac{1}{5}+2\frac{7}{8}=3\frac{\square}{40}+2\frac{\square}{40}$

$=(3+2)+\left(\frac{\square}{40}+\frac{\square}{40}\right)$

$=5+\frac{\square}{40}=5+\square\frac{\square}{40}$

$=\square\frac{\square}{40}$

정답 101쪽

| 공부한 날짜 | 맞힌 개수 | 걸린 시간 |
| --- | --- | --- |
| 월 일 | /27 | 분 |

덧셈을 하세요.

7 $1\frac{3}{4}+1\frac{7}{8}$

8 $2\frac{7}{12}+2\frac{5}{8}$

9 $2\frac{2}{3}+1\frac{7}{9}$

10 $2\frac{4}{5}+3\frac{3}{8}$

11 $1\frac{2}{3}+1\frac{5}{12}$

12 $3\frac{3}{7}+3\frac{8}{9}$

13 $3\frac{1}{4}+2\frac{9}{10}$

14 $1\frac{7}{8}+3\frac{7}{10}$

15 $2\frac{4}{5}+3\frac{7}{9}$

16 $3\frac{2}{5}+2\frac{5}{8}$

17 $3\frac{5}{6}+2\frac{7}{9}$

18 $3\frac{5}{6}+3\frac{7}{8}$

19 $2\frac{4}{5}+2\frac{4}{7}$

20 $1\frac{1}{8}+2\frac{8}{9}$

21 $3\frac{3}{5}+2\frac{5}{7}$

22 $2\frac{1}{2}+3\frac{5}{6}$

23 $1\frac{1}{4}+2\frac{5}{6}$

24 $2\frac{3}{4}+2\frac{3}{5}$

25 $1\frac{5}{6}+2\frac{3}{8}$

26 $3\frac{5}{12}+2\frac{7}{8}$

27 $3\frac{2}{3}+3\frac{4}{5}$

# 06 받아올림이 있는 분모가 다른 대분수의 덧셈 복습 B

□ 안에 알맞은 수를 써넣으세요.

❶ $3\frac{2}{5}+3\frac{7}{10}=\frac{\square}{5}+\frac{\square}{10}$

$=\frac{\square}{10}+\frac{\square}{10}=\frac{\square}{10}=\square\frac{\square}{10}$

❷ $2\frac{3}{8}+3\frac{5}{6}=\frac{\square}{8}+\frac{\square}{6}$

$=\frac{\square}{24}+\frac{\square}{24}=\frac{\square}{24}=\square\frac{\square}{24}$

❸ $3\frac{1}{2}+2\frac{3}{5}=\frac{\square}{2}+\frac{\square}{5}$

$=\frac{\square}{10}+\frac{\square}{10}=\frac{\square}{10}=\square\frac{\square}{10}$

❹ $3\frac{2}{4}+3\frac{5}{8}=\frac{\square}{4}+\frac{\square}{8}$

$=\frac{\square}{8}+\frac{\square}{8}=\frac{\square}{8}=\square\frac{\square}{8}$

❺ $1\frac{3}{4}+1\frac{7}{10}=\frac{\square}{4}+\frac{\square}{10}$

$=\frac{\square}{20}+\frac{\square}{20}=\frac{\square}{20}=\square\frac{\square}{20}$

❻ $2\frac{7}{8}+1\frac{7}{9}=\frac{\square}{8}+\frac{\square}{9}$

$=\frac{\square}{72}+\frac{\square}{72}=\frac{\square}{72}=\square\frac{\square}{72}$

❼ $3\frac{3}{4}+2\frac{4}{5}=\frac{\square}{4}+\frac{\square}{5}$

$=\frac{\square}{20}+\frac{\square}{20}=\frac{\square}{20}=\square\frac{\square}{20}$

❽ $2\frac{4}{7}+3\frac{11}{14}=\frac{\square}{7}+\frac{\square}{14}$

$=\frac{\square}{14}+\frac{\square}{14}=\frac{\square}{14}=\square\frac{\square}{14}$

❾ $3\frac{6}{7}+1\frac{3}{8}=\frac{\square}{7}+\frac{\square}{8}$

$=\frac{\square}{56}+\frac{\square}{56}=\frac{\square}{56}=\square\frac{\square}{56}$

❿ $2\frac{3}{5}+1\frac{4}{9}=\frac{\square}{5}+\frac{\square}{9}$

$=\frac{\square}{45}+\frac{\square}{45}=\frac{\square}{45}=\square\frac{\square}{45}$

정답 101쪽

| 공부한 날짜 | 맞힌 개수 | 걸린 시간 |
|---|---|---|
| 월 일 | /31 | 분 |

덧셈을 하세요.

⑪ $2\frac{4}{5}+3\frac{5}{9}$

⑫ $3\frac{3}{4}+1\frac{2}{5}$

⑬ $3\frac{4}{5}+3\frac{5}{6}$

⑭ $3\frac{3}{7}+2\frac{5}{8}$

⑮ $3\frac{1}{2}+2\frac{5}{8}$

⑯ $1\frac{6}{7}+3\frac{2}{9}$

⑰ $3\frac{5}{8}+2\frac{7}{12}$

⑱ $2\frac{2}{3}+2\frac{5}{6}$

⑲ $2\frac{3}{4}+3\frac{5}{8}$

⑳ $2\frac{7}{10}+3\frac{5}{6}$

㉑ $1\frac{3}{4}+2\frac{6}{7}$

㉒ $1\frac{4}{5}+1\frac{8}{9}$

㉓ $2\frac{4}{5}+1\frac{7}{8}$

㉔ $1\frac{2}{5}+2\frac{7}{10}$

㉕ $2\frac{5}{7}+1\frac{5}{8}$

㉖ $1\frac{4}{5}+2\frac{3}{8}$

㉗ $3\frac{5}{6}+2\frac{6}{7}$

㉘ $3\frac{2}{5}+1\frac{6}{7}$

㉙ $3\frac{5}{7}+3\frac{7}{9}$

㉚ $2\frac{3}{5}+2\frac{4}{7}$

㉛ $2\frac{2}{3}+3\frac{3}{8}$

# 07 분모가 다른 진분수의 뺄셈 복습 A

□ 안에 알맞은 수를 써넣으세요.

❶ $\frac{3}{4}-\frac{3}{8}=\frac{3\times\square}{4\times\square}-\frac{3\times\square}{8\times\square}$

$=\frac{\square}{32}-\frac{\square}{32}=\frac{\square}{32}=\frac{\square}{8}$

분모의 곱을 이용하여 통분한 후 계산해요.

❷ $\frac{5}{8}-\frac{3}{7}=\frac{5\times\square}{8\times\square}-\frac{3\times\square}{7\times\square}$

$=\frac{\square}{56}-\frac{\square}{56}=\frac{\square}{56}$

❸ $\frac{9}{10}-\frac{3}{5}=\frac{9\times\square}{10\times\square}-\frac{3\times\square}{5\times\square}$

$=\frac{\square}{50}-\frac{\square}{50}=\frac{\square}{50}=\frac{\square}{10}$

❹ $\frac{5}{9}-\frac{1}{12}=\frac{5\times\square}{9\times\square}-\frac{1\times\square}{12\times\square}$

$=\frac{\square}{108}-\frac{\square}{108}=\frac{\square}{108}=\frac{\square}{36}$

❺ $\frac{5}{8}-\frac{3}{10}=\frac{5\times\square}{8\times\square}-\frac{3\times\square}{10\times\square}$

$=\frac{\square}{80}-\frac{\square}{80}=\frac{\square}{80}=\frac{\square}{40}$

❻ $\frac{5}{6}-\frac{1}{4}=\frac{5\times\square}{6\times\square}-\frac{1\times\square}{4\times\square}$

$=\frac{\square}{24}-\frac{\square}{24}=\frac{\square}{24}=\frac{\square}{12}$

❼ $\frac{3}{8}-\frac{1}{6}=\frac{3\times\square}{8\times\square}-\frac{1\times\square}{6\times\square}$

$=\frac{\square}{48}-\frac{\square}{48}=\frac{\square}{48}=\frac{\square}{24}$

❽ $\frac{4}{9}-\frac{1}{8}=\frac{4\times\square}{9\times\square}-\frac{1\times\square}{8\times\square}$

$=\frac{\square}{72}-\frac{\square}{72}=\frac{\square}{72}$

❾ $\frac{4}{9}-\frac{1}{7}=\frac{4\times\square}{9\times\square}-\frac{1\times\square}{7\times\square}$

$=\frac{\square}{63}-\frac{\square}{63}=\frac{\square}{63}$

❿ $\frac{4}{9}-\frac{3}{7}=\frac{4\times\square}{9\times\square}-\frac{3\times\square}{7\times\square}$

$=\frac{\square}{63}-\frac{\square}{63}=\frac{\square}{63}$

정답 101쪽

| 공부한 날짜 | 맞힌 개수 | 걸린 시간 |
| --- | --- | --- |
| 월 일 | /31 | 분 |

분모의 곱을 이용하여 뺄셈을 하세요.

⑪ $\frac{5}{7}-\frac{5}{8}$

⑫ $\frac{5}{6}-\frac{2}{5}$

⑬ $\frac{3}{7}-\frac{1}{14}$

⑭ $\frac{2}{3}-\frac{2}{5}$

⑮ $\frac{5}{6}-\frac{5}{9}$

⑯ $\frac{2}{3}-\frac{1}{2}$

⑰ $\frac{7}{8}-\frac{1}{2}$

⑱ $\frac{3}{4}-\frac{1}{2}$

⑲ $\frac{5}{6}-\frac{1}{9}$

⑳ $\frac{2}{7}-\frac{1}{5}$

㉑ $\frac{3}{8}-\frac{1}{12}$

㉒ $\frac{7}{8}-\frac{2}{5}$

㉓ $\frac{3}{8}-\frac{1}{3}$

㉔ $\frac{1}{2}-\frac{3}{8}$

㉕ $\frac{4}{5}-\frac{3}{7}$

㉖ $\frac{7}{8}-\frac{2}{9}$

㉗ $\frac{5}{6}-\frac{7}{9}$

㉘ $\frac{5}{6}-\frac{5}{9}$

㉙ $\frac{9}{10}-\frac{3}{8}$

㉚ $\frac{5}{6}-\frac{4}{5}$

㉛ $\frac{2}{9}-\frac{1}{6}$

# 08 분모가 다른 진분수의 뺄셈 복습 B

□ 안에 알맞은 수를 써넣으세요.

❶ $\frac{8}{9}-\frac{5}{6}=\frac{8\times\square}{9\times\square}-\frac{5\times\square}{6\times\square}=\frac{\square}{18}-\frac{\square}{18}=\frac{\square}{18}$

분모의 최소공배수를 이용하여 통분한 후 계산해요.

❷ $\frac{3}{4}-\frac{3}{8}=\frac{3\times\square}{4\times\square}-\frac{3\times\square}{8\times\square}=\frac{\square}{8}-\frac{\square}{8}=\frac{\square}{8}$

❸ $\frac{1}{2}-\frac{1}{4}=\frac{1\times\square}{2\times\square}-\frac{1\times\square}{4\times\square}=\frac{\square}{4}-\frac{\square}{4}=\frac{\square}{4}$

❹ $\frac{2}{3}-\frac{3}{8}=\frac{2\times\square}{3\times\square}-\frac{3\times\square}{8\times\square}=\frac{\square}{24}-\frac{\square}{24}=\frac{\square}{24}$

❺ $\frac{5}{6}-\frac{3}{4}=\frac{5\times\square}{6\times\square}-\frac{3\times\square}{4\times\square}=\frac{\square}{12}-\frac{\square}{12}=\frac{\square}{12}$

❻ $\frac{3}{4}-\frac{1}{2}=\frac{3\times\square}{4\times\square}-\frac{1\times\square}{2\times\square}=\frac{\square}{4}-\frac{\square}{4}=\frac{\square}{4}$

❼ $\frac{5}{6}-\frac{3}{4}=\frac{5\times\square}{6\times\square}-\frac{3\times\square}{4\times\square}=\frac{\square}{12}-\frac{\square}{12}=\frac{\square}{12}$

❽ $\frac{7}{9}-\frac{3}{8}=\frac{7\times\square}{9\times\square}-\frac{3\times\square}{8\times\square}=\frac{\square}{72}-\frac{\square}{72}=\frac{\square}{72}$

❾ $\frac{3}{4}-\frac{2}{3}=\frac{3\times\square}{4\times\square}-\frac{2\times\square}{3\times\square}=\frac{\square}{12}-\frac{\square}{12}=\frac{\square}{12}$

❿ $\frac{1}{2}-\frac{1}{5}=\frac{1\times\square}{2\times\square}-\frac{1\times\square}{5\times\square}=\frac{\square}{10}-\frac{\square}{10}=\frac{\square}{10}$

정답 101쪽

| 공부한 날짜 | 맞힌 개수 | 걸린 시간 |
| --- | --- | --- |
| 월 일 | /31 | 분 |

분모의 최소공배수를 이용하여 뺄셈을 하세요.

⑪ $\frac{3}{8}-\frac{1}{6}$

⑫ $\frac{5}{6}-\frac{1}{9}$

⑬ $\frac{7}{8}-\frac{1}{6}$

⑭ $\frac{5}{6}-\frac{5}{8}$

⑮ $\frac{3}{4}-\frac{2}{7}$

⑯ $\frac{1}{6}-\frac{1}{8}$

⑰ $\frac{5}{6}-\frac{5}{9}$

⑱ $\frac{2}{3}-\frac{1}{6}$

⑲ $\frac{5}{8}-\frac{1}{4}$

⑳ $\frac{2}{3}-\frac{1}{4}$

㉑ $\frac{5}{6}-\frac{2}{3}$

㉒ $\frac{7}{9}-\frac{3}{7}$

㉓ $\frac{1}{2}-\frac{1}{6}$

㉔ $\frac{7}{9}-\frac{1}{6}$

㉕ $\frac{5}{6}-\frac{4}{9}$

㉖ $\frac{2}{7}-\frac{1}{4}$

㉗ $\frac{9}{6}-\frac{7}{9}$

㉘ $\frac{3}{4}-\frac{1}{8}$

㉙ $\frac{2}{3}-\frac{2}{7}$

㉚ $\frac{2}{3}-\frac{1}{2}$

㉛ $\frac{5}{9}-\frac{1}{6}$

# 09 받아내림이 없는 분모가 다른 대분수의 뺄셈 복습 A

□ 안에 알맞은 수를 써넣으세요.

❶ $3\frac{1}{6}-1\frac{1}{9}=3\frac{\square}{18}-1\frac{\square}{18}$

$=(3-1)+\left(\frac{\square}{18}-\frac{\square}{18}\right)$

$=2+\frac{\square}{18}=\square\frac{\square}{18}$

❷ $5\frac{3}{8}-3\frac{1}{5}=5\frac{\square}{40}-3\frac{\square}{40}$

$=(5-3)+\left(\frac{\square}{40}-\frac{\square}{40}\right)$

$=2+\frac{\square}{40}=\square\frac{\square}{40}$

❸ $6\frac{1}{4}-3\frac{1}{7}=6\frac{\square}{28}-3\frac{\square}{28}$

$=(6-3)+\left(\frac{\square}{28}-\frac{\square}{28}\right)$

$=3+\frac{\square}{28}=\square\frac{\square}{28}$

❹ $5\frac{1}{2}-2\frac{1}{6}=5\frac{\square}{6}-2\frac{\square}{6}$

$=(5-2)+\left(\frac{\square}{6}-\frac{\square}{6}\right)$

$=3+\frac{\square}{6}=\square\frac{\square}{3}$

❺ $6\frac{3}{4}-3\frac{1}{8}=6\frac{\square}{8}-3\frac{\square}{8}$

$=(6-3)+\left(\frac{\square}{8}-\frac{\square}{8}\right)$

$=3+\frac{\square}{8}=\square\frac{\square}{8}$

❻ $6\frac{3}{8}-4\frac{1}{10}=6\frac{\square}{40}-4\frac{\square}{40}$

$=(6-4)+\left(\frac{\square}{40}-\frac{\square}{40}\right)$

$=2+\frac{\square}{40}=\square\frac{\square}{40}$

정답 102쪽

| 공부한 날짜 | 맞힌 개수 | 걸린 시간 |
| --- | --- | --- |
| 월 일 | /27 | 분 |

뺄셈을 하세요.

7 $6\frac{3}{4}-2\frac{3}{8}$

14 $5\frac{5}{8}-2\frac{2}{7}$

21 $3\frac{5}{9}-1\frac{1}{7}$

8 $3\frac{4}{5}-1\frac{5}{9}$

15 $3\frac{1}{2}-1\frac{1}{7}$

22 $3\frac{4}{5}-1\frac{1}{8}$

9 $5\frac{2}{3}-2\frac{1}{4}$

16 $6\frac{7}{9}-3\frac{3}{5}$

23 $6\frac{5}{6}-4\frac{2}{5}$

10 $6\frac{5}{6}-4\frac{4}{7}$

17 $4\frac{7}{8}-3\frac{5}{6}$

24 $3\frac{3}{8}-1\frac{1}{7}$

11 $3\frac{5}{6}-1\frac{1}{5}$

18 $3\frac{4}{5}-1\frac{1}{7}$

25 $5\frac{6}{7}-3\frac{1}{2}$

12 $3\frac{2}{3}-1\frac{3}{8}$

19 $2\frac{3}{5}-1\frac{1}{2}$

26 $5\frac{7}{9}-2\frac{1}{8}$

13 $4\frac{2}{5}-2\frac{2}{9}$

20 $3\frac{5}{6}-1\frac{3}{8}$

27 $4\frac{3}{4}-1\frac{2}{5}$

# 10 받아내림이 없는 분모가 다른 대분수의 뺄셈 복습 B

□ 안에 알맞은 수를 써넣으세요.

❶ $5\frac{7}{8}-3\frac{1}{4}=\frac{\square}{8}-\frac{\square}{4}$

$=\frac{\square}{8}-\frac{\square}{8}=\frac{\square}{8}=\square\frac{\square}{8}$

❷ $5\frac{5}{6}-1\frac{5}{8}=\frac{\square}{6}-\frac{\square}{8}$

$=\frac{\square}{24}-\frac{\square}{24}=\frac{\square}{24}=\square\frac{\square}{24}$

❸ $4\frac{2}{3}-2\frac{2}{5}=\frac{\square}{3}-\frac{\square}{5}$

$=\frac{\square}{15}-\frac{\square}{15}=\frac{\square}{15}=\square\frac{\square}{15}$

❹ $3\frac{3}{10}-1\frac{1}{6}=\frac{\square}{10}-\frac{\square}{6}$

$=\frac{\square}{30}-\frac{\square}{30}=\frac{\square}{30}=\square\frac{\square}{15}$

❺ $5\frac{6}{7}-3\frac{3}{14}=\frac{\square}{7}-\frac{\square}{14}$

$=\frac{\square}{14}-\frac{\square}{14}=\frac{\square}{14}=\square\frac{\square}{14}$

❻ $6\frac{4}{9}-1\frac{1}{7}=\frac{\square}{9}-\frac{\square}{7}$

$=\frac{\square}{63}-\frac{\square}{63}=\frac{\square}{63}=\square\frac{\square}{63}$

❼ $3\frac{7}{8}-1\frac{1}{3}=\frac{\square}{8}-\frac{\square}{3}$

$=\frac{\square}{24}-\frac{\square}{24}=\frac{\square}{24}=\square\frac{\square}{24}$

❽ $4\frac{3}{6}-1\frac{3}{8}=\frac{\square}{6}-\frac{\square}{8}$

$=\frac{\square}{24}-\frac{\square}{24}=\frac{\square}{24}=\square\frac{\square}{8}$

❾ $4\frac{4}{5}-1\frac{3}{4}=\frac{\square}{5}-\frac{\square}{4}$

$=\frac{\square}{20}-\frac{\square}{20}=\frac{\square}{20}=\square\frac{\square}{20}$

❿ $5\frac{7}{12}-3\frac{2}{9}=\frac{\square}{12}-\frac{\square}{9}$

$=\frac{\square}{36}-\frac{\square}{36}=\frac{\square}{36}=\square\frac{\square}{36}$

정답 102쪽

| 공부한 날짜 | 맞힌 개수 | 걸린 시간 |
|---|---|---|
| 월 일 | /31 | 분 |

빼셈을 하세요.

⑪ $3\frac{3}{7}-2\frac{1}{4}$

⑱ $4\frac{5}{8}-1\frac{1}{4}$

㉕ $6\frac{7}{8}-3\frac{1}{6}$

⑫ $4\frac{1}{5}-1\frac{1}{8}$

⑲ $5\frac{8}{9}-3\frac{5}{6}$

㉖ $5\frac{5}{4}-2\frac{5}{8}$

⑬ $3\frac{8}{9}-1\frac{1}{3}$

⑳ $4\frac{1}{2}-2\frac{1}{8}$

㉗ $3\frac{4}{7}-1\frac{1}{8}$

⑭ $4\frac{7}{8}-1\frac{3}{5}$

㉑ $5\frac{8}{9}-3\frac{2}{5}$

㉘ $4\frac{2}{5}-1\frac{2}{7}$

⑮ $6\frac{7}{10}-4\frac{1}{4}$

㉒ $4\frac{5}{12}-1\frac{2}{9}$

㉙ $4\frac{3}{4}-1\frac{1}{3}$

⑯ $4\frac{7}{9}-1\frac{1}{6}$

㉓ $5\frac{3}{4}-2\frac{1}{8}$

㉚ $6\frac{7}{8}-4\frac{5}{6}$

⑰ $5\frac{1}{3}-1\frac{1}{7}$

㉔ $5\frac{3}{5}-1\frac{3}{10}$

㉛ $6\frac{8}{10}-4\frac{3}{8}$

# 11 받아내림이 있는 분모가 다른 대분수의 뺄셈 복습 A

□ 안에 알맞은 수를 써넣으세요.

❶ $6\frac{1}{5}-3\frac{8}{15}=6\frac{\square}{15}-3\frac{\square}{15}$

$=5\frac{\square}{15}-3\frac{\square}{15}$

$=(5-3)+\left(\frac{\square}{15}-\frac{\square}{15}\right)$

$=2+\frac{\square}{15}=2\frac{\square}{3}$

❷ $6\frac{3}{7}-1\frac{4}{5}=6\frac{\square}{35}-1\frac{\square}{35}$

$=5\frac{\square}{35}-1\frac{\square}{35}$

$=(5-1)+\left(\frac{\square}{35}-\frac{\square}{35}\right)$

$=4+\frac{\square}{35}=4\frac{\square}{35}$

❸ $6\frac{2}{15}-4\frac{4}{9}=6\frac{\square}{45}-4\frac{\square}{45}$

$=5\frac{\square}{45}-4\frac{\square}{45}$

$=(5-4)+\left(\frac{\square}{45}-\frac{\square}{45}\right)$

$=1+\frac{\square}{45}=1\frac{\square}{45}$

❹ $4\frac{1}{6}-1\frac{3}{4}=4\frac{\square}{12}-1\frac{\square}{12}$

$=3\frac{\square}{12}-1\frac{\square}{12}$

$=(3-1)+\left(\frac{\square}{12}-\frac{\square}{12}\right)$

$=2+\frac{\square}{12}=2\frac{\square}{12}$

❺ $6\frac{2}{3}-3\frac{3}{4}=6\frac{\square}{12}-3\frac{\square}{12}$

$=5\frac{\square}{12}-3\frac{\square}{12}$

$=(5-3)+\left(\frac{\square}{12}-\frac{\square}{12}\right)$

$=2+\frac{\square}{12}=2\frac{\square}{12}$

❻ $5\frac{3}{7}-2\frac{11}{14}=5\frac{\square}{14}-2\frac{\square}{14}$

$=4\frac{\square}{14}-2\frac{\square}{14}$

$=(4-2)+\left(\frac{\square}{14}-\frac{\square}{14}\right)$

$=2+\frac{\square}{14}=2\frac{\square}{14}$

정답 102쪽

| 공부한 날짜 | 맞힌 개수 | 걸린 시간 |
|---|---|---|
| 월 일 | /27 | 분 |

빼셈을 하세요.

7 $6\frac{1}{2}-3\frac{5}{6}$

8 $3\frac{3}{8}-1\frac{5}{9}$

9 $6\frac{1}{6}-4\frac{1}{3}$

10 $5\frac{1}{6}-2\frac{5}{8}$

11 $5\frac{1}{5}-3\frac{3}{8}$

12 $6\frac{5}{6}-4\frac{7}{8}$

13 $5\frac{5}{8}-1\frac{2}{3}$

14 $6\frac{5}{7}-2\frac{8}{9}$

15 $5\frac{1}{7}-2\frac{3}{5}$

16 $4\frac{1}{9}-1\frac{4}{7}$

17 $5\frac{1}{4}-2\frac{3}{5}$

18 $4\frac{5}{8}-1\frac{7}{9}$

19 $4\frac{1}{5}-1\frac{1}{2}$

20 $6\frac{2}{5}-3\frac{7}{8}$

21 $4\frac{2}{5}-1\frac{5}{7}$

22 $4\frac{1}{6}-2\frac{2}{9}$

23 $4\frac{3}{5}-1\frac{7}{8}$

24 $5\frac{2}{3}-3\frac{5}{6}$

25 $5\frac{3}{7}-2\frac{5}{8}$

26 $5\frac{3}{8}-1\frac{5}{7}$

27 $4\frac{5}{8}-1\frac{3}{4}$

# 12 받아내림이 있는 분모가 다른 대분수의 뺄셈 복습 B

□ 안에 알맞은 수를 써넣으세요.

❶ $4\frac{3}{7}-1\frac{3}{5}=\frac{\square}{7}-\frac{\square}{5}$

$=\frac{\square}{35}-\frac{\square}{35}=\frac{\square}{35}=\square\frac{\square}{35}$

❷ $5\frac{1}{8}-1\frac{2}{9}=\frac{\square}{8}-\frac{\square}{9}$

$=\frac{\square}{72}-\frac{\square}{72}=\frac{\square}{72}=\square\frac{\square}{72}$

❸ $3\frac{1}{3}-1\frac{5}{8}=\frac{\square}{3}-\frac{\square}{8}$

$=\frac{\square}{24}-\frac{\square}{24}=\frac{\square}{24}=\square\frac{\square}{24}$

❹ $4\frac{2}{9}-1\frac{5}{6}=\frac{\square}{9}-\frac{\square}{6}$

$=\frac{\square}{18}-\frac{\square}{18}=\frac{\square}{18}=\square\frac{\square}{18}$

❺ $5\frac{3}{4}-1\frac{5}{6}=\frac{\square}{4}-\frac{\square}{6}$

$=\frac{\square}{12}-\frac{\square}{12}=\frac{\square}{12}=\square\frac{\square}{12}$

❻ $6\frac{3}{7}-3\frac{4}{9}=\frac{\square}{7}-\frac{\square}{9}$

$=\frac{\square}{63}-\frac{\square}{63}=\frac{\square}{63}=\square\frac{\square}{63}$

❼ $3\frac{1}{8}-1\frac{3}{7}=\frac{\square}{8}-\frac{\square}{7}$

$=\frac{\square}{56}-\frac{\square}{56}=\frac{\square}{56}=\square\frac{\square}{56}$

❽ $3\frac{1}{8}-1\frac{5}{6}=\frac{\square}{8}-\frac{\square}{6}$

$=\frac{\square}{24}-\frac{\square}{24}=\frac{\square}{24}=\square\frac{\square}{24}$

❾ $6\frac{1}{2}-3\frac{3}{5}=\frac{\square}{2}-\frac{\square}{5}$

$=\frac{\square}{10}-\frac{\square}{10}=\frac{\square}{10}=\square\frac{\square}{10}$

❿ $3\frac{5}{7}-1\frac{7}{8}=\frac{\square}{7}-\frac{\square}{8}$

$=\frac{\square}{56}-\frac{\square}{56}=\frac{\square}{56}=\square\frac{\square}{56}$

정답 102쪽

| 공부한 날짜 | 맞힌 개수 | 걸린 시간 |
| --- | --- | --- |
| 월 일 | /31 | 분 |

뺄셈을 하세요.

⑪ $6\frac{4}{5}-4\frac{8}{9}$

⑫ $5\frac{3}{8}-3\frac{6}{7}$

⑬ $5\frac{1}{9}-2\frac{1}{5}$

⑭ $4\frac{1}{2}-1\frac{5}{6}$

⑮ $6\frac{3}{8}-4\frac{8}{9}$

⑯ $3\frac{3}{8}-1\frac{2}{5}$

⑰ $3\frac{2}{3}-1\frac{4}{5}$

⑱ $4\frac{2}{5}-1\frac{3}{4}$

⑲ $3\frac{1}{5}-1\frac{1}{4}$

⑳ $5\frac{2}{7}-2\frac{5}{8}$

㉑ $3\frac{1}{4}-1\frac{5}{7}$

㉒ $4\frac{5}{7}-1\frac{4}{5}$

㉓ $4\frac{1}{6}-1\frac{1}{4}$

㉔ $6\frac{3}{8}-4\frac{3}{5}$

㉕ $3\frac{7}{9}-1\frac{7}{8}$

㉖ $6\frac{4}{7}-4\frac{5}{6}$

㉗ $5\frac{5}{9}-3\frac{3}{5}$

㉘ $6\frac{1}{7}-1\frac{4}{9}$

㉙ $6\frac{3}{7}-3\frac{8}{9}$

㉚ $4\frac{5}{9}-2\frac{6}{7}$

㉛ $4\frac{1}{2}-1\frac{4}{5}$

# 01 정다각형과 사각형의 둘레 복습 A

정다각형의 둘레를 구하려고 합니다. □ 안에 알맞은 수를 써넣으세요.

**1**

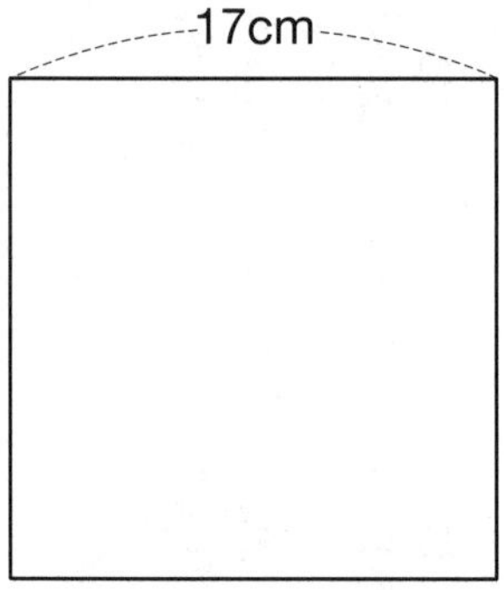


(정사각형의 둘레)=□cm

**2**

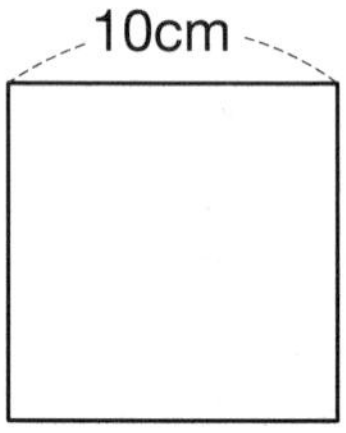


(정사각형의 둘레)=□cm

**3**

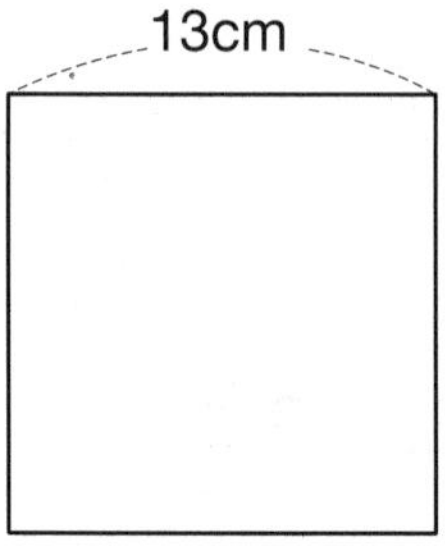


(정사각형의 둘레)=□cm

**4**

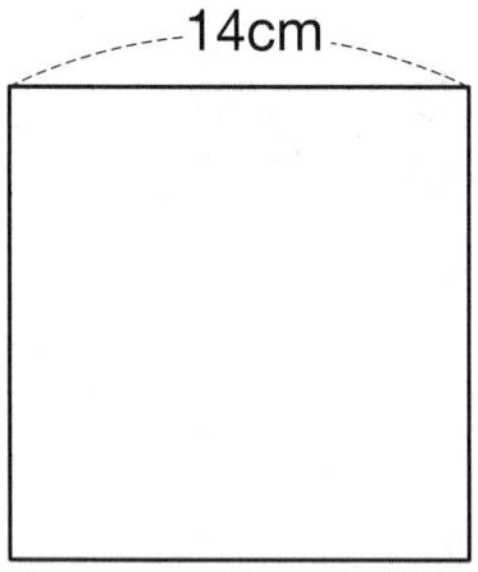


(정사각형의 둘레)=□cm

**5**

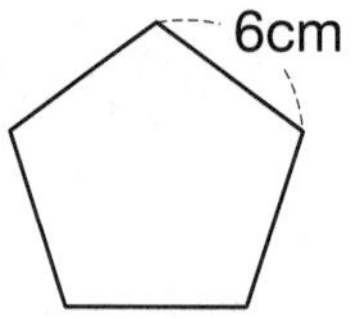


(정오각형의 둘레)=□cm

**6**

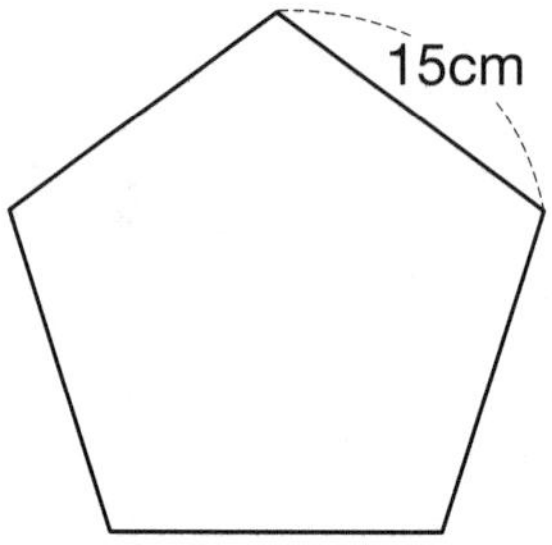


(정오각형의 둘레)=□cm

**7**

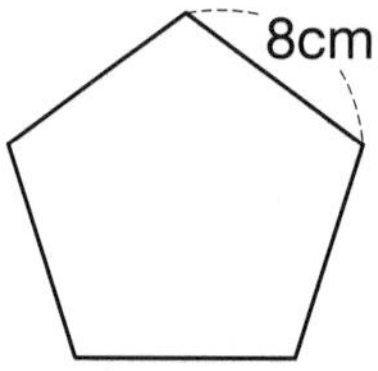


(정오각형의 둘레)=□cm

**8**

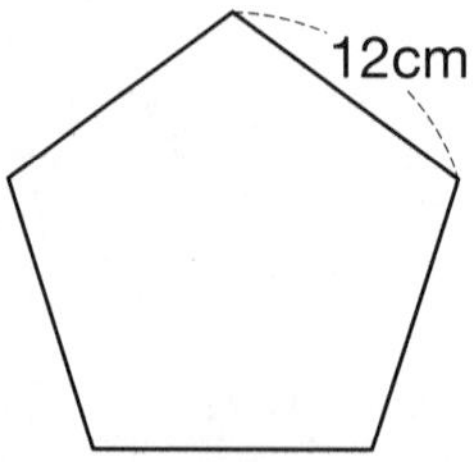


(정오각형의 둘레)=□cm

정답 103쪽

| 공부한 날짜 | 맞힌 개수 | 걸린 시간 |
| --- | --- | --- |
| 월 일 | /17 | 분 |

도형의 둘레를 구하려고 합니다. □ 안에 알맞은 수를 써넣으세요.

**9**

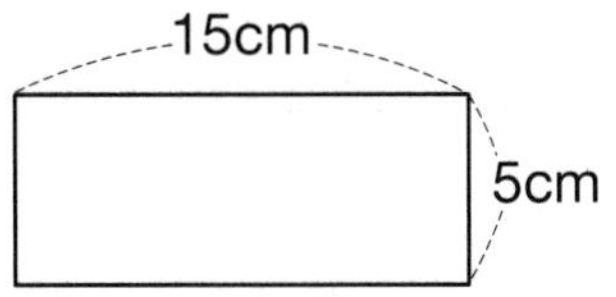


(직사각형의 둘레)
=(15+□)×□
=□(cm)

**10**

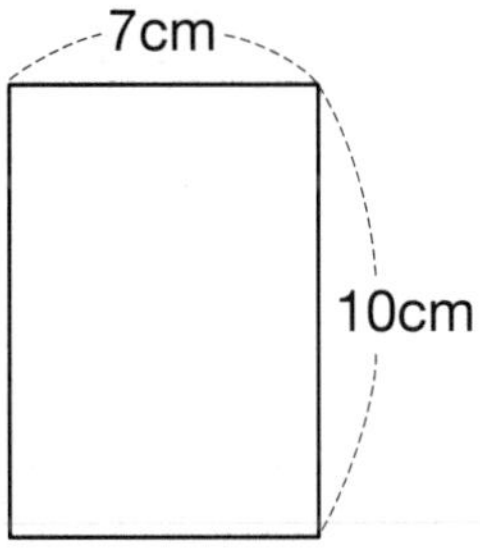


(직사각형의 둘레)
=(7+□)×□
=□(cm)

**11**

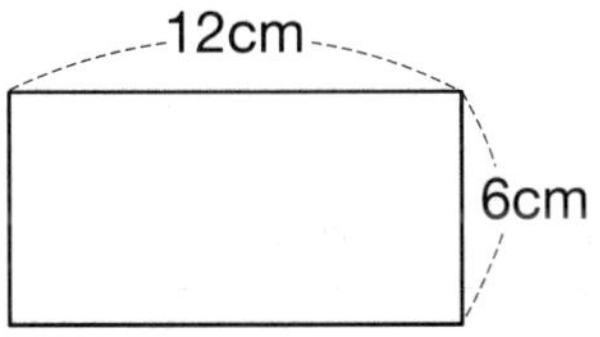


(직사각형의 둘레)
=(12+□)×□
=□(cm)

**12**

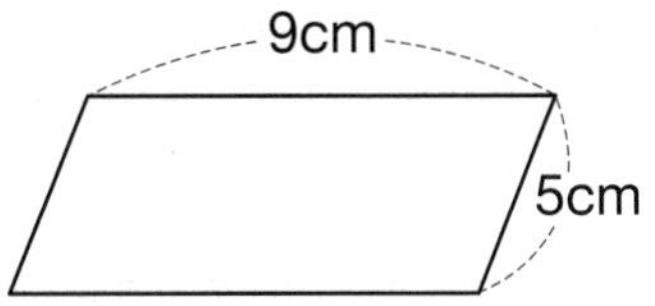


(평행사변형의 둘레)
=(9+□)×□
=□(cm)

**13**

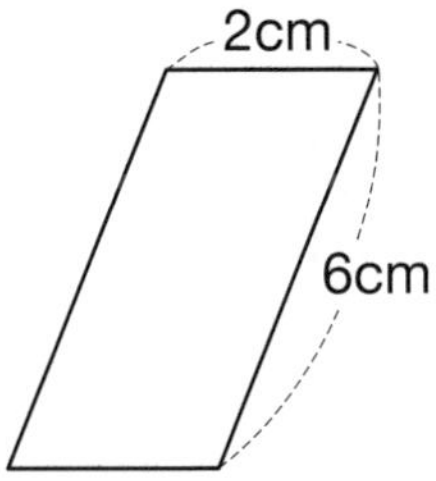


(평행사변형의 둘레)
=(2+□)×□
=□(cm)

**14**

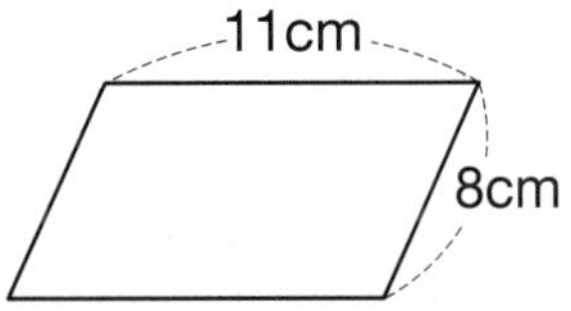


(평행사변형의 둘레)
=(11+□)×□
=□(cm)

**15**

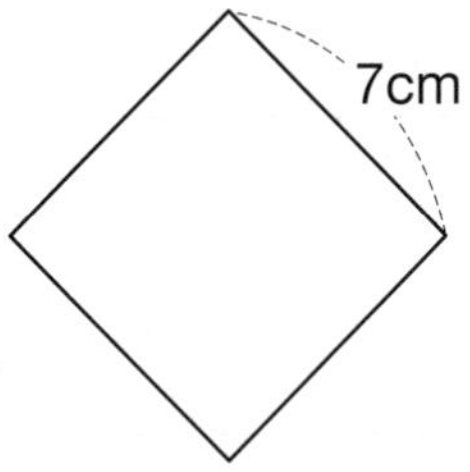


(마름모의 둘레)
=□×□
=□(cm)

**16**

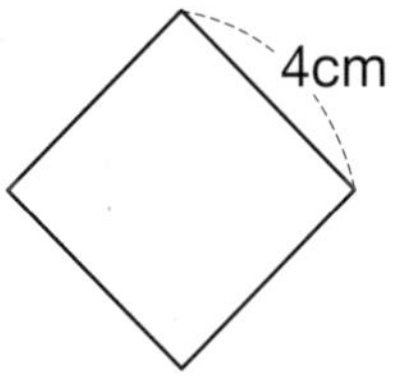


(마름모의 둘레)
=□×□
=□(cm)

**17**

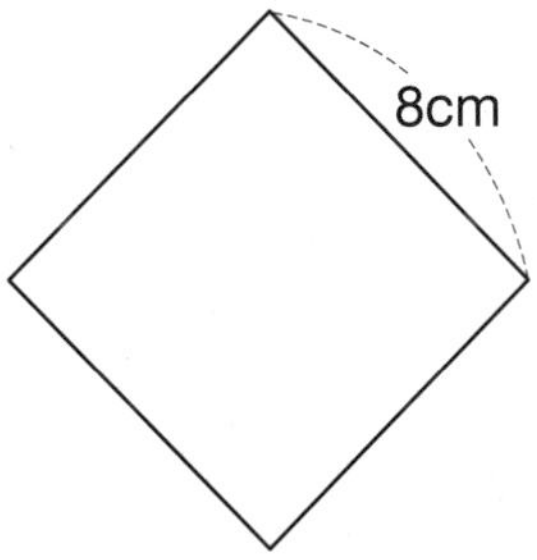


(마름모의 둘레)
=□×□
=□(cm)

# 02 직사각형과 정사각형의 넓이 복습 A

직사각형의 넓이를 구하세요.

1 
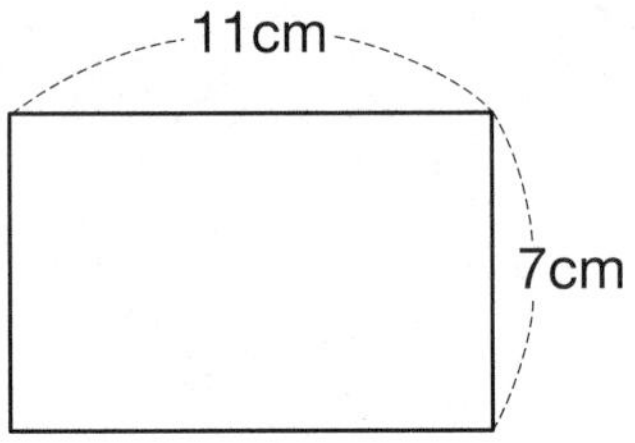

(                    )

2 
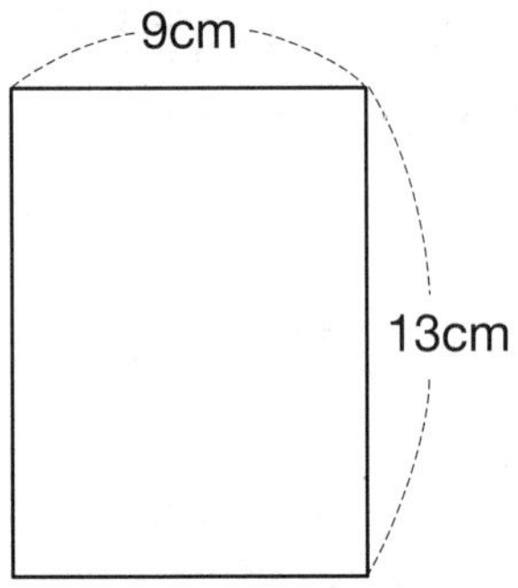

(                    )

3 
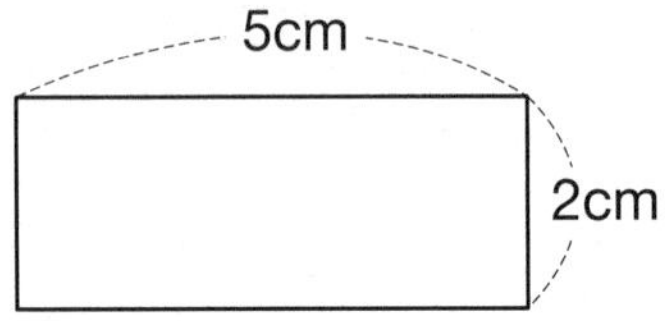

(                    )

4 
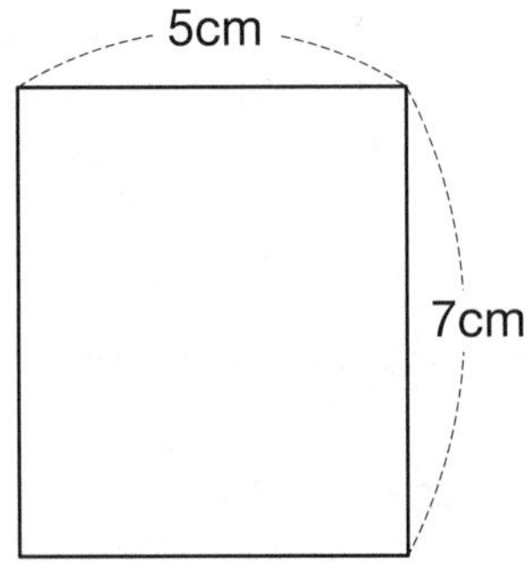

(                    )

5 
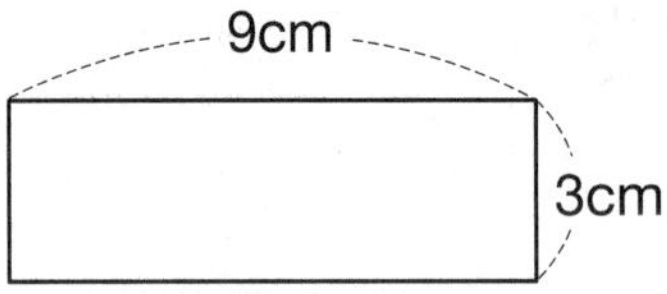

(                    )

6 
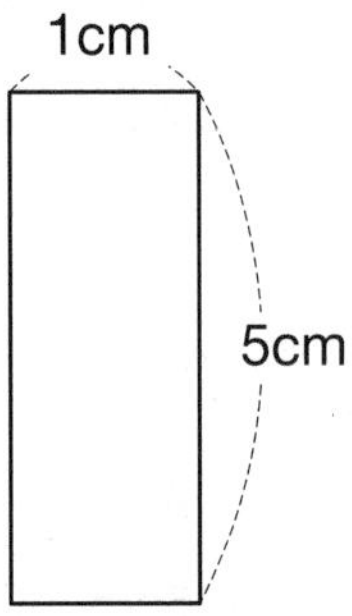

(                    )

7 
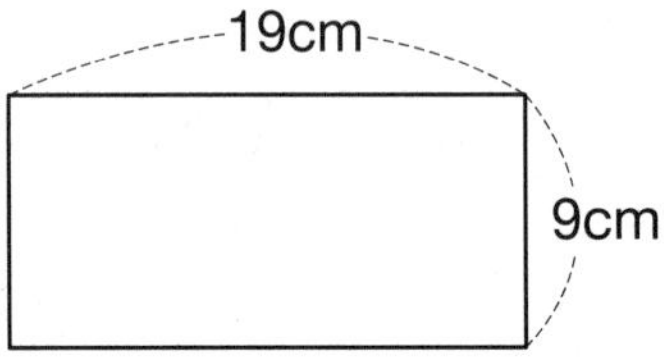

(                    )

8 
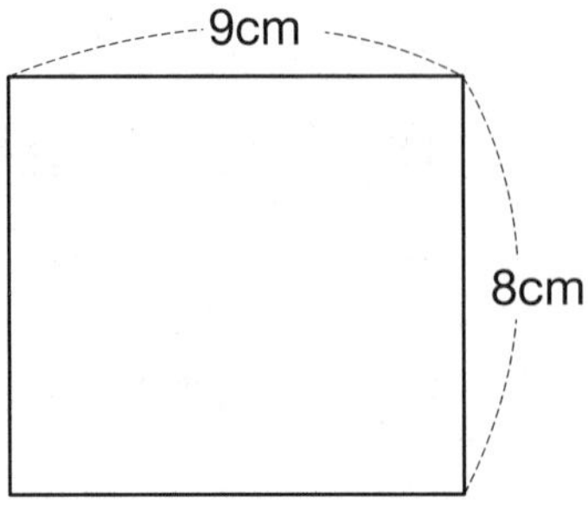

(                    )

9 
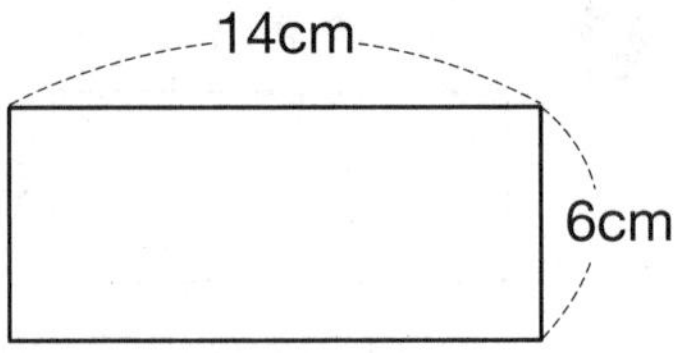

(                    )

10 
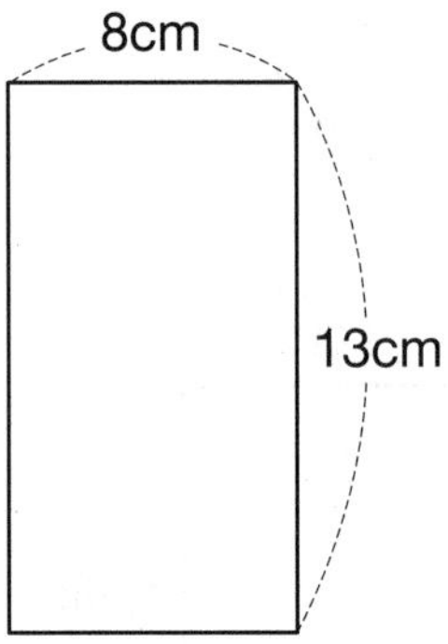

(                    )

11 
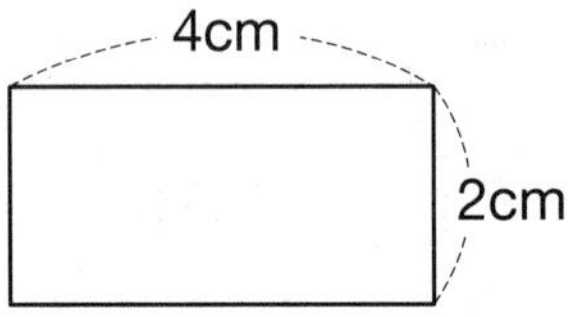

(                    )

12 
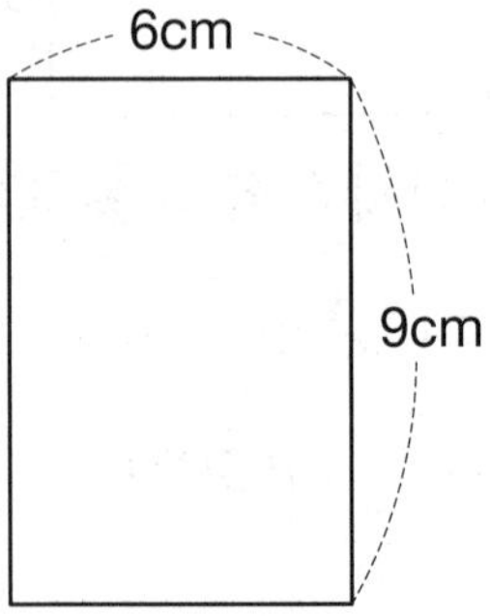

(                    )

정답 103쪽

| 공부한 날짜 | 맞힌 개수 | 걸린 시간 |
|---|---|---|
| 월 일 | /24 | 분 |

## 정사각형의 넓이를 구하세요.

⓭

(　　　　　　　　)

⓮
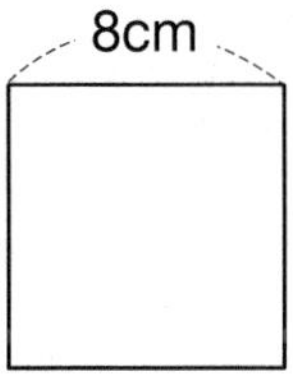

(　　　　　　　　)

⓯
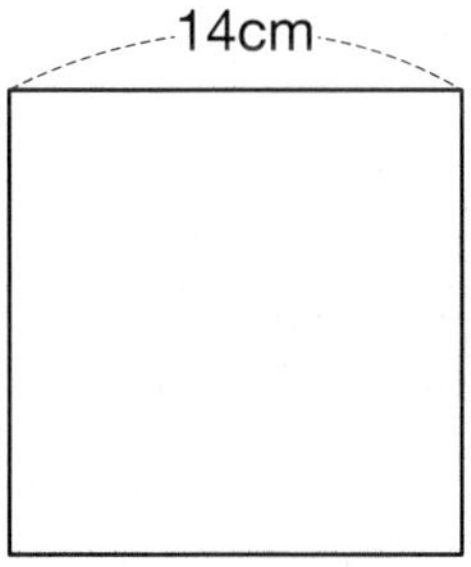

(　　　　　　　　)

⓰
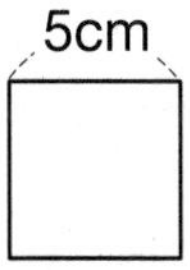

(　　　　　　　　)

⓱
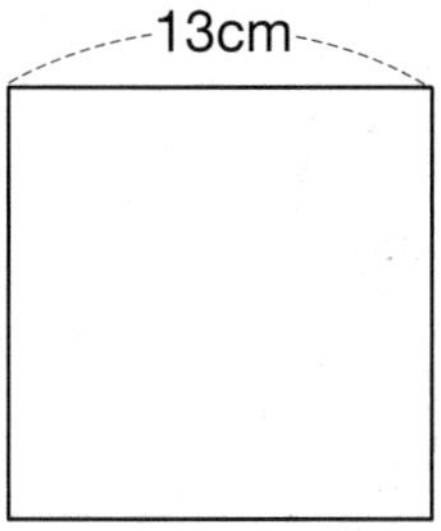

(　　　　　　　　)

⓲
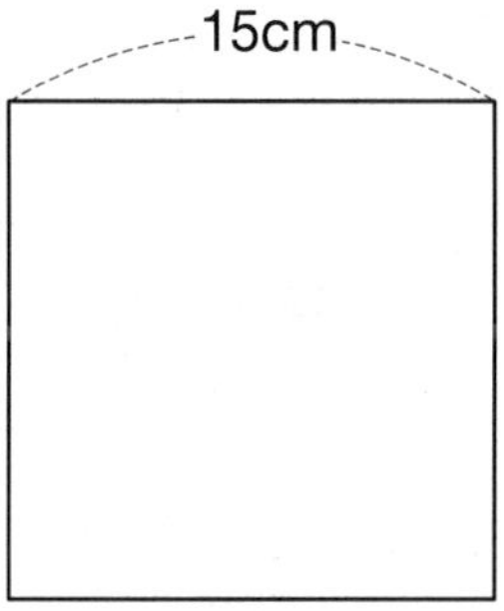

(　　　　　　　　)

⓳

(　　　　　　　　)

⓴
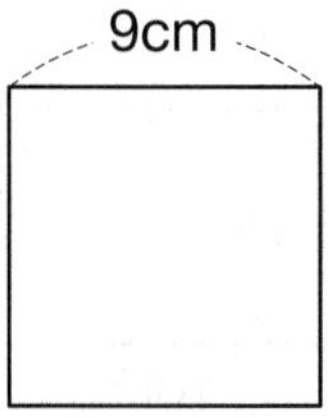

(　　　　　　　　)

㉑
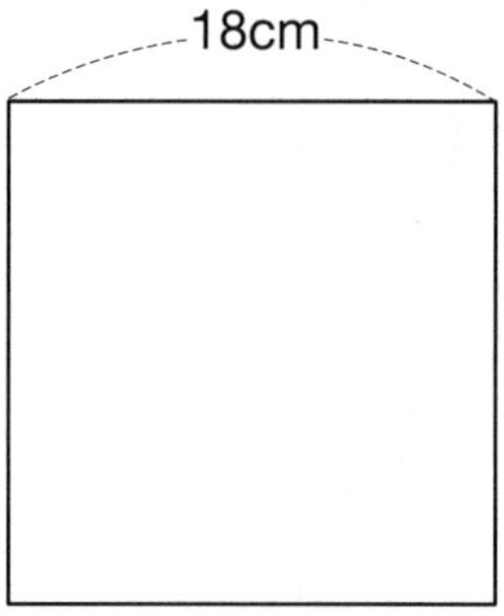

(　　　　　　　　)

㉒
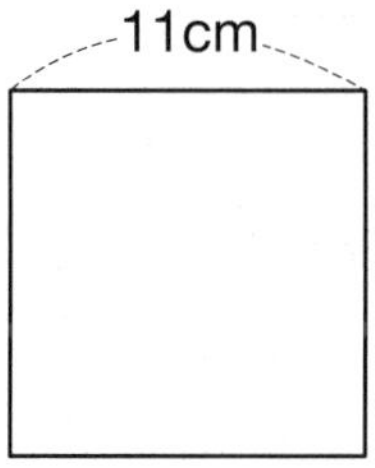

(　　　　　　　　)

㉓
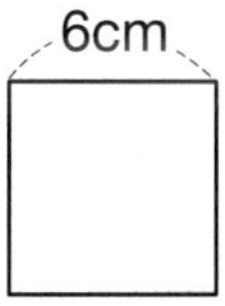

(　　　　　　　　)

㉔
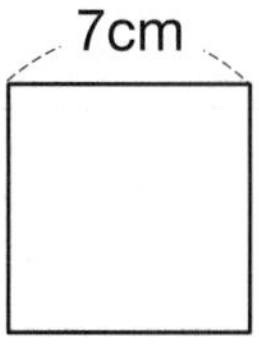

(　　　　　　　　)

# 03 평행사변형과 삼각형의 넓이 복습 A

평행사변형의 넓이를 구하세요.

❶
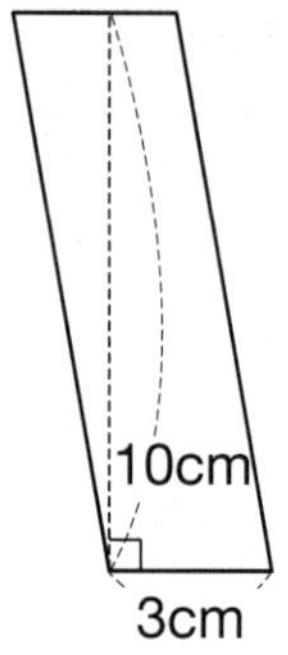

(　　　　　　)

❷
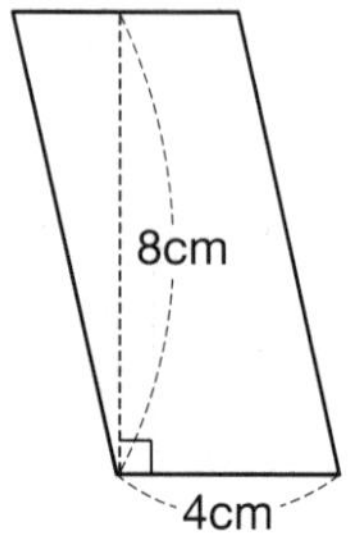

(　　　　　　)

❸
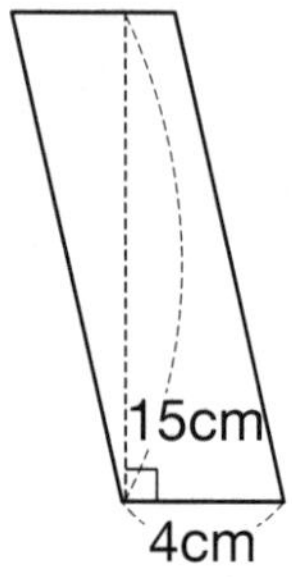

(　　　　　　)

❹
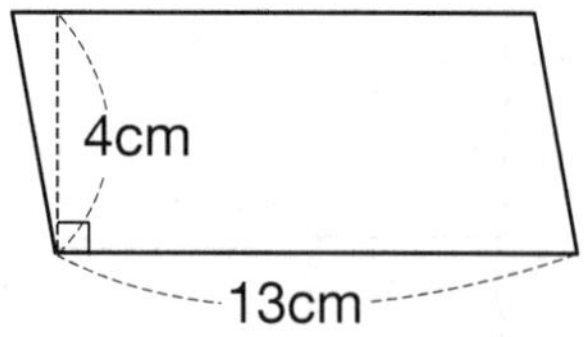

(　　　　　　)

❺
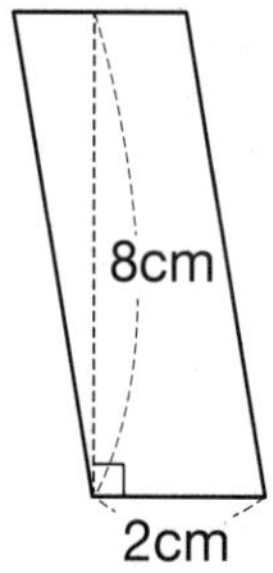

(　　　　　　)

❻
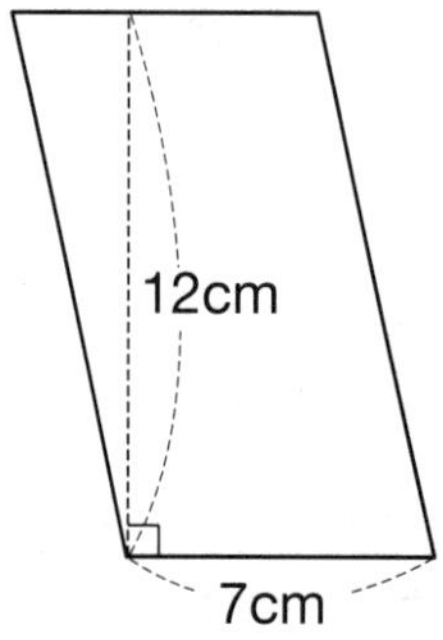

(　　　　　　)

❼
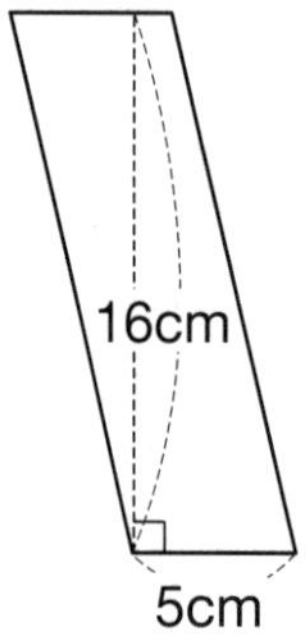

(　　　　　　)

❽
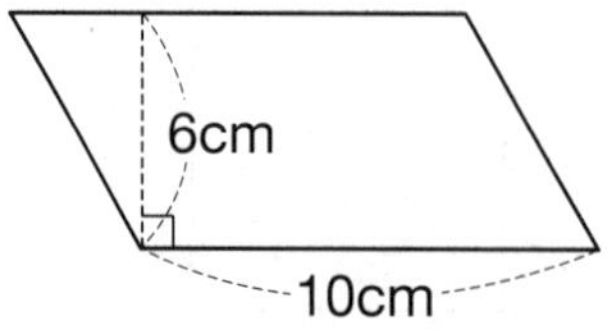

(　　　　　　)

❾
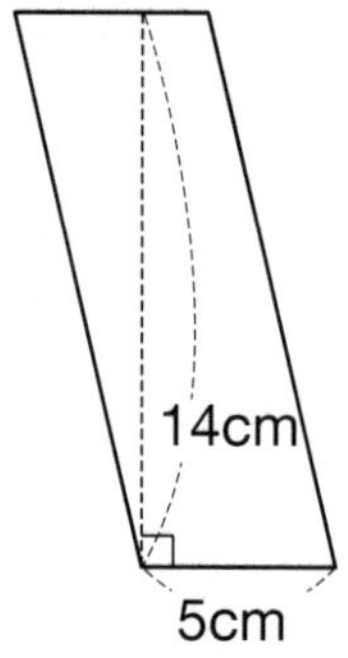

(　　　　　　)

❿
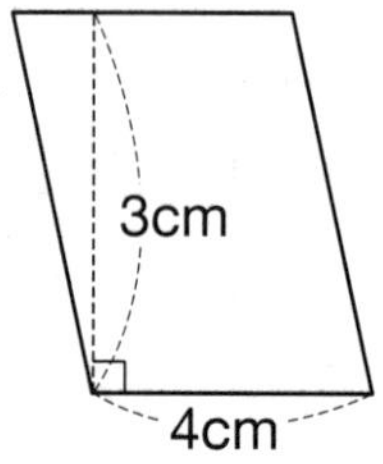

(　　　　　　)

⓫
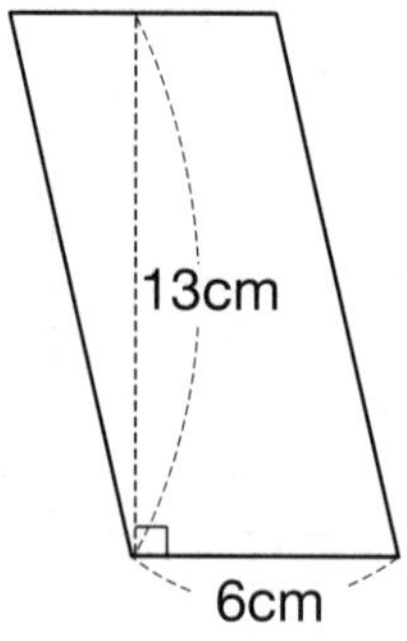

(　　　　　　)

⓬
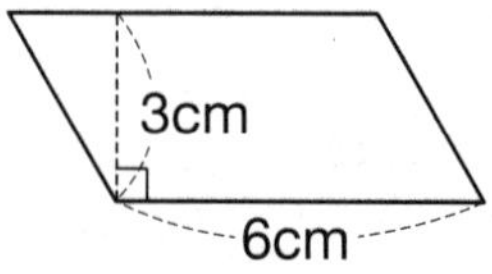

(　　　　　　)

정답 103쪽

| 공부한 날짜 | 맞힌 개수 | 걸린 시간 |
| --- | --- | --- |
| 월 일 | /24 | 분 |

◆ 삼각형의 넓이를 구하세요.

⑬
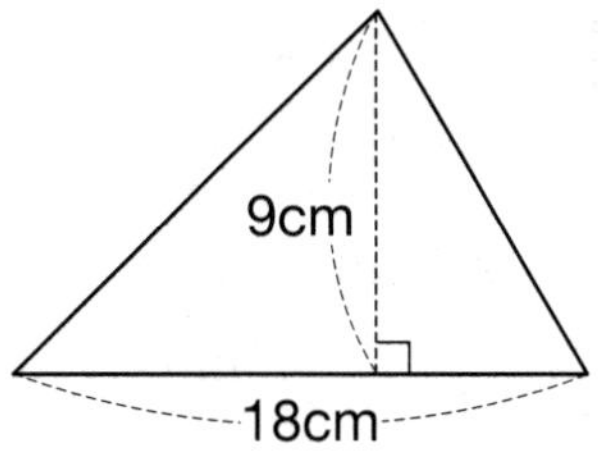


(　　　　　　)

⑭
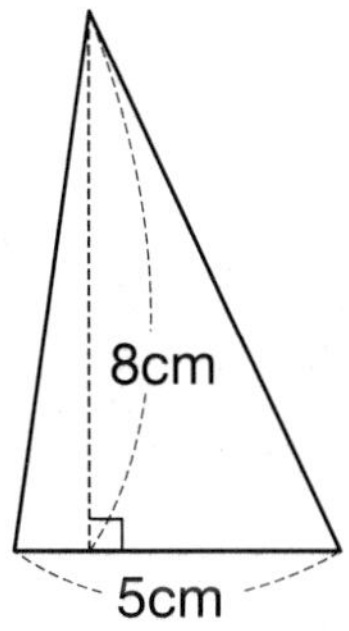


(　　　　　　)

⑮
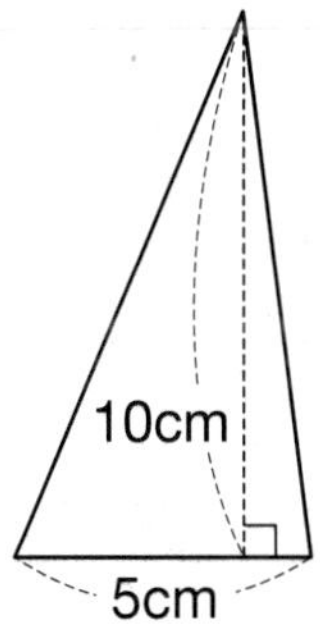


(　　　　　　)

⑯
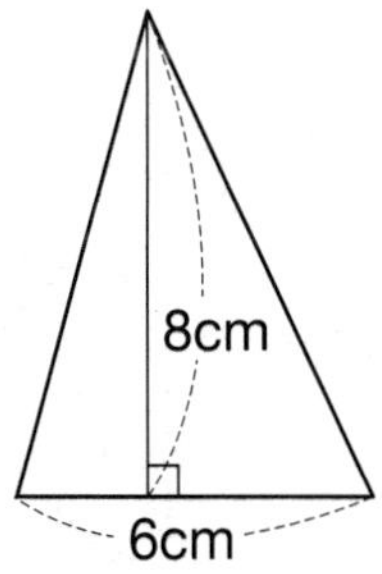


(　　　　　　)

⑰
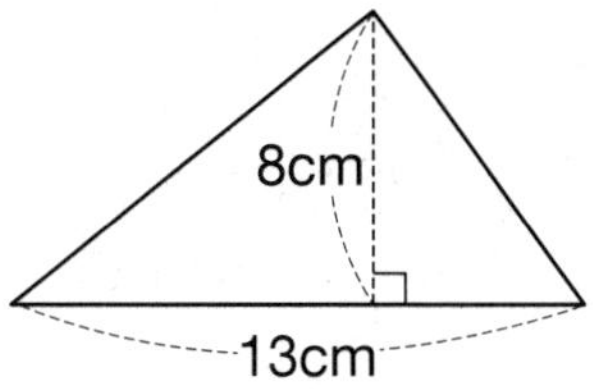


(　　　　　　)

⑱
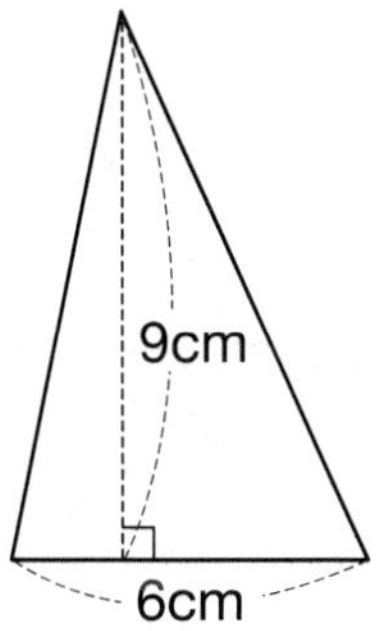


(　　　　　　)

⑲
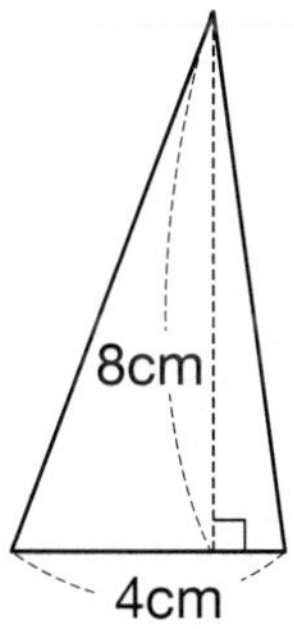


(　　　　　　)

⑳
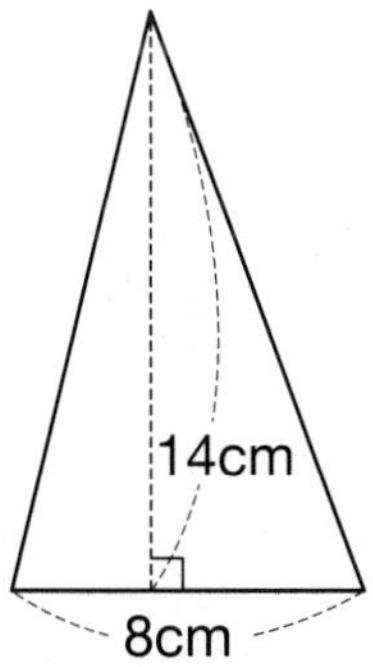


(　　　　　　)

㉑
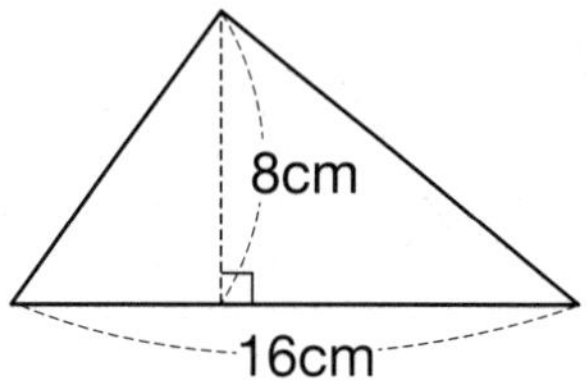


(　　　　　　)

㉒
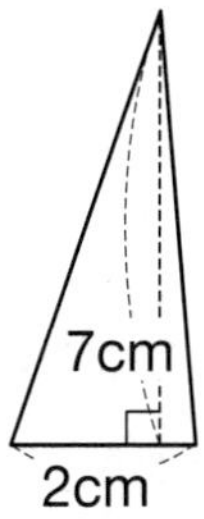


(　　　　　　)

㉓
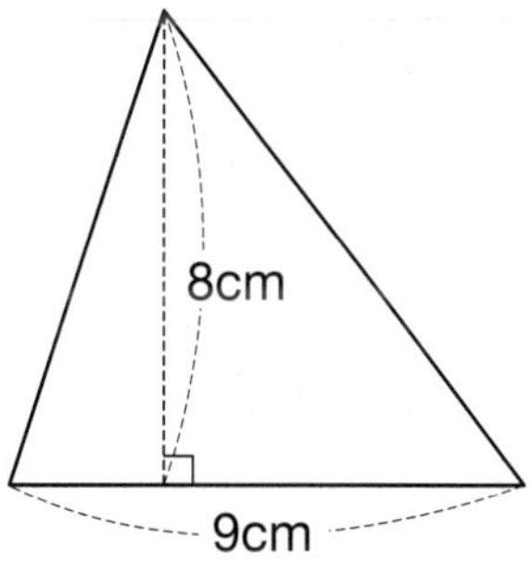


(　　　　　　)

㉔
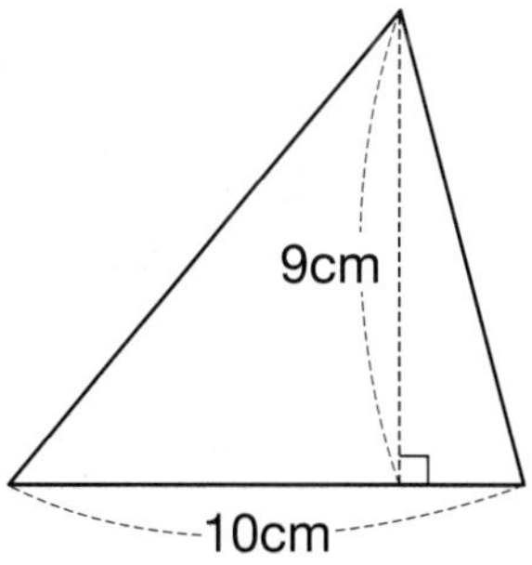


(　　　　　　)

# 04 마름모와 사다리꼴의 넓이 복습 A

마름모의 넓이를 구하세요.

❶
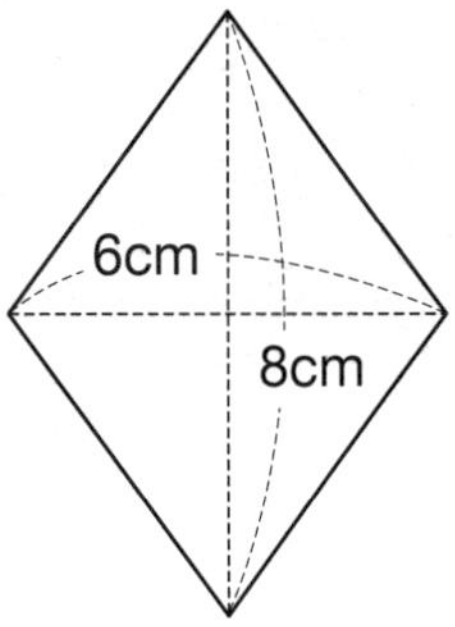


(          )

❷
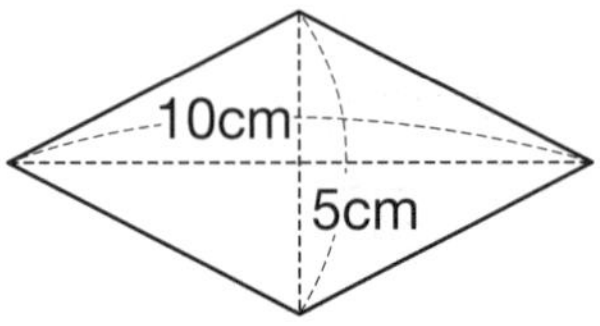


(          )

❸
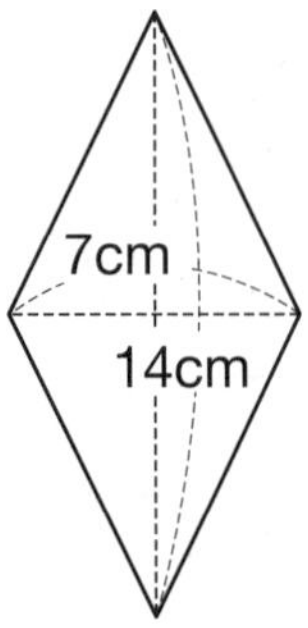


(          )

❹
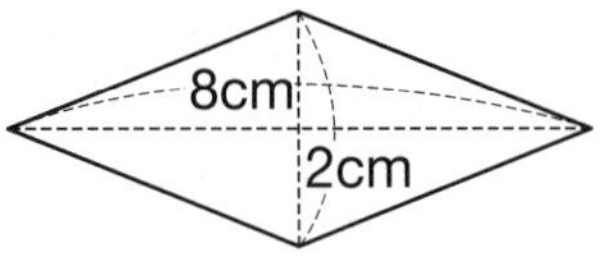


(          )

❺
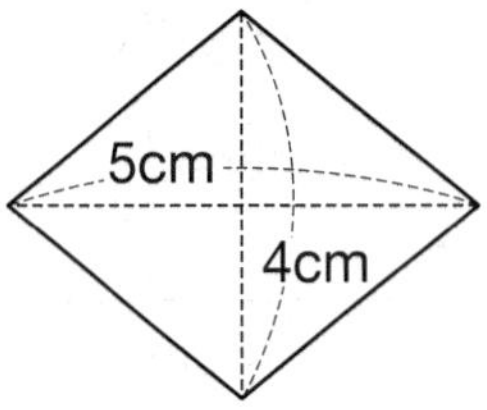


(          )

❻
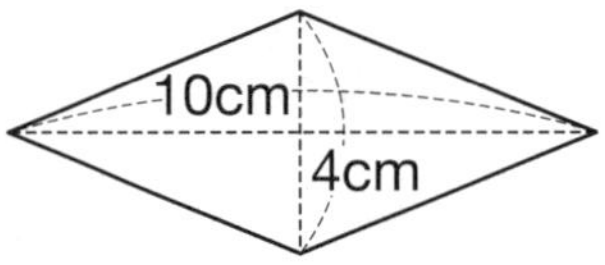


(          )

❼
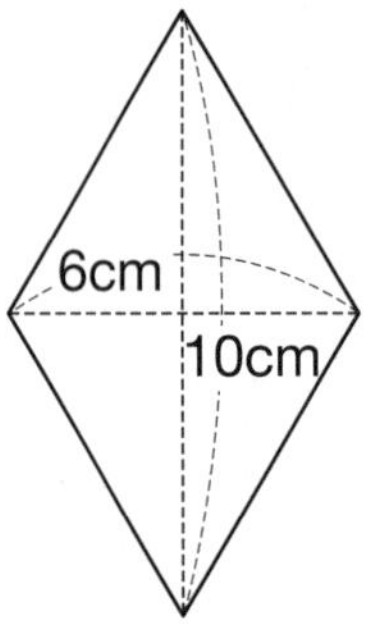


(          )

❽
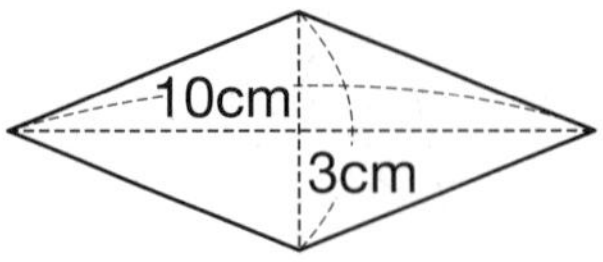


(          )

❾
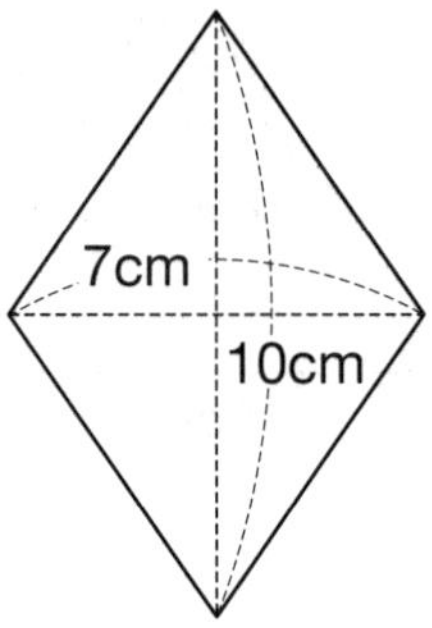


(          )

❿
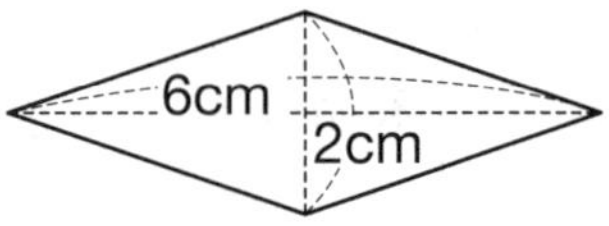


(          )

⓫
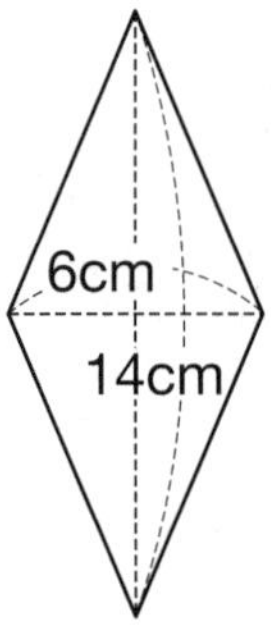


(          )

⓬
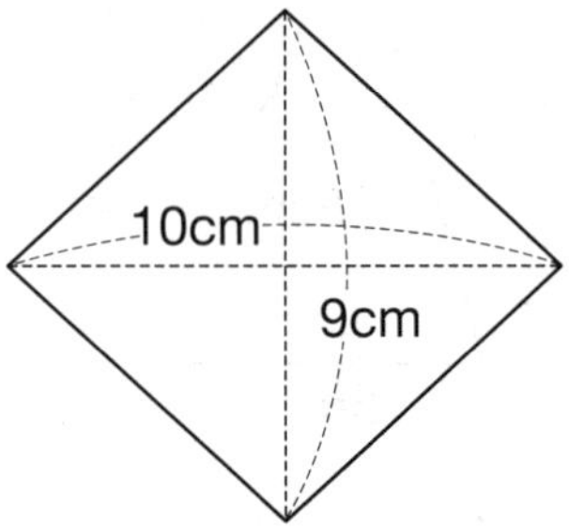


(          )

정답 103쪽

| 공부한 날짜 | 맞힌 개수 | 걸린 시간 |
| --- | --- | --- |
| 월 일 | /24 | 분 |

사다리꼴의 넓이를 구하세요.

⑬
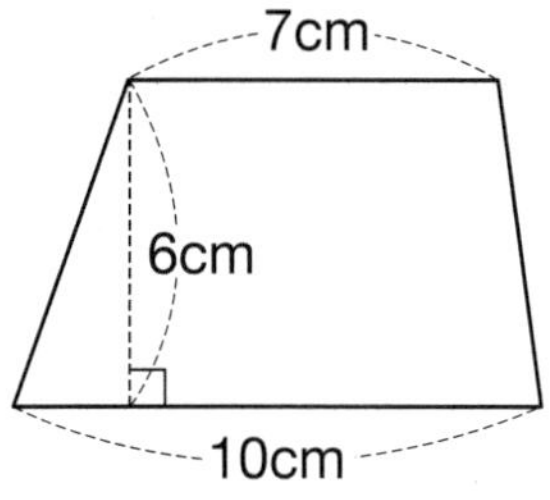

(　　　　　　)

⑰
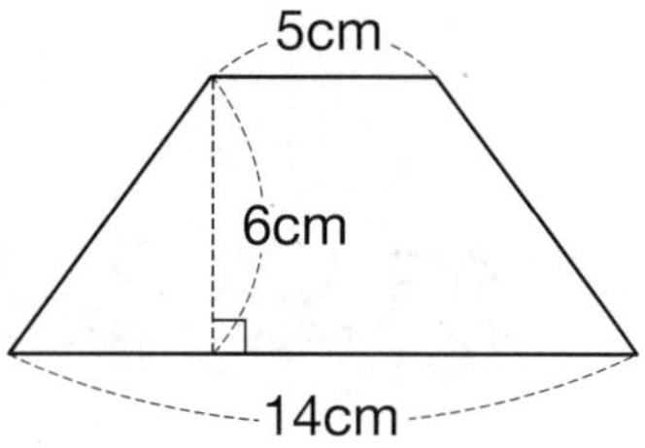

(　　　　　　)

㉑
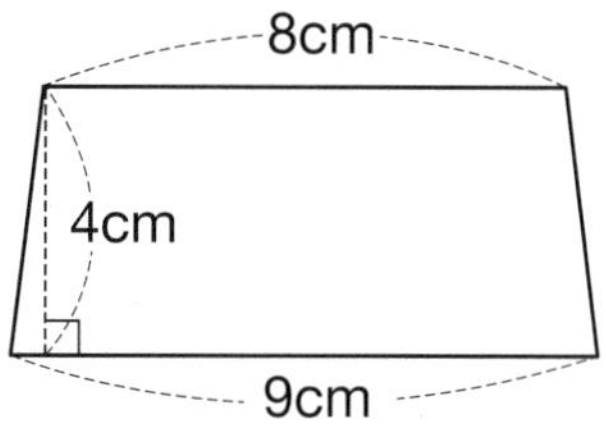

(　　　　　　)

⑭
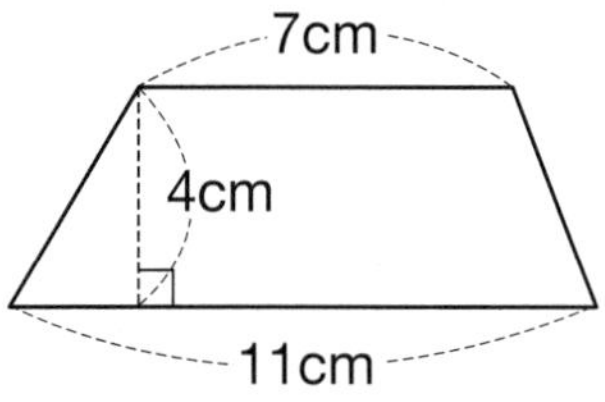

(　　　　　　)

⑱
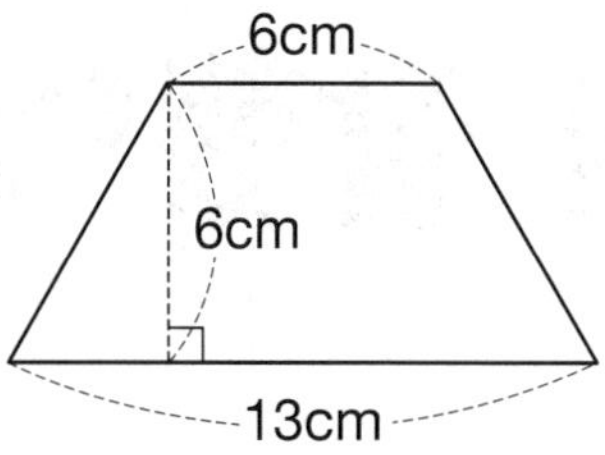

(　　　　　　)

㉒
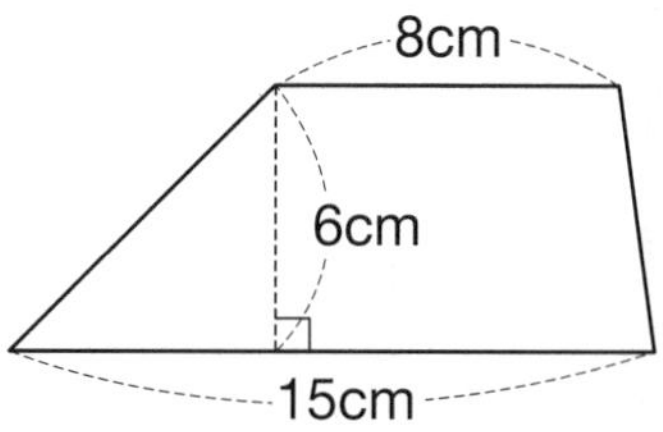

(　　　　　　)

⑮
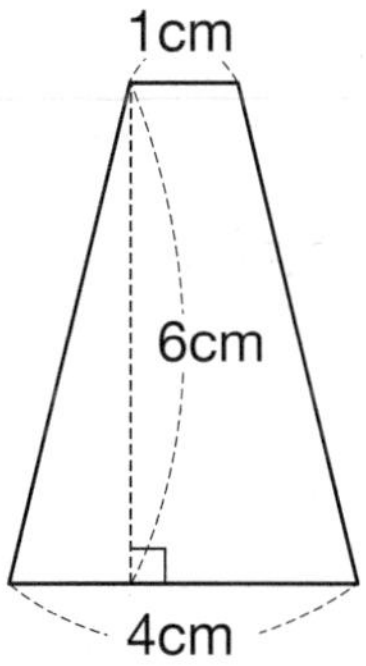

(　　　　　　)

⑲
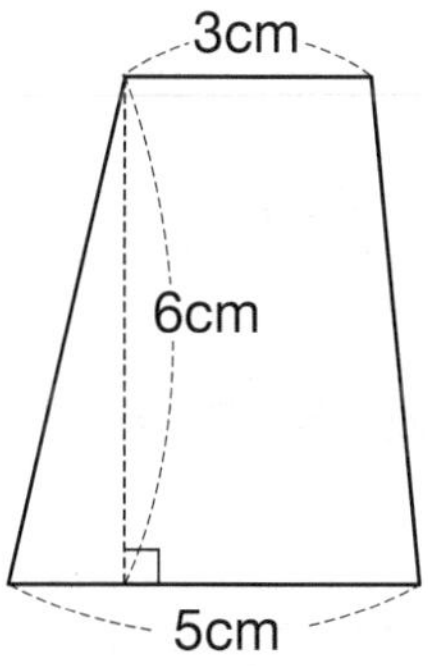

(　　　　　　)

㉓
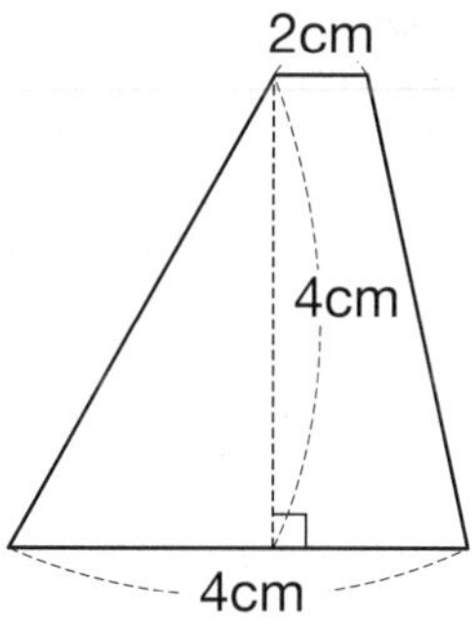

(　　　　　　)

⑯
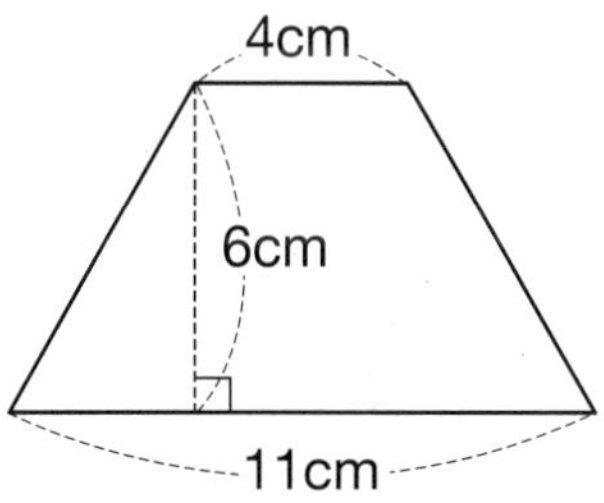

(　　　　　　)

⑳
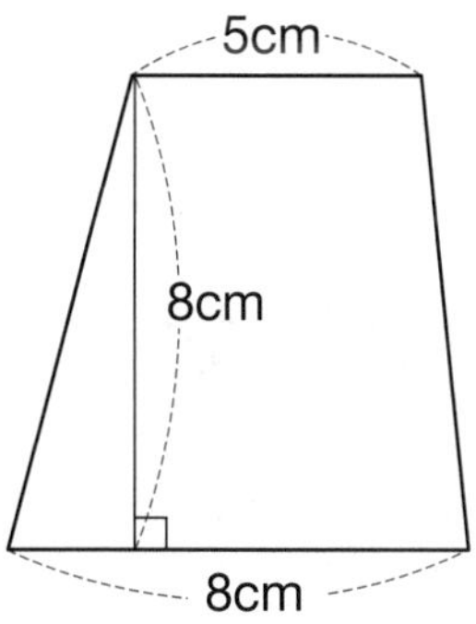

(　　　　　　)

㉔
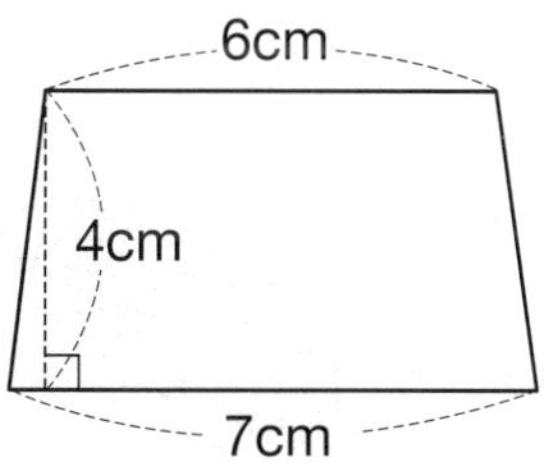

(　　　　　　)

쌍둥이

# 최우수상

## 참 잘했어요!

이름 ____________________

위 어린이는 쌍둥이 연산 노트 5학년 1학기 과정을

스스로 꾸준히 훌륭하게 마쳤습니다.

이에 칭찬하여 이 상장을 드립니다.

년 월 일

# 정답

초등 9단계

# 5·1 복습책

## 6쪽 01 덧셈과 뺄셈이 섞여 있는 식 A

(계산 순서대로)

❶ 11, 15, 15
❷ 76, 82, 82
❸ 36, 44, 44
❹ 14, 19, 19
❺ 10, 19, 19
❻ 27, 31, 31
❼ 8, 17, 17
❽ 19, 24, 24
❾ 9, 12, 12
❿ 17, 21, 21

**7쪽**

⓫ 25
⓬ 23
⓭ 21
⓮ 44
⓯ 22
⓰ 20
⓱ 13
⓲ 21
⓳ 17
⓴ 99
㉑ 25
㉒ 20
㉓ 25
㉔ 32
㉕ 27
㉖ 60
㉗ 16
㉘ 37
㉙ 25
㉚ 13
㉛ 20

## 10쪽 03 곱셈과 나눗셈이 섞여 있는 식 A

(계산 순서대로)

❶ 27, 81, 81
❷ 24, 144, 144
❸ 35, 245, 245
❹ 32, 256, 256
❺ 18, 162, 162
❻ 36, 72, 72
❼ 20, 80, 80
❽ 18, 108, 108
❾ 48, 144, 144
❿ 32, 128, 128

**11쪽**

⓫ 98
⓬ 147
⓭ 160
⓮ 48
⓯ 24
⓰ 63
⓱ 192
⓲ 75
⓳ 92
⓴ 125
㉑ 112
㉒ 288
㉓ 98
㉔ 135
㉕ 162
㉖ 56
㉗ 36
㉘ 320
㉙ 48
㉚ 225
㉛ 12

## 8쪽 02 덧셈과 뺄셈이 섞여 있는 식 B

(계산 순서대로)

❶ 16, 9, 9
❷ 9, 23, 23
❸ 6, 5, 5
❹ 4, 21, 21
❺ 7, 12, 12
❻ 12, 12, 12
❼ 5, 13, 13
❽ 10, 18, 18
❾ 13, 9, 9
❿ 13, 19, 19

**9쪽**

⓫ 9
⓬ 19
⓭ 10
⓮ 21
⓯ 30
⓰ 58
⓱ 26
⓲ 5
⓳ 27
⓴ 75
㉑ 3
㉒ 6
㉓ 21
㉔ 31
㉕ 12
㉖ 11
㉗ 20
㉘ 22
㉙ 2
㉚ 15
㉛ 40

## 12쪽 04 곱셈과 나눗셈이 섞여 있는 식 B

(계산 순서대로)

❶ 6, 10, 10
❷ 24, 2, 2
❸ 18, 2, 2
❹ 12, 5, 5
❺ 24, 2, 2
❻ 9, 9, 9
❼ 8, 11, 11
❽ 30, 2, 2
❾ 9, 3, 3
❿ 4, 5, 5

**13쪽**

⓫ 4
⓬ 20
⓭ 4
⓮ 12
⓯ 6
⓰ 5
⓱ 24
⓲ 2
⓳ 2
⓴ 4
㉑ 2
㉒ 17
㉓ 5
㉔ 7
㉕ 11
㉖ 3
㉗ 2
㉘ 4
㉙ 2
㉚ 7
㉛ 2

## 14쪽 05 덧셈, 뺄셈, 곱셈이 섞여 있는 식 A

(계산 순서대로)

❶ 35, 35, 40, 40
❷ 24, 72, 80, 80
❸ 4, 24, 27, 27
❹ 14, 84, 89, 89
❺ 6, 54, 55, 55
❻ 4, 88, 92, 92
❼ 8, 72, 73, 73
❽ 18, 72, 78, 78
❾ 12, 24, 30, 30
❿ 9, 63, 67, 67

### 15쪽

⑪ 49
⑫ 17
⑬ 57
⑭ 30
⑮ 17
⑯ 56
⑰ 69
⑱ 88
⑲ 11
⑳ 33
㉑ 47
㉒ 73
㉓ 41
㉔ 48
㉕ 49
㉖ 23
㉗ 9
㉘ 73
㉙ 54
㉚ 43
㉛ 37

## 16쪽 06 덧셈, 뺄셈, 곱셈이 섞여 있는 식 B

(계산 순서대로)

❶ 9, 27, 45, 45
❷ 7, 21, 60, 60
❸ 9, 18, 2, 2
❹ 7, 28, 32, 32
❺ 9, 18, 30, 30
❻ 5, 10, 26, 26
❼ 5, 10, 58, 58
❽ 8, 40, 50, 50
❾ 10, 30, 42, 42
❿ 5, 10, 56, 56

### 17쪽

⑪ 9
⑫ 74
⑬ 64
⑭ 48
⑮ 80
⑯ 14
⑰ 48
⑱ 16
⑲ 36
⑳ 42
㉑ 8
㉒ 57
㉓ 44
㉔ 82
㉕ 15
㉖ 70
㉗ 74
㉘ 20
㉙ 30
㉚ 12
㉛ 30

## 18쪽 07 덧셈, 뺄셈, 나눗셈이 섞여 있는 식 A

(계산 순서대로)

❶ 8, 20, 13, 13
❷ 5, 29, 27, 27
❸ 6, 27, 24, 24
❹ 12, 28, 27, 27
❺ 3, 15, 9, 9
❻ 5, 32, 31, 31
❼ 6, 35, 33, 33
❽ 3, 20, 18, 18
❾ 8, 39, 36, 36
❿ 4, 40, 39, 39

### 19쪽

⑪ 31
⑫ 25
⑬ 31
⑭ 29
⑮ 32
⑯ 15
⑰ 23
⑱ 31
⑲ 15
⑳ 31
㉑ 24
㉒ 11
㉓ 26
㉔ 24
㉕ 31
㉖ 22
㉗ 27
㉘ 36
㉙ 14
㉚ 54
㉛ 20

## 20쪽 08 덧셈, 뺄셈, 나눗셈이 섞여 있는 식 B

(계산 순서대로)

❶ 4, 18, 32, 32
❷ 2, 8, 26, 26
❸ 2, 28, 138, 138
❹ 2, 9, 23, 23
❺ 2, 12, 37, 37
❻ 2, 22, 39, 39
❼ 2, 6, 34, 34
❽ 2, 7, 35, 35
❾ 3, 8, 31, 31
❿ 2, 18, 42, 42

### 21쪽

⑪ 39
⑫ 31
⑬ 35
⑭ 34
⑮ 50
⑯ 42
⑰ 50
⑱ 42
⑲ 27
⑳ 33
㉑ 34
㉒ 41
㉓ 48
㉔ 42
㉕ 43
㉖ 21
㉗ 38
㉘ 35
㉙ 27
㉚ 38
㉛ 39

## 09 덧셈, 뺄셈, 곱셈, 나눗셈이 섞여 있는 식 Ⓐ

**22쪽**

(계산 순서대로)

❶ 32, 4, 35, 31, 31
❷ 48, 3, 49, 46, 46
❸ 9, 6, 16, 10, 10
❹ 20, 7, 28, 21, 21
❺ 30, 7, 39, 32, 32
❻ 40, 6, 49, 43, 43
❼ 18, 4, 22, 18, 18
❽ 28, 18, 36, 18, 18
❾ 72, 3, 76, 73, 73
❿ 45, 9, 54, 45, 45

**23쪽**

⓫ 19
⓬ 79
⓭ 33
⓮ 4
⓯ 14
⓰ 45
⓱ 11
⓲ 34
⓳ 22
⓴ 23
㉑ 15
㉒ 10
㉓ 51
㉔ 19
㉕ 10
㉖ 12
㉗ 7
㉘ 17
㉙ 32
㉚ 23
㉛ 42

## 10 덧셈, 뺄셈, 곱셈, 나눗셈이 섞여 있는 식 Ⓑ

**24쪽**

(계산 순서대로)

❶ 5, 40, 6, 34, 34
❷ 12, 24, 9, 15, 15
❸ 16, 80, 3, 77, 77
❹ 16, 64, 8, 56, 56
❺ 6, 36, 11, 25, 25
❻ 5, 35, 7, 28, 28
❼ 11, 88, 6, 82, 82
❽ 10, 90, 7, 83, 83
❾ 11, 99, 5, 94, 94
❿ 12, 48, 5, 43, 43

**25쪽**

⓫ 7
⓬ 25
⓭ 97
⓮ 33
⓯ 77
⓰ 87
⓱ 55
⓲ 5
⓳ 40
⓴ 34
㉑ 34
㉒ 56
㉓ 26
㉔ 40
㉕ 48
㉖ 34
㉗ 61
㉘ 81
㉙ 34
㉚ 8
㉛ 20

## 26쪽 01 약수 A

❶ 1, 2, 3, 5, 6, 10, 15, 30 / 1, 2, 3, 5, 6, 10, 15, 30
❷ 1, 2, 3, 4, 6, 8, 12, 16, 24, 48 / 1, 2, 3, 4, 6, 8, 12, 16, 24, 48
❸ 1, 2, 4, 8 / 1, 2, 4, 8
❹ 1, 2, 4, 7, 14, 28 / 1, 2, 4, 7, 14, 28
❺ 1, 2, 4, 8, 16 / 1, 2, 4, 8, 16
❻ 1, 2, 3, 4, 6, 9, 12, 18, 36 / 1, 2, 3, 4, 6, 9, 12, 18, 36
❼ 1, 3, 5, 15 / 1, 3, 5, 15
❽ 1, 2, 4, 5, 10, 20 / 1, 2, 4, 5, 10, 20

### 27쪽

❾ 1, 2, 7, 14 / 1, 2, 7, 14
❿ 1, 2, 11, 22 / 1, 2, 11, 22
⓫ 1, 2, 4 / 1, 2, 4
⓬ 1, 2, 3, 6 / 1, 2, 3, 6
⓭ 1, 2, 4, 8, 16, 32 / 1, 2, 4, 8, 16, 32
⓮ 1, 3, 9 / 1, 3, 9
⓯ 1, 2, 5, 10 / 1, 2, 5, 10
⓰ 1, 2, 3, 6, 9, 18 / 1, 2, 3, 6, 9, 18
⓱ 1, 2, 17, 34 / 1, 2, 17, 34
⓲ 1, 3, 5, 9, 15, 45 / 1, 3, 5, 9, 15, 45

## 28쪽 02 약수 B

❶ 36, 18, 12, 9, 6, 4, 3, 2, 1 / 1, 2, 3, 4, 6, 9, 12, 18, 36
❷ 10, 5, 2, 1 / 1, 2, 5, 10
❸ 24, 12, 8, 6, 4, 3, 2, 1 / 1, 2, 3, 4, 6, 8, 12, 24
❹ 8, 4, 2, 1 / 1, 2, 4, 8

### 29쪽

❺ 1, 2, 3, 4, 6, 12
❻ 1, 3, 5, 9, 15, 45
❼ 1, 2, 4, 5, 10, 20
❽ 1, 2, 19, 38
❾ 1, 3, 5, 15
❿ 1, 2, 3, 6, 9, 18
⓫ 1, 2, 4, 8, 16
⓬ 1, 7, 49
⓭ 1, 2, 3, 6
⓮ 1, 2, 3, 5, 6, 10, 15, 30
⓯ 1, 2, 11, 22
⓰ 1, 3, 9
⓱ 1, 2, 4
⓲ 1, 5, 25
⓳ 1, 5, 7, 35
⓴ 1, 3, 9, 27

## 30쪽 03 배수 A

❶ 4, 8, 12 / 4, 8, 12
❷ 7, 14, 21 / 7, 14, 21
❸ 8, 16, 24 / 8, 16, 24
❹ 3, 6, 9 / 3, 6, 9
❺ 6, 12, 18 / 6, 12, 18
❻ 2, 4, 6 / 2, 4, 6
❼ 9, 18, 27 / 9, 18, 27
❽ 10, 20, 30 / 10, 20, 30
❾ 12, 24, 36 / 12, 24, 36
❿ 5, 10, 15 / 5, 10, 15

### 31쪽

⓫ 4, 8, 12 / 4, 8, 12
⓬ 2, 4, 6 / 2, 4, 6
⓭ 12, 24, 36 / 12, 24, 36
⓮ 8, 16, 24 / 8, 16, 24
⓯ 7, 14, 21 / 7, 14, 21
⓰ 5, 10, 15 / 5, 10, 15
⓱ 9, 18, 27 / 9, 18, 27
⓲ 11, 22, 33 / 11, 22, 33
⓳ 6, 12, 18 / 6, 12, 18
⓴ 3, 6, 9 / 3, 6, 9

## 32쪽 04 배수 B

❶ 10, 1, 20, 2, 30, 3 / 10, 20, 30
❷ 2, 1, 4, 2, 6, 3 / 2, 4, 6
❸ 12, 1, 24, 2, 36, 3 / 12, 24, 36
❹ 3, 1, 6, 2, 9, 3 / 3, 6, 9
❺ 4, 1, 8, 2, 12, 3 / 4, 8, 12
❻ 7, 1, 14, 2, 21, 3 / 7, 14, 21

### 33쪽

❼ 4, 8, 12
❽ 10, 20, 30
❾ 9, 18, 27
❿ 11, 22, 33
⓫ 8, 16, 24
⓬ 7, 14, 21
⓭ 5, 10, 15
⓮ 12, 24, 36
⓯ 7, 14, 21
⓰ 8, 16, 24
⓱ 5, 10, 15
⓲ 2, 4, 6
⓳ 3, 6, 9
⓴ 6, 12, 18
㉑ 4, 8, 12
㉒ 2, 4, 6

## 34쪽 05 곱을 이용하여 최대공약수 구하기 A

❶ 3, 3 / 3
❷ 3, 5 / 2
❸ 7, 3, 3 / 2
❹ 3, 3, 3 / 6
❺ 3, 5, 5 / 10
❻ 3, 3, 5, 5 / 10
❼ 2, 3, 5 / 2
❽ 3, 3, 3, 5 / 6
❾ 2, 2, 7 / 2
❿ 5, 7, 7 / 14

### 35쪽

⓫ 2
⓬ 10
⓭ 6
⓮ 6
⓯ 30
⓰ 2
⓱ 4
⓲ 10
⓳ 2
⓴ 10
㉑ 14
㉒ 2
㉓ 2
㉔ 2
㉕ 4

## 36쪽 06 곱을 이용하여 최소공배수 구하기 A

❶ 3, 5, 5, 5 / 150
❷ 3, 3, 5 / 90
❸ 3, 5, 2, 5 / 60
❹ 2, 3, 5, 2, 2, 5 / 120
❺ 2, 3, 2, 2, 2, 5 / 240
❻ 2, 3, 5, 5 / 60
❼ 2, 2, 2, 3 / 24
❽ 2, 3, 2 / 12
❾ 7, 3 / 42
❿ 2, 3, 3, 2, 2, 3 / 72

### 37쪽

⓫ 60
⓬ 280
⓭ 84
⓮ 60
⓯ 42
⓰ 210
⓱ 24
⓲ 72
⓳ 30
⓴ 144
㉑ 84
㉒ 144
㉓ 70
㉔ 120
㉕ 50

## 38쪽 07 공약수를 이용하여 최대공약수 구하기 A

(위에서부터)

❶ 5, 15, 40, 3, 8 / 10
❷ 5, 25, 5, 5, 1 / 10
❸ 2, 15, 7 / 2
❹ 3, 9, 15, 3, 5 / 6
❺ 7, 28, 7, 4, 1 / 14
❻ 2, 30, 4, 15, 2 / 4
❼ 2, 5, 14 / 2
❽ 2, 10, 3 / 2
❾ 5, 5, 25, 1, 5 / 10
❿ 5, 70, 5, 14, 1 / 10
⓫ 2, 5, 7 / 2
⓬ 2, 6, 7 / 2
⓭ 2, 4, 35 / 2
⓮ 7, 35, 7, 5, 1 / 14
⓯ 2, 4, 175 / 2

### 39쪽

⓰ 2
⓱ 2
⓲ 2
⓳ 2
⓴ 2
㉑ 2
㉒ 10
㉓ 10
㉔ 2
㉕ 10
㉖ 4
㉗ 2
㉘ 4
㉙ 4
㉚ 10

## 40쪽 08 공약수를 이용하여 최소공배수 구하기 A

(위에서부터)

❶ 2, 7, 15 / 210
❷ 3, 3, 6, 1, 2 / 12
❸ 2, 2, 7 / 28
❹ 2, 70, 2, 35, 1 / 140
❺ 2, 5, 3 / 30
❻ 2, 9, 2 / 36
❼ 2, 45, 4 / 360
❽ 2, 2, 14, 1, 7 / 28
❾ 2, 2, 35 / 140
❿ 2, 30, 2, 15, 1 / 60
⓫ 5, 5, 15, 1, 3 / 30
⓬ 3, 3, 15, 1, 5 / 30
⓭ 5, 15, 5, 3, 1 / 30
⓮ 5, 15, 10, 3, 2 / 90
⓯ 2, 4, 7 / 56

### 41쪽

⓰ 60
⓱ 196
⓲ 24
⓳ 100
⓴ 72
㉑ 60
㉒ 28
㉓ 20
㉔ 126
㉕ 40
㉖ 42
㉗ 420
㉘ 140
㉙ 50
㉚ 90

## 42쪽 01 약분하기 A

❶ $\frac{6}{10}, \frac{3}{5}$
❷ $\frac{12}{14}, \frac{6}{7}$
❸ $\frac{2}{6}, \frac{1}{3}$
❹ $\frac{2}{14}, \frac{1}{7}$
❺ $\frac{2}{12}, \frac{1}{6}$
❻ $\frac{4}{6}, \frac{2}{3}$
❼ $\frac{6}{8}, \frac{3}{4}$
❽ $\frac{2}{4}, \frac{1}{2}$
❾ $\frac{4}{8}, \frac{2}{4}$
❿ $\frac{8}{10}, \frac{4}{5}$

### 43쪽

⓫ $\frac{14}{18}, \frac{7}{9}$
⓬ $\frac{4}{12}, \frac{2}{6}$
⓭ $\frac{2}{16}, \frac{1}{8}$
⓮ $\frac{2}{12}, \frac{1}{6}$
⓯ $\frac{14}{16}, \frac{7}{8}$
⓰ $\frac{2}{8}, \frac{1}{4}$
⓱ $\frac{8}{14}, \frac{4}{7}$
⓲ $\frac{10}{14}, \frac{5}{7}$
⓳ $\frac{16}{18}, \frac{8}{9}$
⓴ $\frac{4}{10}, \frac{2}{5}$

## 44쪽 02 약분하기 B

❶ 8, $\frac{3}{4}$
❷ 6, $\frac{2}{3}$
❸ 14, $\frac{4}{7}$
❹ 14, $\frac{6}{7}$
❺ 18, $\frac{7}{9}$
❻ 9, $\frac{2}{3}$
❼ 18, $\frac{4}{9}$
❽ 6, $\frac{1}{3}$
❾ 16, $\frac{7}{8}$
❿ 18, $\frac{8}{9}$
⓫ 8, $\frac{1}{4}$
⓬ 27, $\frac{1}{9}$

### 45쪽

⓭ 28, $\frac{8}{14}, \frac{4}{7}$
⓮ 28, $\frac{12}{14}, \frac{6}{7}$
⓯ 32, $\frac{2}{16}, \frac{1}{8}$
⓰ 20, $\frac{2}{10}, \frac{1}{5}$
⓱ 20, $\frac{8}{10}, \frac{4}{5}$
⓲ 36, $\frac{16}{18}, \frac{8}{9}$
⓳ 12, $\frac{2}{6}, \frac{1}{3}$
⓴ 81, $\frac{3}{27}, \frac{1}{9}$
㉑ 36, $\frac{14}{18}, \frac{7}{9}$
㉒ 32, $\frac{6}{16}, \frac{3}{8}$
㉓ 20, $\frac{4}{10}, \frac{2}{5}$
㉔ 28, $\frac{2}{14}, \frac{1}{7}$

## 46쪽 03 약분하기 C

❶ 2, 2, $\frac{1}{5}$
❷ 2, 2, $\frac{1}{3}$
❸ 2, 2, $\frac{5}{9}$
❹ 4, 4, $\frac{7}{8}$
❺ 2, 2, $\frac{1}{2}$
❻ 2, 2, $\frac{3}{7}$
❼ 2, 2, $\frac{3}{4}$
❽ 2, 2, $\frac{7}{8}$
❾ 2, 2, $\frac{2}{7}$
❿ 3, 3, $\frac{2}{3}$
⓫ 2, 2, $\frac{8}{9}$
⓬ 2, 2, $\frac{4}{9}$

### 47쪽

⓭ $\frac{1}{3}$
⓮ $\frac{5}{8}$
⓯ $\frac{1}{8}$
⓰ $\frac{1}{5}$
⓱ $\frac{1}{9}$
⓲ $\frac{1}{4}$
⓳ $\frac{1}{2}$
⓴ $\frac{7}{9}$
㉑ $\frac{9}{10}$
㉒ $\frac{3}{7}$
㉓ $\frac{1}{3}$
㉔ $\frac{4}{5}$
㉕ $\frac{1}{7}$
㉖ $\frac{2}{9}$
㉗ $\frac{3}{8}$
㉘ $\frac{1}{2}$
㉙ $\frac{5}{6}$
㉚ $\frac{5}{8}$
㉛ $\frac{6}{7}$
㉜ $\frac{1}{9}$
㉝ $\frac{6}{7}$
㉞ $\frac{3}{4}$
㉟ $\frac{1}{6}$
㊱ $\frac{4}{7}$

## 48쪽 04 통분하기 (A)

❶ $\frac{15}{18}$, $\frac{20}{24}$, $\frac{25}{30}$, $\frac{30}{36}$, $\frac{35}{42}$, $\frac{40}{48}$ / $\frac{6}{27}$, $\frac{8}{36}$, $\frac{10}{45}$, $\frac{12}{54}$, $\frac{14}{63}$, $\frac{16}{72}$ / $\frac{15}{18}$, $\frac{4}{18}$, $\frac{30}{36}$, $\frac{8}{36}$

❷ $\frac{3}{6}$, $\frac{4}{8}$, $\frac{5}{10}$, $\frac{6}{12}$, $\frac{7}{14}$, $\frac{8}{16}$ / $\frac{3}{18}$, $\frac{4}{24}$, $\frac{5}{30}$, $\frac{6}{36}$, $\frac{7}{42}$, $\frac{8}{48}$ / $\frac{3}{6}$, $\frac{1}{6}$, $\frac{6}{12}$, $\frac{2}{12}$

❸ $\frac{6}{9}$, $\frac{8}{12}$, $\frac{10}{15}$, $\frac{12}{18}$, $\frac{14}{21}$, $\frac{16}{24}$, $\frac{3}{12}$, $\frac{4}{16}$, $\frac{5}{20}$, $\frac{6}{24}$, $\frac{7}{28}$, $\frac{8}{32}$ / $\frac{8}{12}$, $\frac{3}{12}$, $\frac{16}{24}$, $\frac{6}{24}$

### 49쪽

❹ $\frac{15}{18}$, $\frac{20}{24}$, $\frac{25}{30}$, $\frac{30}{36}$, $\frac{35}{42}$, $\frac{40}{48}$ / $\frac{9}{24}$, $\frac{12}{32}$, $\frac{15}{40}$, $\frac{18}{48}$, $\frac{21}{56}$, $\frac{24}{64}$ / $\frac{20}{24}$, $\frac{9}{24}$, $\frac{40}{48}$, $\frac{18}{48}$

❺ $\frac{3}{6}$, $\frac{4}{8}$, $\frac{5}{10}$, $\frac{6}{12}$, $\frac{7}{14}$, $\frac{8}{16}$ / $\frac{9}{12}$, $\frac{12}{16}$, $\frac{15}{20}$, $\frac{18}{24}$, $\frac{21}{28}$, $\frac{24}{32}$ / $\frac{2}{4}$, $\frac{3}{4}$, $\frac{4}{8}$, $\frac{6}{8}$

❻ $\frac{3}{9}$, $\frac{4}{12}$, $\frac{5}{15}$, $\frac{6}{18}$, $\frac{7}{21}$, $\frac{8}{24}$ / $\frac{9}{12}$, $\frac{12}{16}$, $\frac{15}{20}$, $\frac{18}{24}$, $\frac{21}{28}$, $\frac{24}{32}$ / $\frac{4}{12}$, $\frac{9}{12}$, $\frac{8}{24}$, $\frac{18}{24}$

## 50쪽 05 통분하기 (B)

❶ 9, 9, 6, 6, $\frac{45}{54}$, $\frac{24}{54}$

❷ 9, 9, 7, 7, $\frac{27}{63}$, $\frac{14}{63}$

❸ 7, 7, 4, 4, $\frac{7}{28}$, $\frac{20}{28}$

❹ 3, 3, 2, 2, $\frac{3}{6}$, $\frac{2}{6}$

❺ 7, 7, 3, 3, $\frac{14}{21}$, $\frac{3}{21}$

❻ 9, 9, 7, 7, $\frac{9}{63}$, $\frac{7}{63}$

❼ 8, 8, 7, 7, $\frac{8}{56}$, $\frac{35}{56}$

❽ 9, 9, 5, 5, $\frac{36}{45}$, $\frac{10}{45}$

❾ 7, 7, 2, 2, $\frac{7}{14}$, $\frac{4}{14}$

❿ 9, 9, 5, 5, $\frac{36}{45}$, $\frac{25}{45}$

### 51쪽

⓫ $\frac{6}{30}$, $\frac{25}{30}$

⓬ $\frac{24}{40}$, $\frac{15}{40}$

⓭ $\frac{5}{20}$, $\frac{4}{20}$

⓮ $\frac{35}{42}$, $\frac{6}{42}$

⓯ $\frac{8}{40}$, $\frac{5}{40}$

⓰ $\frac{27}{45}$, $\frac{5}{45}$

⓱ $\frac{14}{21}$, $\frac{6}{21}$

⓲ $\frac{3}{6}$, $\frac{4}{6}$

⓳ $\frac{21}{28}$, $\frac{12}{28}$

⓴ $\frac{9}{54}$, $\frac{12}{54}$

㉑ $\frac{9}{63}$, $\frac{28}{63}$

㉒ $\frac{15}{20}$, $\frac{12}{20}$

㉓ $\frac{28}{35}$, $\frac{10}{35}$

㉔ $\frac{40}{56}$, $\frac{35}{56}$

## 52쪽 06 통분하기 (C)

(1) 2, 2, 1, 1, $\frac{2}{4}$, $\frac{1}{4}$
(2) 3, 3, 2, 2, $\frac{3}{12}$, $\frac{10}{12}$
(3) 2, 2, 1, 1, $\frac{2}{8}$, $\frac{5}{8}$
(4) 4, 4, 3, 3, $\frac{4}{24}$, $\frac{3}{24}$
(5) 7, 7, 3, 3, $\frac{14}{21}$, $\frac{12}{21}$
(6) 2, 2, 1, 1, $\frac{2}{8}$, $\frac{7}{8}$
(7) 7, 7, 5, 5, $\frac{21}{35}$, $\frac{15}{35}$
(8) 8, 8, 3, 3, $\frac{8}{24}$, $\frac{15}{24}$
(9) 8, 8, 3, 3, $\frac{8}{24}$, $\frac{3}{24}$
(10) 6, 6, 5, 5, $\frac{24}{30}$, $\frac{25}{30}$

### 53쪽

(11) $\frac{4}{6}$, $\frac{1}{6}$
(12) $\frac{14}{35}$, $\frac{10}{35}$
(13) $\frac{2}{8}$, $\frac{3}{8}$
(14) $\frac{3}{18}$, $\frac{2}{18}$
(15) $\frac{15}{18}$, $\frac{2}{18}$
(16) $\frac{16}{24}$, $\frac{3}{24}$
(17) $\frac{9}{63}$, $\frac{56}{63}$
(18) $\frac{5}{60}$, $\frac{3}{60}$
(19) $\frac{6}{8}$, $\frac{3}{8}$
(20) $\frac{2}{20}$, $\frac{5}{20}$
(21) $\frac{3}{48}$, $\frac{4}{48}$
(22) $\frac{6}{60}$, $\frac{5}{60}$
(23) $\frac{15}{18}$, $\frac{16}{18}$
(24) $\frac{5}{40}$, $\frac{4}{40}$

## 54쪽 07 두 분수의 크기 비교 (A)

(1) 3, 16, <
(2) 27, 5, >
(3) 6, 3, >
(4) 21, 16, >
(5) 45, 35, >
(6) 15, 4, >
(7) 15, 14, >
(8) 24, 35, <
(9) 9, 35, <
(10) 28, 20, >

### 55쪽

(11) <
(12) >
(13) >
(14) >
(15) >
(16) <
(17) <
(18) <
(19) >
(20) <
(21) >
(22) <
(23) <
(24) <
(25) <
(26) >
(27) <
(28) >
(29) >
(30) >
(31) <

## 56쪽 08 분수와 소수의 크기 비교 (A)

(1) 5, 0.5, <
(2) 4, 0.4, >
(3) 4, 0.4, <
(4) 8, 0.8, >
(5) 4, 0.4, <
(6) 5, 0.5, >
(7) 2, 0.2, <
(8) 6, 0.6, >
(9) 4, 0.4, >
(10) 5, 0.5, >

### 57쪽

(11) 8, 11, <
(12) 5, 6, <
(13) 6, 9, <
(14) 10, 7, >
(15) 4, 5, <
(16) 2, 7, <
(17) 5, 3, >
(18) 8, 5, >
(19) 2, 1, >
(20) 8, 7, >

## 01 받아올림이 없는 분모가 다른 진분수의 덧셈 A

**58쪽**

❶ 8, 8, 5, 5, 24, 15, 39
❷ 9, 9, 7, 7, 27, 28, 55
❸ 7, 7, 5, 5, 14, 15, 29
❹ 9, 9, 5, 5, 27, 10, 37
❺ 9, 9, 7, 7, 18, 35, 53
❻ 5, 5, 4, 4, 15, 4, 19
❼ 7, 7, 3, 3, 14, 6, 20
❽ 8, 8, 5, 5, 32, 5, 37
❾ 3, 3, 2, 2, 3, 2, 5
❿ 7, 7, 5, 5, 28, 5, 33

**59쪽**

⑪ $\frac{11}{24}$
⑫ $\frac{9}{10}$
⑬ $\frac{61}{72}$
⑭ $\frac{19}{45}$
⑮ $\frac{7}{18}$
⑯ $\frac{13}{40}$
⑰ $\frac{58}{63}$
⑱ $\frac{41}{63}$
⑲ $\frac{44}{63}$
⑳ $\frac{19}{21}$
㉑ $\frac{23}{28}$
㉒ $\frac{13}{18}$
㉓ $\frac{61}{63}$
㉔ $\frac{32}{63}$
㉕ $\frac{16}{63}$
㉖ $\frac{43}{45}$
㉗ $\frac{17}{35}$
㉘ $\frac{52}{63}$
㉙ $\frac{38}{45}$
㉚ $\frac{23}{24}$
㉛ $\frac{35}{72}$

## 02 받아올림이 없는 분모가 다른 진분수의 덧셈 B

**60쪽**

❶ 9, 9, 5, 5, 36, 5, 41
❷ 7, 7, 5, 5, 7, 25, 32
❸ 2, 2, 3, 3, 6, 3, 9, 3
❹ 8, 8, 3, 3, 8, 15, 23
❺ 9, 9, 8, 8, 27, 16, 43
❻ 7, 7, 2, 2, 7, 2, 9
❼ 8, 8, 7, 7, 8, 7, 15
❽ 5, 5, 4, 4, 15, 4, 19
❾ 8, 8, 7, 7, 16, 35, 51
❿ 8, 8, 5, 5, 16, 5, 21

**61쪽**

⑪ $\frac{28}{45}$
⑫ $\frac{46}{63}$
⑬ $\frac{65}{72}$
⑭ $\frac{7}{12}$
⑮ $\frac{39}{56}$
⑯ $\frac{22}{35}$
⑰ $\frac{53}{72}$
⑱ $\frac{62}{63}$
⑲ $\frac{50}{63}$
⑳ $\frac{9}{20}$
㉑ $\frac{34}{63}$
㉒ $\frac{17}{18}$
㉓ $\frac{29}{45}$
㉔ $\frac{44}{45}$
㉕ $\frac{25}{42}$
㉖ $\frac{3}{8}$
㉗ $\frac{13}{42}$
㉘ $\frac{26}{35}$
㉙ $\frac{47}{56}$
㉚ $\frac{11}{12}$
㉛ $\frac{43}{56}$

## 03 받아올림이 있는 분모가 다른 진분수의 덧셈 A

**62쪽**

❶ 15, 15, 5, 5, 60, 20, 16, 1, 1
❷ 5, 5, 2, 2, 5, 8, 13, 1, 3
❸ 9, 9, 7, 7, 45, 28, 73, 1, 10
❹ 9, 9, 5, 5, 27, 35, 62, 1, 17
❺ 8, 8, 4, 4, 24, 20, 11, 1, 3
❻ 4, 4, 3, 3, 4, 9, 13, 1, 1
❼ 8, 8, 6, 6, 8, 42, 25, 1, 1
❽ 7, 7, 4, 4, 21, 16, 37, 1, 9
❾ 14, 14, 7, 7, 84, 21, 15, 1, 1
❿ 7, 7, 6, 6, 35, 18, 53, 1, 11

**63쪽**

⑪ $1\frac{1}{6}$
⑫ $1\frac{9}{20}$
⑬ $1\frac{31}{63}$
⑭ $1\frac{2}{21}$
⑮ $1\frac{1}{15}$
⑯ $1\frac{5}{36}$
⑰ $1\frac{1}{12}$
⑱ $1\frac{8}{45}$
⑲ $1\frac{3}{40}$
⑳ $1\frac{13}{36}$
㉑ $1\frac{6}{35}$
㉒ $2\frac{10}{63}$
㉓ $1\frac{3}{8}$
㉔ $1\frac{17}{24}$
㉕ $1\frac{19}{30}$
㉖ $1\frac{1}{3}$
㉗ $1\frac{37}{72}$
㉘ $1\frac{8}{21}$
㉙ $1\frac{1}{4}$
㉚ $1\frac{26}{63}$
㉛ $1\frac{11}{18}$

## 04 받아올림이 있는 분모가 다른 진분수의 덧셈 B

**64쪽**

❶ 5, 5, 3, 3, 10, 12, 22, 1, 7
❷ 4, 4, 3, 3, 44, 9, 53, 1, 5
❸ 5, 5, 4, 4, 15, 8, 23, 1, 3
❹ 7, 7, 3, 3, 7, 15, 22, 1, 1
❺ 6, 6, 7, 7, 54, 49, 103, 1, 19
❻ 5, 5, 1, 1, 5, 9, 7, 1, 2
❼ 6, 6, 5, 5, 6, 25, 31, 1, 1
❽ 3, 3, 2, 2, 9, 10, 19, 1, 7
❾ 3, 3, 2, 2, 15, 10, 25, 1, 1
❿ 2, 2, 1, 1, 2, 7, 9, 1, 1

**65쪽**

⑪ $1\frac{1}{20}$
⑫ $1\frac{1}{72}$
⑬ $1\frac{5}{24}$
⑭ $1\frac{2}{15}$
⑮ $1\frac{31}{84}$
⑯ $1\frac{5}{8}$
⑰ $1\frac{11}{36}$
⑱ $1\frac{5}{24}$
⑲ $1\frac{3}{40}$
⑳ $1\frac{31}{56}$
㉑ $1\frac{5}{14}$
㉒ $1\frac{1}{18}$
㉓ $1\frac{1}{9}$
㉔ $1\frac{1}{24}$
㉕ $1\frac{3}{8}$
㉖ $1\frac{1}{10}$
㉗ $1\frac{1}{36}$
㉘ $1\frac{13}{28}$
㉙ $1\frac{9}{20}$
㉚ $1\frac{7}{24}$
㉛ $1\frac{5}{72}$

## 05 받아올림이 있는 분모가 다른 대분수의 덧셈 Ⓐ

**66쪽**

① 7, 15, 7, 15, 22, 1, 1, 6, 1
② 21, 8, 21, 8, 29, 1, 1, 6, 1
③ 9, 14, 9, 14, 23, 1, 7, 6, 7
④ 42, 35, 42, 35, 77, 1, 17, 6, 17
⑤ 45, 32, 45, 32, 77, 1, 5, 3, 5
⑥ 8, 35, 8, 35, 43, 1, 3, 6, 3

**67쪽**

⑦ $3\frac{5}{8}$
⑧ $5\frac{5}{24}$
⑨ $4\frac{4}{9}$
⑩ $6\frac{7}{40}$
⑪ $3\frac{1}{12}$
⑫ $7\frac{20}{63}$
⑬ $6\frac{3}{20}$
⑭ $5\frac{23}{40}$
⑮ $6\frac{26}{45}$
⑯ $6\frac{1}{40}$
⑰ $6\frac{11}{18}$
⑱ $7\frac{17}{24}$
⑲ $5\frac{13}{35}$
⑳ $4\frac{1}{72}$
㉑ $6\frac{11}{35}$
㉒ $6\frac{1}{3}$
㉓ $4\frac{1}{12}$
㉔ $5\frac{7}{20}$
㉕ $4\frac{5}{24}$
㉖ $6\frac{7}{24}$
㉗ $7\frac{7}{15}$

## 06 받아올림이 있는 분모가 다른 대분수의 덧셈 Ⓑ

**68쪽**

① 17, 37, 34, 37, 71, 7, 1
② 19, 23, 57, 92, 149, 6, 5
③ 7, 13, 35, 26, 61, 6, 1
④ 14, 29, 28, 29, 57, 7, 1
⑤ 7, 17, 35, 34, 69, 3, 9
⑥ 23, 16, 207, 128, 335, 4, 47
⑦ 15, 14, 75, 56, 131, 6, 11
⑧ 18, 53, 36, 53, 89, 6, 5
⑨ 27, 11, 216, 77, 293, 5, 13
⑩ 13, 13, 117, 65, 182, 4, 2

**69쪽**

⑪ $6\frac{16}{45}$
⑫ $5\frac{3}{20}$
⑬ $7\frac{19}{30}$
⑭ $6\frac{3}{56}$
⑮ $6\frac{1}{8}$
⑯ $5\frac{5}{63}$
⑰ $6\frac{5}{24}$
⑱ $5\frac{1}{2}$
⑲ $6\frac{3}{8}$
⑳ $6\frac{8}{15}$
㉑ $4\frac{17}{28}$
㉒ $3\frac{31}{45}$
㉓ $4\frac{27}{40}$
㉔ $4\frac{1}{10}$
㉕ $4\frac{19}{56}$
㉖ $4\frac{7}{40}$
㉗ $6\frac{29}{42}$
㉘ $5\frac{9}{35}$
㉙ $7\frac{31}{63}$
㉚ $5\frac{6}{35}$
㉛ $6\frac{1}{24}$

## 07 분모가 다른 진분수의 뺄셈 Ⓐ

**70쪽**

① 8, 8, 4, 4, 24, 12, 12, 3
② 7, 7, 8, 8, 35, 24, 11
③ 5, 5, 10, 10, 45, 30, 15, 3
④ 12, 12, 9, 9, 60, 9, 51, 17
⑤ 10, 10, 8, 8, 50, 24, 26, 13
⑥ 4, 4, 6, 6, 20, 6, 14, 7
⑦ 6, 6, 8, 8, 18, 8, 10, 5
⑧ 8, 8, 9, 9, 32, 9, 23
⑨ 7, 7, 9, 9, 28, 9, 19
⑩ 7, 7, 9, 9, 28, 27, 1

**71쪽**

⑪ $\frac{5}{56}$
⑫ $\frac{13}{30}$
⑬ $\frac{5}{14}$
⑭ $\frac{4}{15}$
⑮ $\frac{5}{18}$
⑯ $\frac{1}{6}$
⑰ $\frac{3}{8}$
⑱ $\frac{1}{4}$
⑲ $\frac{13}{18}$
⑳ $\frac{3}{35}$
㉑ $\frac{7}{24}$
㉒ $\frac{19}{40}$
㉓ $\frac{1}{24}$
㉔ $\frac{1}{8}$
㉕ $\frac{13}{35}$
㉖ $\frac{47}{72}$
㉗ $\frac{1}{18}$
㉘ $\frac{5}{18}$
㉙ $\frac{21}{40}$
㉚ $\frac{1}{30}$
㉛ $\frac{1}{18}$

## 08 분모가 다른 진분수의 뺄셈 Ⓑ

**72쪽**

① 2, 2, 3, 3, 16, 15, 1
② 2, 2, 1, 1, 6, 3, 3
③ 2, 2, 1, 1, 2, 1, 1
④ 8, 8, 3, 3, 16, 9, 7
⑤ 2, 2, 3, 3, 10, 9, 1
⑥ 1, 1, 2, 2, 3, 2, 1
⑦ 2, 2, 3, 3, 10, 9, 1
⑧ 8, 8, 9, 9, 56, 27, 29
⑨ 3, 3, 4, 4, 9, 8, 1
⑩ 5, 5, 2, 2, 5, 2, 3

**73쪽**

⑪ $\frac{5}{24}$
⑫ $\frac{13}{18}$
⑬ $\frac{17}{24}$
⑭ $\frac{5}{24}$
⑮ $\frac{13}{28}$
⑯ $\frac{1}{24}$
⑰ $\frac{5}{18}$
⑱ $\frac{1}{2}$
⑲ $\frac{3}{8}$
⑳ $\frac{5}{12}$
㉑ $\frac{1}{6}$
㉒ $\frac{22}{63}$
㉓ $\frac{1}{3}$
㉔ $\frac{11}{18}$
㉕ $\frac{7}{18}$
㉖ $\frac{1}{28}$
㉗ $\frac{13}{18}$
㉘ $\frac{5}{8}$
㉙ $\frac{8}{21}$
㉚ $\frac{1}{6}$
㉛ $\frac{7}{18}$

## 74쪽 09 받아내림이 없는 분모가 다른 대분수의 뺄셈 A

① 3, 2, 3, 2, 1, 2, 1
② 15, 8, 15, 8, 7, 2, 7
③ 7, 4, 7, 4, 3, 3, 3
④ 3, 1, 3, 1, 2, 3, 1
⑤ 6, 1, 6, 1, 5, 3, 5
⑥ 15, 4, 15, 4, 11, 2, 11

### 75쪽

⑦ $4\frac{3}{8}$
⑧ $2\frac{11}{45}$
⑨ $3\frac{5}{12}$
⑩ $2\frac{11}{42}$
⑪ $2\frac{19}{30}$
⑫ $2\frac{7}{24}$
⑬ $2\frac{8}{45}$
⑭ $3\frac{19}{56}$
⑮ $2\frac{5}{14}$
⑯ $3\frac{8}{45}$
⑰ $1\frac{1}{24}$
⑱ $2\frac{23}{35}$
⑲ $1\frac{1}{10}$
⑳ $2\frac{11}{24}$
㉑ $2\frac{26}{63}$
㉒ $2\frac{27}{40}$
㉓ $2\frac{13}{30}$
㉔ $2\frac{13}{56}$
㉕ $2\frac{5}{14}$
㉖ $3\frac{47}{72}$
㉗ $3\frac{7}{20}$

## 76쪽 10 받아내림이 없는 분모가 다른 대분수의 뺄셈 B

① 47, 13, 47, 26, 21, 2, 5
② 35, 13, 140, 39, 101, 4, 5
③ 14, 12, 70, 36, 34, 2, 4
④ 33, 7, 99, 35, 64, 2, 2
⑤ 41, 45, 82, 45, 37, 2, 9
⑥ 58, 8, 406, 72, 334, 5, 19
⑦ 31, 4, 93, 32, 61, 2, 13
⑧ 27, 11, 108, 33, 75, 3, 1
⑨ 24, 7, 96, 35, 61, 3, 1
⑩ 67, 29, 201, 116, 85, 2, 13

### 77쪽

⑪ $1\frac{5}{28}$
⑫ $3\frac{3}{40}$
⑬ $2\frac{5}{9}$
⑭ $3\frac{11}{40}$
⑮ $2\frac{9}{20}$
⑯ $3\frac{11}{18}$
⑰ $4\frac{4}{21}$
⑱ $3\frac{3}{8}$
⑲ $2\frac{1}{18}$
⑳ $2\frac{3}{8}$
㉑ $2\frac{22}{45}$
㉒ $3\frac{7}{36}$
㉓ $3\frac{5}{8}$
㉔ $4\frac{3}{10}$
㉕ $3\frac{17}{24}$
㉖ $3\frac{5}{8}$
㉗ $2\frac{25}{56}$
㉘ $3\frac{4}{35}$
㉙ $3\frac{5}{12}$
㉚ $2\frac{1}{24}$
㉛ $2\frac{17}{40}$

## 78쪽 11 받아내림이 있는 분모가 다른 대분수의 뺄셈 A

① 3, 8, 18, 8, 18, 8, 10, 2
② 15, 28, 50, 28, 50, 28, 22, 22
③ 6, 20, 51, 20, 51, 20, 31, 31
④ 2, 9, 14, 9, 14, 9, 5, 5
⑤ 8, 9, 20, 9, 20, 9, 11, 11
⑥ 6, 11, 20, 11, 20, 11, 9, 9

### 79쪽

⑦ $2\frac{2}{3}$
⑧ $1\frac{59}{72}$
⑨ $1\frac{5}{6}$
⑩ $2\frac{13}{24}$
⑪ $1\frac{33}{40}$
⑫ $1\frac{23}{24}$
⑬ $3\frac{23}{24}$
⑭ $3\frac{52}{63}$
⑮ $2\frac{19}{35}$
⑯ $2\frac{34}{63}$
⑰ $2\frac{13}{20}$
⑱ $2\frac{61}{72}$
⑲ $2\frac{7}{10}$
⑳ $2\frac{21}{40}$
㉑ $2\frac{24}{35}$
㉒ $1\frac{17}{18}$
㉓ $2\frac{29}{40}$
㉔ $1\frac{5}{6}$
㉕ $2\frac{45}{56}$
㉖ $3\frac{37}{56}$
㉗ $2\frac{7}{8}$

## 80쪽 12 받아내림이 있는 분모가 다른 대분수의 뺄셈 B

① 31, 8, 155, 56, 99, 2, 29
② 41, 11, 369, 88, 281, 3, 65
③ 10, 13, 80, 39, 41, 1, 17
④ 38, 11, 76, 33, 43, 2, 7
⑤ 23, 11, 69, 22, 47, 3, 11
⑥ 45, 31, 405, 217, 188, 2, 62
⑦ 25, 10, 175, 80, 95, 1, 39
⑧ 25, 11, 75, 44, 31, 1, 7
⑨ 13, 18, 65, 36, 29, 2, 9
⑩ 26, 15, 208, 105, 103, 1, 47

### 81쪽

⑪ $1\frac{41}{45}$
⑫ $1\frac{29}{56}$
⑬ $2\frac{41}{45}$
⑭ $2\frac{2}{3}$
⑮ $1\frac{35}{72}$
⑯ $1\frac{39}{40}$
⑰ $1\frac{13}{15}$
⑱ $2\frac{13}{20}$
⑲ $1\frac{19}{20}$
⑳ $2\frac{37}{56}$
㉑ $1\frac{15}{28}$
㉒ $2\frac{32}{35}$
㉓ $2\frac{11}{12}$
㉔ $1\frac{31}{40}$
㉕ $1\frac{65}{72}$
㉖ $1\frac{31}{45}$
㉗ $1\frac{43}{45}$
㉘ $4\frac{44}{63}$
㉙ $2\frac{34}{63}$
㉚ $1\frac{44}{63}$
㉛ $2\frac{7}{10}$

## 82쪽 01 정다각형과 사각형의 둘레 C

| | |
|---|---|
| ❶ 68 | ❺ 30 |
| ❷ 40 | ❻ 75 |
| ❸ 52 | ❼ 40 |
| ❹ 56 | ❽ 60 |

**83쪽**

| | | |
|---|---|---|
| ❾ 5, 2, 40 | ⓬ 5, 2, 28 | ⓯ 7, 4, 28 |
| ❿ 10, 2, 34 | ⓭ 6, 2, 16 | ⓰ 4, 4, 16 |
| ⓫ 6, 2, 36 | ⓮ 8, 2, 38 | ⓱ 8, 4, 32 |

## 84쪽 02 직사각형과 정사각형의 넓이 A

| | | |
|---|---|---|
| ❶ 77 $cm^2$ | ❺ 27 $cm^2$ | ❾ 84 $cm^2$ |
| ❷ 117 $cm^2$ | ❻ 5 $cm^2$ | ❿ 104 $cm^2$ |
| ❸ 10 $cm^2$ | ❼ 171 $cm^2$ | ⓫ 8 $cm^2$ |
| ❹ 35 $cm^2$ | ❽ 72 $cm^2$ | ⓬ 54 $cm^2$ |

**85쪽**

| | | |
|---|---|---|
| ⓭ 9 $cm^2$ | ⓱ 169 $cm^2$ | ㉑ 324 $cm^2$ |
| ⓮ 64 $cm^2$ | ⓲ 225 $cm^2$ | ㉒ 121 $cm^2$ |
| ⓯ 196 $cm^2$ | ⓳ 16 $cm^2$ | ㉓ 36 $cm^2$ |
| ⓰ 25 $cm^2$ | ⓴ 81 $cm^2$ | ㉔ 49 $cm^2$ |

## 86쪽 03 평행사변형과 삼각형의 넓이 A

| | | |
|---|---|---|
| ❶ 30 $cm^2$ | ❺ 16 $cm^2$ | ❾ 70 $cm^2$ |
| ❷ 32 $cm^2$ | ❻ 84 $cm^2$ | ❿ 12 $cm^2$ |
| ❸ 60 $cm^2$ | ❼ 80 $cm^2$ | ⓫ 78 $cm^2$ |
| ❹ 52 $cm^2$ | ❽ 60 $cm^2$ | ⓬ 18 $cm^2$ |

**87쪽**

| | | |
|---|---|---|
| ⓭ 81 $cm^2$ | ⓱ 52 $cm^2$ | ㉑ 64 $cm^2$ |
| ⓮ 20 $cm^2$ | ⓲ 27 $cm^2$ | ㉒ 7 $cm^2$ |
| ⓯ 25 $cm^2$ | ⓳ 16 $cm^2$ | ㉓ 36 $cm^2$ |
| ⓰ 24 $cm^2$ | ⓴ 56 $cm^2$ | ㉔ 45 $cm^2$ |

## 88쪽 04 마름모와 사다리꼴의 넓이 A

| | | |
|---|---|---|
| ❶ 24 $cm^2$ | ❺ 10 $cm^2$ | ❾ 35 $cm^2$ |
| ❷ 25 $cm^2$ | ❻ 20 $cm^2$ | ❿ 6 $cm^2$ |
| ❸ 49 $cm^2$ | ❼ 30 $cm^2$ | ⓫ 42 $cm^2$ |
| ❹ 8 $cm^2$ | ❽ 15 $cm^2$ | ⓬ 45 $cm^2$ |

**89쪽**

| | | |
|---|---|---|
| ⓭ 51 $cm^2$ | ⓱ 57 $cm^2$ | ㉑ 34 $cm^2$ |
| ⓮ 36 $cm^2$ | ⓲ 57 $cm^2$ | ㉒ 69 $cm^2$ |
| ⓯ 15 $cm^2$ | ⓳ 24 $cm^2$ | ㉓ 12 $cm^2$ |
| ⓰ 45 $cm^2$ | ⓴ 52 $cm^2$ | ㉔ 26 $cm^2$ |

# MEMO